高等教育土木类专业系列教材

工程结构荷载与可靠度设计方法

［第2版］

主编 韩 军 副主编 郑妮娜 主审 王志军

参编 刘立平 贾传果 黄 音 杨佑发 闫渤文 杨 溥 董银峰

U0240193

重庆大学出版社

内容提要

　　荷载与可靠度设计方法是联系力学类课程和结构类课程的重要纽带,结构分析和设计首先要解决荷载如何确定的问题,结构构件的承载力计算需要确定荷载的组合原则及如何实现预设目标可靠度的设计表达式,概率可靠度设计方法将为其提供理论基础。本书系统全面地介绍了结构可靠度设计基本原理、方法和工程结构各类荷载的概念及其标准值的确定方法,内容包括绪论、荷载的统计分析、结构抗力的统计分析、结构可靠度分析、结构概率可靠度设计法、重力荷载、侧压力、风荷载、地震作用及其他作用。

　　本书可作为高等学校土木工程专业的专业基础课教材,也可作为土木工程技术人员的参考用书。

图书在版编目(CIP)数据

　　工程结构荷载与可靠度设计方法／韩军主编. 2版.-- 重庆：重庆大学出版社,2021.3(2023.8重印)
　　高等教育土木类专业系列教材
　　ISBN 978-7-5689-2564-8

　　Ⅰ.①工… Ⅱ.①韩… Ⅲ.①工程结构—结构载荷—高等学校—教材②工程结构—结构可靠性—高等学校—教材 Ⅳ.①TU312

　　中国版本图书馆CIP数据核字(2021)第025794号

高等教育土木类专业系列教材
工程结构荷载与可靠度设计方法
(第2版)
主　编　韩　军
副主编　郑妮娜
主　审　王志军

责任编辑:王　婷　　版式设计:王　婷
责任校对:谢　芳　　责任印制:赵　晟

＊

重庆大学出版社出版发行
出版人:陈晓阳
社址:重庆市沙坪坝区大学城西路21号
邮编:401331
电话:(023)88617190　88617185(中小学)
传真:(023)88617186　88617166
网址:http://www.cqup.com.cn
邮箱:fxk@cqup.com.cn(营销中心)
全国新华书店经销
重庆天旭印务有限责任公司印刷

＊

开本:787mm×1092mm　1/16　印张:15.25　字数:382千
2021年3月第1版　2023年8月第2版　2023年8月第2次印刷
印数:3 001—6 000
ISBN 978-7-5689-2564-8　定价:42.00元

第 2 版前言

习近平总书记在中国共产党第二十次全国代表大会上的报告指出,"坚持人民城市人民建、人民城市为人民,提高城市规划、建设、治理水平,加快转变超大特大城市发展方式,实施城市更新行动,加强城市基础设施建设,打造宜居、韧性、智慧城市。"本教材内容属于城市基础设施建设工作中工程结构设计阶段的基础性、核心性知识,强调工程结构设计荷载取值和设计方法的科学性、安全性和适用性。

本教材第 1 版于 2021 年 3 月出版。随后,《工程结构通用规范》(GB 55001—2021)、《建筑与市政工程抗震通用规范》(GB 55002—2021)等涉及工程结构荷载、结构设计方法的通用规范陆续发布,相关荷载取值及设计表达式有了较大调整。为了能将最新的规范内容应用到教学中,更好地满足土木工程专业人才的培养要求,对教材进行了修订。

第 2 版的章节安排与第 1 版相同,主要修订有:

(1)按《工程结构通用规范》(GB 55001—2021)、《建筑与市政工程抗震通用规范》(GB 55002—2021)修改了结构概率可靠度设计实用表达式及相关分项系数取值(第 5 章)。

(2)按《工程结构通用规范(GB 55001—2021)》修改了工程结构部分荷载取值(第 6~8 章)。

(3)对第 8 章及其他部分章节的内容进行了适当调整完善。

本书由重庆大学韩军担任主编,郑妮娜担任副主编,王志军担任主审。各章编写分工如下:第 1 章、第 2 章、附录 A 和附录 G 由韩军执笔,第 3 章由刘立平执笔,第 4 章由贾传果执笔,第 5 章由黄音执笔,第 6 章及附录 B~D 由郑妮娜执笔,第 7 章由杨佑发执笔,第 8 章及附录 E、F 由闫渤文执笔,第 9 章由杨溥执笔,第 10 章由董银峰执笔。全书由韩军和郑妮娜统稿。

因编者经验和水平有限,书中难免还有不少缺点或错误,欢迎读者给予批评指正。

编者
2023 年 8 月

前　言

　　荷载和结构抗力存在着较大的随机性,工程结构设计中如何考虑这种随机不确定性是土木工程领域的重要课题。目前,大部分国家规范都采用可靠度理论来确定荷载代表值的取值和度量工程结构设计在设计年限内的可靠度。因此,工程结构荷载与可靠度设计方法是土木工程专业的核心知识,其相应的课程作为土木工程专业的专业基础课程,在土木工程专业整个课程体系中处于承上启下的重要地位,为后续专业设计课程打下基础。编者在多年的科研和教学工作经验的基础上编写此书,尤其注重知识体系的逻辑性和科学性,供广大土木工程专业学生和技术人员使用。

　　本书的内容章节安排为:第一部分介绍了土木工程专业知识体系和工程结构设计方法的发展历史(第1章),然后讲述了荷载的统计分析(第2章)、结构抗力的统计分析(第3章)和结构可靠度的基本原理及分析计算方法(第4章),以及结构概率可靠度的设计方法(第5章),第二部分依次介绍了重力荷载(第6章)、侧压力(第7章)、风荷载(第8章)、地震作用(第9章)及其他作用(第10章)的产生机理及取值方法。为便于理解与学习,各章配有PPT和习题,书末给出了几个必要的附录。其中,附录G给出基于某工程图纸确定结构设计荷载以及设计表达式的综合练习。

　　本书由重庆大学韩军担任主编,郑妮娜担任副主编,王志军担任主审。各章编写分工如下:第1章、第2章、附录A和附录G由韩军执笔,第3章由刘立平执笔,第4章由贾传果执笔,第5章由黄音执笔,第6章、附录B—D由郑妮娜执笔,第7章由杨佑发执笔,第8章及附录E、F由闫渤文执笔,第9章由杨溥执笔,第10章由董银峰执笔。全书由韩军统稿。

　　因编者经验和水平有限,书中难免有不少缺点或错误,敬请批评指正。

编　者

2020 年 8 月

目　录

1

绪 论

【内容提要】

本章主要介绍工程结构设计的目的和主要内容,介绍本书的教学内容体系脉络,介绍工程结构设计方法的发展历程。

【学习目标】

(1)理解:工程结构设计的内容和目的;

(2)熟悉:工程结构设计方法的发展历史;

(3)理清:本教材的内容体系脉络。

1.1 工程结构设计概述

用钢、木、砖石、混凝土及钢筋混凝土等建造的工业与民用建筑结构、桥梁与隧道、涵洞、港口码头、水利堤坝、渡槽、水闸、给水排水构筑物(水池、水管等)等,统称为工程结构或结构。它们的使用期通常长达几十年甚至上百年。在这相当长的使用期内,需要安全可靠地承受结构自重,设备、人群、车辆等使用荷载,并经受风、雪、冰、雨、日照等气象作用,以及波浪、水流、土压力、地震等自然环境作用。而且它们在使用期内都有安全性、适用性和耐久性等方面的功能要求。因此,结构设计的主要目的是以最经济的方法使结构在使用年限内满足期望的各种功能要求。

工程结构设计大体经历以下步骤:

①结构方案选择及结构布置。

②确定结构荷载,形成结构计算简图。

③结构的内力或应力计算。

④结构内力组合。

⑤结构构件截面承载力验算及结构变形验算。

⑥绘制结构施工图。

在土木工程专业知识体系中,结构类课程可以解决结构造型与结构布置的问题,即第1步所涉及的内容;力学类的课程主要解决已知荷载求内力的问题,即第3步所涉及的内容;结构设计基本原理类课程可以解决已知内力、校核截面承载力和变形的问题,即第5步所涉及的部分内容。但第2步(即确定工程结构上的作用或荷载并形成计算简图)以及第4步和第5步的部分内容(即选择结构内力组合方法、根据计算得到结构构件的截面内力或应力,选择截面尺寸、确定材料用量等及结构可靠性判定),则属于荷载和结构设计方法这门课程的内容。本书介绍的荷载与可靠度设计方法将是联系力学类课程知识和结构类课程知识的重要纽带,是结构设计中的两个重要环节,是进行结构设计所需掌握的必不可少的内容。

工程结构设计包括的参数众多,且这些参数具有不确定性。尽管我们经常认为作用在结构上的荷载和结构构件的承载能力是确定的,但实际上它们是不确定的,可以考虑为随机变量。以施加在桥梁上的汽车和货车为例,任意时刻作用在桥梁上的荷载取决于许多方面的因素,如车辆的数量、质量和通行时段等。车辆的形状和尺寸各异,车辆的质量不同,不同时段通过桥梁的车辆数量不同,因此,我们不知道通过桥梁的每一辆车的具体信息和任意时刻的车辆数量,所以作用在桥梁上的总的车辆荷载是不确定的,是一个随机变量。再比如,混凝土材料的强度值受材料品质、制作工艺、环境条件等因素影响,并不会是一个定值,不同批次甚至是同批次浇筑的混凝土强度值都是不一样的,应被考虑成随机变量。

既然荷载和抗力都是随机变量,那么绝对安全的结构(即失效概率为0)是不存在的,需在荷载效应和结构抗力水平之间进行平衡,结构应被设计成以一定的、合理的失效概率来完成它们的结构功能要求。在实践中,可以通过规范条文定义可能的最大荷载设计值、最小强度的设计值、最大可允许的变形值等,来实现这样的设计目标。这些规定中包含了考虑荷载和抗力等不确定性的设计准则,即基于可靠度的设计准则。结构的可靠性,是指其在给定设计周期内完成预定功能的能力或者不失效的概率。这里的失效并不一定表示完全的破坏,而是表示结构没有完成预设的功能。

结构或构件截面的设计,应使其在设计基准期内,经济、合理地满足下列功能要求:

①安全性:能承受正常施工和正常使用期间可能出现的各种作用(包括荷载及外加变形或约束变形,如各类外加荷载、温度变化、支座移动、基础沉降、混凝土收缩、徐变等);火灾时能在一定时间内保持足够承载力;在预计的偶然事件(爆炸、撞击、人为错误、地震等)发生时及发生后,结构仍能保持必需的整体稳固性,防止连续倒塌。

②适用性:在正常使用时具有良好的工作性能。

③耐久性:在设计确定的环境作用、正常维修和养护下,结构及构件在设计使用年限内保持其安全性和适用性。

以上3项功能要求(安全性、适用性和耐久性)统称为结构的可靠性。因此,可靠性比安全性的含义更为广泛。

为满足安全性等要求,结构设计需满足下列表达式:

$$S \leqslant R \tag{1.1}$$

式中，S 为作用在结构上不同荷载引起的结构上可能的最大荷载效应组合；R 为结构或构件截面的抵抗能力。由于 S 和 R 都是随机变量，基于可靠度的设计就是要使这个表达式具有合理且足够的可靠度。要进行这个表达式可靠度的计算，则需解决如下几个问题：

（1）如何确定荷载效应 S 和结构抗力 R 的概率统计特征？

应针对不同类型的荷载，分别通过调查、分析和统计，拟合其符合的概率模型，确定其统计参数和设计时采用的代表值及确定方法；还需确定不同荷载参与组合的原则及概率统计特征。而结构或构件截面的抗力可能受材料特性、几何参数及计算模式的影响，是复合随机变量，也需通过试验、调查、统计分析等来确定抗力中各变量的统计模型及统计参数，并确定总抗力的统计特征，这将在本书的第 2 章和第 3 章中具体介绍。

（2）如何计算表达式（1.1）的可靠度？

这里需解决几个问题：①如何表征结构的可靠性？通常可以通过不丧失功能的保证概率或其对应的失效概率来表达，而我们常常采用应用上更为方便的另一个参数——可靠指标（方便采用变量的概率统计参数进行近似计算）代替概率来表征可靠性。②如何进行可靠指标的计算？我们需要采用实用的可靠度分析方法，利用 S 和 R 的统计参数，进行表达式的可靠指标和可靠度的计算。这些内容将在第 4 章中具体介绍。

（3）如何基于概率可靠度进行结构设计？

首先需要回答怎样才算足够安全？如前所述，失效概率为 0 的绝对安全的结构是不存在的，我们可以减小结构的失效概率。但减小到超过一定程度（最优水平）后是不经济的，因此，需确定优化的可靠度水平（即目标可靠度水平），用目标可靠指标来表征。给定目标可靠指标后，可利用第 4 章介绍的可靠度分析方法进行直接可靠度设计或间接可靠度设计。直接可靠度设计直接应用可靠度分析方法的逆运算进行结构构件的截面和材料用量的计算，计算复杂，目前仅用于十分重要的结构（如核电站安全壳、海上采油平台、大坝等）；而间接可靠度设计法是将目标可靠指标转换为单一的安全系数或各种分项系数，采用广大工程师习惯的实用设计表达式进行工程设计。这些内容将在第 5 章中具体介绍。

（4）如何确定分项系数设计表达式中各种荷载的基本代表值——标准值？

设计时为了便于取值，通常在考虑荷载的统计特征的基础上赋予一个规定的量值，即荷载的代表值。可以根据不同的设计要求规定不同的荷载代表值，这些代表值是隐含统计概率含义的。荷载的标准值是基本的荷载代表值，它是结构使用期间可能出现的最大值。由于这个最大值是随机变量，所以可以通过对某类荷载的长期观察和实际调查，经数理统计分析，在概率含义上确定，也可根据工程经验判断后给出。现行规范采用的分项系数设计表达式法中，表达式左侧的荷载效应项是在参与组合的荷载标准值的基础上乘以分项系数。因此，进行工程结构设计时，需确定可能作用在结构上的荷载种类及荷载标准值。本书第 6 章至第 10 章将具体介绍各类荷载产生的机理及其标准值如何确定。

1.2　工程结构设计方法的发展历史

从力学计算角度来说，工程结构设计方法通常分为弹性设计法与非弹性设计法两类。弹性设计法假设材料为匀质、各向同性;应力应变服从虎克定律;结构的变形与结构自身尺寸相比很小(即小变形假定)等。当考虑材料的应力应变关系不服从虎克定律时,称为非弹性设计法。

从可靠度角度来说,工程结构设计方法基本上可以分为经验安全系数设计法和概率设计法两类。经验安全系数设计法,是将影响结构安全的各种参数按经验取值,一般用平均值或者规范规定的标准值,并考虑这些参数可能的变异对结构安全性的影响,在强度计算中再取用安全系数 K。概率设计法则是将影响结构安全的各种参数作为随机变量,用概率论和数理统计学来分析全部参数或部分参数;或者用可靠度理论,分析结构在使用期满足基本功能要求的概率。当前,在安全度方面,结构设计已由经验设计法转变为概率设计法。在过渡阶段,可分为水准Ⅰ、水准Ⅱ、水准Ⅲ三种水平。所谓水准Ⅰ,即"半经验半概率法",也就是对影响结构安全的某些参数,用数理统计进行分析,并与经验相结合,引入某些经验系数。该法对结构的可靠概率还不能作出定量的估计。所谓水准Ⅱ,即"近似概率法",也是一次二阶矩法,是运用概率论和数理统计,对工程结构、构件或截面设计的"可靠概率",作出较为近似的相对估计。所谓水准Ⅲ,也称"全概率法",是完全基于概率论的设计方法。

应指出的是,按力学计算来区分的两类设计方法,一般可以通过结构试验来检验设计公式或者基本假定。而按可靠度来区分的两类设计方法,一般不能依靠简单的、少数的试验来鉴别,而需要根据大量的调查统计资料,用数理统计的方法进行分析论证。

传统的结构设计方法,不论是弹性设计还是非弹性设计,都采用经验安全系数。后来发展起来的极限状态设计法,虽然是非弹性设计法和概率设计法的结合,但并不是说弹性设计法就不能应用概率论和数理统计。例如,钢结构设计就曾用弹性设计法的容许应力来表达强度极限状态,但是它的部分参数还是应用数理统计学进行分析的。

从工程结构设计方法的发展历程来说,最早经历了以弹性极限为基础的容许应力设计法和以塑性极限为基础的破损阶段设计法。随着人们对结构荷载(包括环境作用)、材料性能以及构件承载能力随机性的认识,在综合考虑弹性和塑性极限状态的基础上,分门别类地考虑不同随机因素的特点,进一步提出了多系数极限状态设计法。受随机因素的影响,构件或结构的极限状态需要在概率的意义上来把握和度量,故结构可靠度理论应运而生,并逐步发展起以可靠度为基础的结构设计理论和方法。

因此,总体来说,早期的工程结构中,保证结构的安全主要依赖于经验。随着科学的发展和技术的进步,工程结构设计理论经历了从弹性理论到极限状态理论的转变,设计方法经历了从定值法到概率法的发展。我国的工程结构设计法大体经历了容许应力法、破损阶段设计法和基于可靠度理论的概率极限状态设计法 3 个阶段。

▶ **1.2.1 容许应力法**

19 世纪由于重工业的兴起和铁路桥梁的大量兴建,人们特别关心结构的安全性,材料力学、弹性力学和材料试验得到迅速发展。1826 年,Navier 提出了基于弹性理论的容许应力法。他在其材料力学著作中认为,最重要的是寻求结构保持完全弹性而不产生永久变形的极限,并建议用弹性状态导出的计算公式来校核现存的认为足够坚固的结构,从而确定出各种材料的安全应力(即容许应力),据此进行构件尺寸的设计。

容许应力法是建立在弹性理论基础上的设计方法,它规定结构构件截面上任一点的实际应力 σ 不应大于结构设计规范所规定的容许应力 $[\sigma]$。其表达式为:

$$\sigma \leqslant [\sigma] \tag{1.2}$$

结构构件截面的实际应力是按规范规定的标准荷载,用线性弹性理论计算确定的;容许应力是用材料的某一适当的极限强度除以一个安全系数 K,即:

$$[\sigma] = \frac{\sigma_{\max}}{K} \tag{1.3}$$

一般来说,对于塑性材料(如钢材), $\sigma_{\max}$ 为其屈服强度 σ_y, K 取 1.4~1.6;对于脆性材料(如混凝土), $\sigma_{\max}$ 为其极限强度 σ_u, K 取 2.5~3.0。

实践证明,这种设计方法与结构的实际情况有较大出入,并不能正确揭示结构或构件受力性能的内在规律,现在已不被绝大多数国家采用。目前,在一些不能按极限平衡或弹塑性分析的大体积结构或壳体结构中,仍采用容许应力法。

容许应力法虽然计算简单,但存在以下一些缺点:

(1)没有考虑材料塑性性质

由于容许应力法采用线弹性理论计算构件危险截面某一点或某一局部的应力,以此应力达到材料最大应力为其极限状态,故对于石材和铸铁等脆性材料的结构是合理的;但在钢结构和钢筋混凝土结构等延性结构中,容许应力法限制了材料和构件的塑性发展,所以对于应力分布不均匀的情况,设计是偏保守的。

(2)单一的材料安全系数无法反映荷载的变异性等

容许应力法把影响结构可靠性的各种因素(荷载的变异、施工的缺陷、计算公式的误差等)都归结在反映材料性质的容许应力上,无法对不同统计特性的荷载区别对待。如恒载的变异性小于活载,恒载的估值更为准确,但容许应力法考虑不了这种差异,将使承受不同比例的恒载和活载的结构的安全水平不一致。

(3) $[\sigma]$ 的取值无科学根据,属经验性的,历史上曾多次提高过材料的容许应力值

在使用容许应力法初期,限于力学计算方法和对荷载和材料强度不确定性的认识,安全系数 K 的选择是极为慎重的,所取的系数一般较大。例如,德国在 1907 年的规范中,混凝土的安全系数 K 是 10,1916 年减小为 5,后又降低为 3。20 世纪 50 年代,苏联和我国的钢筋混凝土结构的 K 值在 2 左右。

▶ 1.2.2　破损阶段设计法

自 20 世纪 30 年代起,考虑结构设计的经济合理性,同时注意到材料的弹塑性性能,从而提出了破损阶段设计法,假定材料均已达到塑性状态,依据截面所抵抗的破损内力建立计算公式。其原则为结构构件达到破损阶段时的承载能力 R_u 不低于标准荷载引起的构件内力 S_F 乘以用经验判断的安全系数 K。因此,该方法也称为荷载系数设计法。其设计表达式为:

$$KS_F \leqslant R_u \tag{1.4}$$

或者表达为:

$$S_F \leqslant \frac{R_u}{K} \tag{1.5}$$

式中 R_u——构件最终破坏时的承载能力;

  K——安全系数,用来考虑影响结构安全的所有因素。

(1)破损阶段设计法的优点

①克服了容许应力法不能考虑材料和构件塑性发展的局限,可以反映材料的塑性性质,结束了长期以来假定混凝土为弹性体的局面。

②采用了一个显式的安全系数K,使构件有了总的安全度的概念。

③以承载能力值为依据,其计算值是否正确、方便,可由实验检验。

(2)破损阶段设计法的缺点

①仍采用笼统的单一安全系数,无法对不同荷载、不同材料结构构件的安全加以区别对待,不能正确地度量结构的安全度;安全系数K的取值仍需按经验确定,并无确切的科学依据。

②按破损阶段进行计算,构件的承载力得以保证,但却无法了解构件在正常使用时能否满足正常使用要求。

③荷载标准值的取值仍然是经验值,没有明确的理论基础。

▶ 1.2.3 概率极限状态设计法

容许应力法和破损阶段设计法采用单一的安全系数K,这是一个笼统而粗略的经验系数,对不同材料(如钢筋和混凝土)、不同荷载(如恒载和活载),以及其他影响结构安全的因素,不能区别对待、细致分析,因而可能使结构在某些情况下过分安全,而在另外一些情况下反而不够安全。

例如,图1.1所示的带悬臂的单跨简支梁,跨度为l_1,悬臂长为l_2,承受均布恒载G和活荷载Q。按照结构力学方法,跨度l_1中点A的计算正弯矩M_A为:

$$M_A = \frac{1}{8}Ql_1^2 + \frac{1}{8}Gl_1^2 - \frac{1}{4}Gl_2^2 = \frac{1}{8}Ql_1^2 + G\left(\frac{1}{8}l_1^2 - \frac{1}{4}l_2^2\right) \tag{1.6}$$

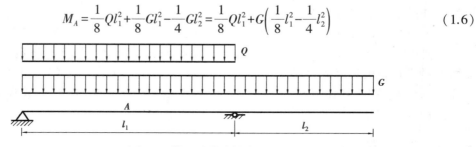

图1.1 带悬臂单跨简支梁

按破损阶段设计法,取单一安全系数为2.0,则破坏弯矩为:

$$KM_A = \frac{1}{8}KQl_1^2 + KG\left(\frac{1}{8}l_1^2 - \frac{1}{4}l_2^2\right) \tag{1.7}$$

若$l_1 > \sqrt{2}l_2$,KM_A为活荷载和恒载弯矩之和,对变动不大的恒载,按$K = 2.0$就使KM_A增大较多而偏于安全;

若$l_1 < \sqrt{2}l_2$,KM_A为活荷载和恒载弯矩之差,对变动不大的恒载,按$K = 2.0$就使KM_A过分减小而偏于不安全。

由此可见,容许应力法和破损阶段设计法采用单一安全系数,难以处理在各种不同荷载作用下,由不同材料组成的构件处于不同工作条件下的安全度问题。

基于此,苏联从 20 世纪 50 年代开始提出了多系数极限状态设计法。这种方法明确工程结构按不同极限状态进行设计,主要分为承载能力极限状态和正常使用极限状态。在承载力极限状态中,对不同荷载引入各自的分项系数,对材料强度引入各自的匀质系数和工作条件系数,对构件也引入了工作条件系数。上述有些系数是将材料强度及荷载作为随机变量,用数理统计学的方法,经过调查分析而确定的。

至此,工程结构设计法具有了具体的概率含义,且克服了容许应力法和破损阶段设计法中单一系数带来的不足,随后发展到与可靠度理论结合来表征整体设计表达式的可靠度。20世纪 40 年代,美国学者弗劳腾脱(A.M. Freudenthal)开创性地提出了结构可靠性理论。到 20世纪 60—70 年代,结构可靠性理论得到了很大的发展。1964 年,美国混凝土学会(ACI)成立了结构安全度委员会(ACI318 委员会),开展了系统的研究。康乃尔(C.A.Cornell)在苏联学者尔然尼采工作的基础上,于 1969 年提出了与结构失效概率 P_f 相联系的可靠指标 β,作为衡量结构可靠度的一种统一定量指标,并建立了计算结构可靠度的二阶矩模式。1971 年,加拿大学者林德(N.C.Lind)提出了分项系数的概念,将可靠指标 β 表达成设计人员习惯采用的分项系数形式。美籍华人学者洪华生(A.H-S.Ang)对各种结构不定性作了系统分析,提出了广义可靠性概率法。1971 年,由欧洲混凝土委员会(CEB)、国际预应力混凝土协会(FIP)、欧洲钢结构协会(ECCS)、国际建筑研究协会委员会(CIB)、国际桥梁与结构工程协会(IABSE)、国际薄壳及空间结构协会(IASS)等组织联合成立了结构安全度联合委员会(JCSS),专门研究结构可靠度和设计方法的改进,编制出版了《结构统一标准规范的国际体系》。1976 年,JCSS推荐了拉克维茨(Rackwitz)和菲斯莱(Fiessler)等人提出的通过"当量正态化"方法,以考虑随机变量实际分布的二阶矩模式。至此,结构可靠性理论开始进入实用阶段。

概率极限状态设计法是以概率理论为基础,将作用效应和影响结构抗力的主要因素作为随机变量,根据统计分析确定可靠概率来度量结构可靠性的结构设计方法。其特点是有明确的、用概率尺度表达的结构可靠度的定义,通过预先规定的可靠指标值,使结构各构件间及不同材料组成的结构之间有较为一致的可靠度水平。国际上把处理可靠度的精确程度分为 3个水准。

①水准Ⅰ——半概率方法。对荷载效应和结构抗力的基本变量部分地进行数理统计分析,并与工程经验相结合,引入某些经验系数,所以尚不能很好地定量估计结构的可靠性。

②水准Ⅱ——近似概率法。该法对结构可靠性赋予概率定义,以结构的失效概率或可靠指标来度量结构可靠性,并建立了结构可靠度与结构极限状态方程之间的数学关系。在计算可靠指标时考虑了基本变量的概率分布类型,并采用了线性化的近似手段,在设计截面时一般采用分项系数的实用设计表达式。目前,我国的《工程结构可靠性设计统一标准》(GB50153—2008)、《建筑结构可靠性设计统一标准》(GB 50068—2018)都采用了这种近似概率法,并在此基础上颁布了各种结构设计规范。

③水准Ⅲ——全概率法。这是完全基于概率论的结构整体优化设计方法,要求对整个结构采用精确的概率分析,求得结构最优失效概率作为可靠度的直接度量。由于这种方法无论在基础数据的统计方面还是在可靠度计算方面都不成熟,目前尚处于研究探索阶段。

思考题

1.1　结构设计的目的和目标是什么？有哪些功能要求？

1.2　我国工程结构设计方法有哪些发展历程？各有何利弊和联系？

1.3　容许应力法和破损阶段设计法有时在表达形式上可以是一致的,但为何容许应力法无法代替破损阶段设计法？

2

荷载的统计分析

【内容提要】

本章主要介绍荷载与作用的定义及分类、荷载的概率分析模型、荷载的各种代表值及确定方法，以及多种荷载同时出现时荷载效应的组合原则。

【学习目标】

（1）掌握荷载与作用的分类及分类的目的；

（2）理解并掌握不同荷载的统计概率模型；

（3）掌握荷载的不同代表值及确定方法；

（4）熟悉荷载效应的组合方法。

2.1 荷载与作用分类

工程结构（如房屋、桥梁、隧道等）最重要的一项功能就是承受其使用过程中可能出现的各种作用，如房屋结构要承受自重、人群和家具重量以及风和地震作用等；桥梁结构要承受车辆重力、车辆制动力与冲击力、水流压力等；隧道结构要承受水土压力、爆炸作用等。将由各种环境因素产生的直接作用在结构上的各种力统称为荷载。由地球引力产生的力为重力，任何结构都将受到重力的作用。由土、水、风等产生的作用在结构上的压力分别称为土压力、水压力、风压力（习惯称为风荷载或风载）。由爆炸、运动物体的冲击、制动或离心作用等产生的作用在结构上的其他物体的惯性力也称为荷载。

作用在结构上的荷载会使结构产生内力、变形等（称为效应）。结构设计的目标就是确保结构的承载能力足以抵抗其内力，且将变形控制在结构能正常使用的范围内。工程师发现，进行结构设计时,不仅要考虑上述直接作用在结构上的各种荷载作用,还应考虑引起结构内力、变形等效应的其他非直接作用因素。能够引起结构内力、变形等效应的非直接作用因素,如地震、温度变化、基础不均匀沉降、焊接等,统称为间接作用。

为了统一,将能使结构产生效应(结构或构件的内力、应力、位移、应变、裂缝等)的各种因素总称为作用;而将直接作用在结构上的力的因素称为直接作用(如结构自重、人群、家具、设备、车辆等重力,以及雪压力、土压力、水压力等);将不是作用力但同样引起结构效应的因素称为间接作用(如结构外加变形、收缩、徐变、地震等)。只有直接作用才可称为荷载。

为便于工程结构设计,考虑到各种作用对结构产生的影响是不同的,不同作用所产生的结构效应的性质和重要性不同,对结构承受的各种环境作用,可按下列原则分类:

▶ 2.1.1　按是否随时间变化分类

①永久作用。在结构使用年限内,其值不随时间变化;或其变化的量值相对于平均荷载值而言可以忽略不计;或其变化是单调的并能趋于限值的作用,例如结构自重,随时间单调变化而能趋于限值的土压力、预应力、水位不变的水压力,在若干年内基本上完成的混凝土收缩和徐变、基础不均匀沉降、钢材焊接应力等,均可列为永久作用。

②可变作用。在结构使用年限内,其值随时间变化,且其变化的量值与平均值相比不可忽略不计的作用。例如楼面活荷载、车辆荷载、人群荷载、车辆冲击力和制动力、设备重力、风荷载、雪荷载、波浪荷载、水位变化的水压力、流水压力、波浪荷载、温度变化等,均属可变作用。

③偶然作用。在结构使用年限内不一定出现,但一旦出现,其值很大且持续时间很短的作用,例如地震作用、爆炸力等,均属偶然作用。

是否随时间而变异的分类是对结构作用的基本分类,应用非常广泛。在分析结构的可靠度时,它直接关系到作用概率模型的选择;在按各类极限状态设计时,它关系到荷载代表值及其效应组合形式的选择。如可变作用的变异性比永久作用的变异性大,可变作用的相对取值应比永久作用的相对取值大;偶然作用出现的概率小,结构抵抗偶然作用的可靠度可比抵抗永久作用的可靠度小。

▶ 2.1.2　按是否随空间位置变化分类

①固定作用。在结构空间位置上具有固定不变的分布,但其量值可能具有随机性,例如结构自重、固定设备荷载、屋顶水箱重量等。

②自由作用。在结构空间位置上一定范围内可以任意分布,出现的位置和量值都可能是随机的,例如车辆荷载、吊车荷载、风荷载、雪荷载、人员、家具荷载等。

由于自由作用是可以任意分布的、可移动的,结构设计时应考虑其位置变化在结构上引起的最不利效应分布。

▶ 2.1.3　按结构反应性质分类

①静态作用。不使结构或结构构件产生加速度或产生的加速度很小、可以忽略不计的作用,例如结构自重、楼面上人员荷载、雪荷载、土压力等。

②动态作用。使结构或结构构件产生不可忽略的加速度的作用,例如地震作用、吊车荷载、设备振动、脉动风荷载、打桩冲击作用等。

在进行结构分析时,对于动态作用应当考虑其动力效应,用结构动力学方法进行分析,或采用乘以动力系数的简化方法,将动态作用转换为等效静态作用。

将作用按不同性质进行分类,是出于规范化结构设计的需要。例如,车辆荷载,按是否随时间变化的分类属于可变荷载,应考虑它对结构可靠性的影响;按是否随空间变化的分类属于自由作用,应考虑它在结构上的最不利位置;按结构反应性质分类属于动态荷载,还应考虑结构的动力响应。

2.2 荷载的概率模型

施加在结构上的荷载,不仅具有随机性,一般还与时间有关,是时间的函数。统计分析表明,对任一特定时刻荷载并非定值,存在变异,在数学上可用随机过程来描述,记作:$\{Q(t), t \in [a,b]\}$。每次实验中能取某个确定的、但事先未知的值的变量,称作随机变量。在时域 $[a,b]$ 内对 $Q(t)$ 做一次实验,可得一确定函数 $\varphi(t)$。$\varphi(t)$ 称作随机过程 $Q(t)$ 的一次实现,也称作 $Q(t)$ 的一个样本函数。在时域 $[a,b]$ 内取 $t=t_0$,则 $Q(t_0)$ 为一随机变量。随机变量 $Q(t_0)$ 称作随机过程 $Q(t)$ 在 $t=t_0$ 时的截口随机变量。显然,随机过程 $Q(t)$ 在时域 $[a,b]$ 上有无穷多个截口随机变量。随机过程的任一截口为随机变量,此随机变量必然有一分布函数。任意时刻 $t=t_i$ 时,截口随机变量 $Q(t_i)$ 的分布函数 $F_Q(x)$ 称作随机过程任意时点的分布函数。

在一个确定的设计基准期 T 内,对荷载随机过程做一次连续观测(如对某地的风压连续观测 50 年),所获得依赖于观测时间的数据即为随机过程的一个样本函数。每个随机过程都是由大量的样本函数构成的,如图 2.1 所示。

荷载随机过程的样本函数十分复杂,它随荷载的种类不同而不同。目前对各类荷载过程的样本函数及其性质了解甚少,在结构设计和可靠度分析中,主要关心和讨论的是结构设计基准期 T 内的荷载最大值 Q_T。不同的 T 时间内,各样本统计得到的 Q_T 很可能是不同的,即 Q_T 是随机变量。为便于对 Q_T 进行统计分析,对于常见的楼面活荷载、风荷载、雪荷载、公路及桥梁人群荷载等,一般简化处理成平稳二项随机过程模型;而对于车辆荷载,则常用滤过泊松过程模型。本节重点介绍平稳二项随机过程模型。

▶ 2.2.1 平稳二项随机过程模型

1)平稳二项随机过程基本假定及统计分析方法

平稳二项随机过程荷载模型的基本假定如下:

①根据荷载每变动一次作用在结构上的时间长短,将设计基准期 T 划分为 r 个相等时段,$\tau = \dfrac{T}{r}$;或认为设计基准期 T 内荷载均匀变动 $r = \dfrac{T}{\tau}$ 次。

②在任意时段 $\tau_i = t_i - t_{i-1}(i=1,2,\cdots,r)$ 内,$Q(t)>0(t \in \tau_i)$ 时,$Q(t)$ 在本时段出现的概率为 p;$Q(i)=0$ 时,$Q(t)$ 在本时段不出现的概率为 $q=1-p$。

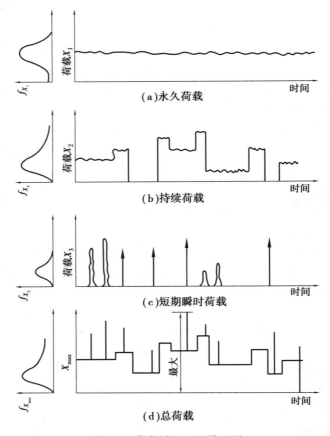

图 2.1　荷载随机过程模型图

③每一时段 τ 内,荷载出现时,幅值为非负随机变量,且在不同时段上其概率分布函数是相同的。记分布函数为 $F_Q(x) = P[Q(t) \leqslant x, t \in \tau \mid Q(t) > 0]$(任意时点的概率分布)。

④不同时段 τ 上的荷载幅值随机变量相互独立,且与在时段 τ 上是否出现荷载无关。

显然,平稳二项随机过程 $Q(t)$ 的样本函数可表示为等间距矩形波函数(图 2.2)。

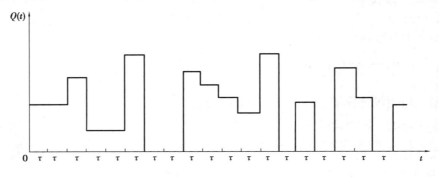

图 2.2　平稳二项随机过程的样本函数

永久作用的统计参数与时间基本无关,故可采用随机变量概率模型来描述,永久作用的随机性通常表现在其随空间变异上。可变作用的统计参数与时间有关,故宜采用随机过程概率模型来描述。但直接进行结构可靠度的计算十分复杂,一般会采用可靠度近似分析方法,其建立在随机变量模型的基础上,因此,实用上需将荷载的随机过程模型转换为随机变量模型,其转换原则为:取设计基准期$[0,T]$内荷载的最大值Q_T来代表荷载,即:

$$Q_T = \max_{t \in [0,T]} Q(t) \tag{2.1}$$

Q_T为随机变量。统计参数τ和p可通过调查测定或经验判断确定;任意时点的荷载概率分布参数$F_Q(x)$是结构可靠度分析的基础,应根据实测数据,选择典型的概率分布进行优度拟合获得。

由于不可能获得设计基准期年限那么长时间的足够的荷载样本,随机变量Q_T的概率分布则不能直接通过样本进行数理统计获得,而平稳二项随机过程模型中能得到的是任意时点的荷载概率分布函数$F_Q(x)$,那么如何建立Q_T的概率分布函数与$F_Q(x)$之间的关系呢?

首先利用概率论的知识及平稳二项随机过程模型的假定,推导任一时段τ内的荷载概率分布函数$F_{Q\tau}(x)$与$F_Q(x)$之间的关系:

$$
\begin{aligned}
F_{Q\tau}(x) &= P[Q(t) \leqslant x, t \in \tau] \\
&= P[Q(t) > 0] \cdot P[Q(t) \leqslant x, t \in \tau \mid Q(t) > 0] + \\
&\quad P[Q(t) = 0] \cdot P[Q(t) \leqslant x, t \in \tau \mid Q(t) = 0] \\
&= p \cdot F_Q(x) + q \cdot 1 = p \cdot F_Q(x) + (1 - p) \\
&= 1 - p[1 - F_Q(x)] \quad (x \geqslant 0)
\end{aligned} \tag{2.2}
$$

再推导设计基准期T内荷载最大值Q_T的概率分布函数$F_{Q_T}(x)$与$F_Q(x)$的关系:

$$
\begin{aligned}
F_{Q_T}(x) &= P[Q_T \leqslant x] = P\left[\max_{t \in [0,T]} Q(t) \leqslant x, t \in T\right] \\
&= \prod_{j=1}^{r} P[Q(t) \leqslant x, t \in \tau_j] = \prod_{j=1}^{r} \{1 - p[1 - F_Q(x)]\} \\
&= \{1 - p[1 - F_Q(x)]\}^r \quad (x \geqslant 0)
\end{aligned} \tag{2.3}
$$

设荷载在设计基准期T内出现的平均次数为m,则$m = pr$。

显然:

①当$p = 1$时,即在每一时段内必然出现的荷载(如永久荷载等),$m = r$,则得:

$$F_{Q_T}(x) = [F_Q(x)]^m \tag{2.4}$$

②当$p < 1$时,即在每一时段内不一定都出现的荷载(如风荷载、雪荷载等),利用近似关系式:$e^{-a} \approx 1 - a$(a为很小的数),可得:

$$
\begin{aligned}
F_{Q_T}(x) &\approx \{e^{-p[1 - F_Q(x)]}\}^r = \{e^{-[1 - F_Q(x)]}\}^{pr} \\
&\approx \{1 - [1 - F_Q(x)]\}^{pr} \\
&\approx [F_Q(x)]^m
\end{aligned} \tag{2.5}
$$

至此,我们建立了$F_{Q_T}(x)$与$F_Q(x)$之间的关系,即各种荷载在设计基准期T内的最大值Q_T的概率分布函数$F_{Q_T}(x)$均表示为任意时点分布函数$F_Q(x)$的m次方。

由此可见,荷载统计必须确定3个统计要素:

①荷载出现一次的平均持续时间τ或T内变动的次数r;

②任一时段τ上荷载$Q(t)$出现的概率p;

③任意时点荷载的概率分布 $F_Q(x)$。

对于几种常遇的荷载,参数可以通过调查测定或由经验判断而得到。

2)常用荷载的随机模型、$F_Q(x)$ 及统计参数

(1)永久荷载 G

永久荷载在设计基准期 T 内取值基本不变,其随机过程样本函数如图 2.3 所示,即 $p=1$,$\tau=T$,时段数 $r=T/\tau=1$,则 $m=pr=1$,$F_{Q_r}(x)=F_Q(x)$。设计基准期内最大恒载的概率分布函数与任意时点恒载的概率分布函数相同。经统计,可认为永久荷载的任意时点分布函数 $F_Q(x)$ 服从正态分布。

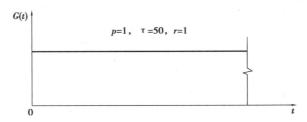

图 2.3 永久荷载样本函数

永久荷载的任意时点概率分布函数 $F_Q(x)$ 为 $F_{Gi}(x)$:

$$F_{Gi}(x) = \frac{1}{0.074 G_K \sqrt{2\pi}} \int_{-\infty}^{x} \exp\left[-\frac{(u - 1.06 G_K)^2}{0.011 G_K^2} \right] \mathrm{d}u \tag{2.6}$$

上式简记为 $N(1.06 G_K, 0.074 G_K)$,式中 G_K 为恒载标准值,可取为设计尺寸乘以标准容重。其统计参数为:

$$\begin{cases} \mu_G = 1.06 G_K, & K = \dfrac{\mu_G}{G_K} = 1.06 \\ \sigma_G = 0.074 G_K, & \delta_G = 0.07 \end{cases} \tag{2.7}$$

(2)可变荷载

对于可变荷载(如楼面活荷载、风荷载、雪荷载等),其随机过程样本函数共同的特点是:荷载一次出现的时间 $\tau < T$,在设计基准期 T 内的时段数 $r>1$,且在 T 内至少出现一次,则平均出现次数 $m=pr \geq 1$。不同的可变荷载,其统计参数 τ、p 以及任意时点荷载概率分布函数 $F_Q(x)$ 是不同的,但均可认为服从极值 Ⅰ 型分布。

①楼面持久性活荷载 $L_i(t)$。

楼面持久性活荷载是指楼面上经常出现,而在某个时段内其取值基本保持不变的荷载,如住宅类的家具、物品,工业房屋内的机器、设备和堆料,以及常在人员自重等。持久性活荷载在设计基准期 T 内都存在,故 $p=1$。经调查分析可知,用户每次搬迁后的平均持续时间约为 10 年,即 $\tau=10$ 年,若 $T=50$ 年,则有 $r=T/\tau=5$,$m=pr=5$,其样本函数如图 2.4 所示。

对于办公楼类持久性活荷载,其任意时点概率分布函数为:

$$F_{Li}(x) = \exp\left\{ -\exp\left[-\frac{x - 0.204 L_K}{0.092 L_K} \right] \right\} \tag{2.8}$$

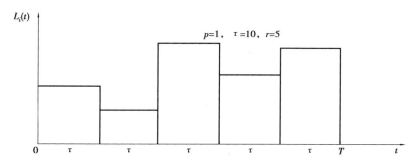

图 2.4 楼面持久性活荷载样本函数

其统计参数为：

$$\begin{cases} \mu_{Li} = 0.257L_K, & \sigma_{Li} = 0.119L_K \\ \delta_{Li} = 0.463, & K = \dfrac{\mu_{Li}}{L_K} = 0.26 \end{cases} \tag{2.9}$$

对于住宅类持久性活荷载,其任意时点概率分布函数为：

$$F_{Li}(x) = \exp\left\{-\exp\left[-\frac{x - 0.287L_K}{0.084L_K}\right]\right\} \tag{2.10}$$

其统计参数为：

$$\begin{cases} \mu_{Li} = 0.336L_K, & \sigma_{Li} = 0.108L_K \\ \delta_{Li} = 0.321, & K = \dfrac{\mu_{Li}}{L_K} = 0.34 \end{cases} \tag{2.11}$$

②楼面临时性活荷载 $L_r(t)$。

楼面临时性活荷载是指楼面上偶尔出现的短期荷载,如聚会的人群、维修时工具和材料的堆积、室内扫除时家具的集聚等。对于临时性活荷载,由于其持续时间短,在设计基准期内的荷载值变化幅度较大,统计比较困难,为便于平稳二项随机过程模型的应用,通过用户调查,以最近若干年内的最大一次荷载作为时段内的最大荷载 L_{rs},并作为荷载统计的对象,偏安全取 $m = 5$(已知 $T = 50$ 年),即 $\tau = 10$,则其样本函数与持久性活荷载相似(图 2.5)。

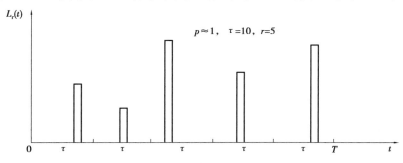

图 2.5 楼面临时性活荷载样本函数

对于办公楼类临时性活荷载,其任意时点概率分布函数及统计参数如下：

$$F_{\text{Lrs}}(x) = \exp\left\{-\exp\left[-\frac{x-0.164L_{\text{K}}}{0.127L_{\text{K}}}\right]\right\} \tag{2.12}$$

$$\mu_{\text{Lrs}} = 0.237L_{\text{K}}, \qquad \sigma_{\text{Lrs}} = 0.162L_{\text{K}}$$
$$V_{\text{Lrs}} = 0.684, \qquad K = 0.24 \tag{2.13}$$

对于住宅类临时性活荷载,其任意时点概率分布函数及统计参数如下:

$$F_{\text{Lrs}}(x) = \exp\left\{-\exp\left[-\frac{x-0.236L_{\text{K}}}{0.131L_{\text{K}}}\right]\right\} \tag{2.14}$$

$$\mu_{\text{Lrs}} = 0.312L_{\text{K}}, \qquad \sigma_{\text{Lrs}} = 0.168L_{\text{K}}$$
$$V_{\text{Lrs}} = 0.539, \qquad K = 0.39 \tag{2.15}$$

③风荷载 $W(t)$ 。

取风荷载为平稳二项随机过程,按每年出现的最大值考虑,取 $T=50$ 年,该期间最大风荷载共出现 50 次,即每年时段内年最大风荷载必出现,因此 $p=1$,则 $m=pr=50$ 。年最大风荷载随机过程的样本函数如图 2.6 所示。

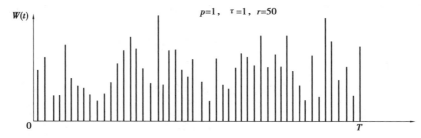

图 2.6 风荷载样本函数

不按风向时,风荷载任意时点概率分布函数及统计参数如下:

$$\begin{cases} F'_{\text{WY}}(x) = \exp\left\{-\exp\left[-\frac{x-0.359W_{\text{K}}}{0.167W_{\text{K}}}\right]\right\} \\ \mu'_{\text{WY}} = 0.455W_{\text{K}}, \sigma'_{\text{WY}} = 0.214W_{\text{K}} \\ V'_{\text{WY}} = 0.47, K = 0.46 \end{cases} \tag{2.16}$$

按风向时,风荷载任意时点概率分布函数及统计参数如下:

$$\begin{cases} F_{\text{WY}}(x) = \exp\left\{-\exp\left[-\frac{x-0.323W_{\text{K}}}{0.151W_{\text{K}}}\right]\right\} \\ \mu_{\text{WY}} = 0.41W_{\text{K}}, \sigma_{\text{WY}} = 0.193W_{\text{K}} \\ V_{\text{WY}} = 0.47, K = 0.41 \end{cases} \tag{2.17}$$

④雪荷载 $S(t)$ 。

雪荷载采用基本雪压作为统计对象,各个地区的地面年最大雪压是一个随机变量。与设计基准期相比,年最大雪压持续时间仍属短暂,采用滤过泊松过程描述更为符合实际情况。为了应用简便,规范仍取雪荷载为平稳二项随机过程,按每年出现一次最大值考虑,当 $T=50$ 年时有 $r=50$,每年时段内年最大雪压必出现,因此 $p=1$,则 $m=pr=50$ 。年最大雪荷载的随机过程样本函数与风荷载类似,其任意时点概率分布函数及统计参数如下:

$$\begin{cases} F_{SY}(x) = \exp\left\{-\exp\left[-\dfrac{x-0.244S_{OK}}{0.199S_{OK}}\right]\right\} \\ \mu_{SY} = 0.359S_{OK}, \sigma_{SY} = 0.256S_{OK} \\ V_{SY} = 0.713, K = 0.34 \end{cases} \tag{2.18}$$

⑤人群荷载。

人群荷载调查以全国十多个城市和郊区的 30 座桥梁为对象,在人行道上任意划出一定大小的区域和不同长度的观测段,分别连续记录瞬时出现在其上的最多人数,据此计算每平方米的人群荷载。由于行人高峰极值在设计基准期内变化很大,短期实测值难以保证其达到设计基准期内的最大值,故在确定人群荷载随机过程的样本函数时,可近似取每一年出现一次的荷载最大值。对于公路桥梁结构,设计基准期 T 为 100 年,则 $m = 100$。

3)设计基准期 T 内最大值的概率分布函数 $F_{Q_T}(x)$ 及统计参数

由式(2.4)和式(2.5)得到了设计基准期最大值 $F_{Q_T}(x)$ 与任意时点 $F_Q(x)$ 之间的关系。知道 $F_Q(x)$ 后,便可计算得到 $F_{Q_T}(x)$。

(1)永久荷载

永久荷载任意时点的荷载值符合正态分布,$p=1$,$r=1$,$m=1$,则 $F_{Q_T}(x) = F_Q(x)$。设计基准期最大值可直接采用任意时点荷载统计的结果。

(2)活荷载

活荷载可认为 $F_Q(x)$ 服从极值 I 型分布,即:

$$F_Q(x) = \exp\left\{-\exp\left[-\frac{x-u_Q}{\alpha_Q}\right]\right\} \tag{2.19}$$

其中,u_Q 和 α_Q 为常数,其与均值 μ_Q 和方差 σ_Q 的关系为:

$$\mu_Q = u_Q + 0.577\,2\alpha_Q \tag{2.20}$$

$$\sigma_Q = 1.282\,6\alpha_Q \tag{2.21}$$

联立式(2.4)和式(2.19)得:

$$F_{Q_T}(x) = [F_Q(x)]^m = \exp\left\{-m\,\exp\left[\frac{x-u_Q}{\alpha_Q}\right]\right\} = \exp\left\{-\exp(\ln m)\exp\left[-\frac{x-u_Q}{\alpha_Q}\right]\right\}$$

$$= \exp\left\{-\exp\left[-\frac{x-u_Q-\alpha_Q\ln m}{\alpha_Q}\right]\right\} \tag{2.22}$$

可见,$F_{Q_T}(x)$ 也为极值 I 型分布:

$$F_{Q_T}(x) = \exp\left\{-\exp\left[-\frac{x-u_{Q_T}}{\alpha_{Q_T}}\right]\right\} \tag{2.23}$$

对比式(2.22)与式(2.23)可得:

$$u_{Q_T} = u_Q + \alpha_Q\ln m, \alpha_{Q_T} = \alpha_Q$$

结合式(2.20)和式(2.21)可得:

$$\sigma_{Q_T} = \sigma_Q \tag{2.24}$$

$$\mu_{Q_T} = \mu_Q + \frac{\sigma_Q\ln m}{1.282\,6} \tag{2.25}$$

▶ 2.2.2 **滤过泊松过程**

在一般运行状态下,当车辆的时间间隔为指数分布时,车辆荷载随机过程可用滤过泊松过程来描述,其样本函数如图 2.7 所示。

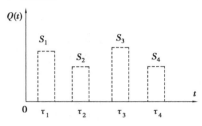

图 2.7　车辆荷载样本函数

车辆荷载随机过程 $\{Q(t),t\in[0,T]\}$ 可表达为:

$$Q(t) = \sum_{n=0}^{N(t)} \omega(t;\tau_n,S_n) \tag{2.26}$$

式中:

① $\{N(t),t\in[0,T]\}$ 为参数 λ 的泊松过程;

②效应函数为:

$$\omega(t;\tau_n,S_n) = \begin{cases} S_n,t\in\tau_n \\ 0,t\notin\tau_n \end{cases} \tag{2.27}$$

其中,τ_n 为第 n 个荷载持续时间,取 $\tau_0=0$。

③ $S_n(n=1,2,\cdots)$ 为相互独立、同分布于 $F_Q(x)$ 的随机变量序列,称为截口随机变量,且与 $N(t)$ 互相独立,令 $S_0=0$。

滤过泊松过程最大值 Q_T 的概率分布表达式为:

$$F_{Q_T}(x) = e^{-\lambda T[1-F_Q(x)]} \tag{2.28}$$

式中,$F_Q(x)$ 为车辆荷载的任意时点分布函数,其拟合检验结果服从对数正态分布;λ 为泊松过程参数,这里为时间间隔指数分布参数的估计值。

2.3　荷载的代表值

结构设计基准期内,各种荷载的最大值 Q_T 一般为一随机变量,考虑到结构设计的实用简便和工程人员的传统习惯,极限状态设计表达式仍采用荷载的具体取值。这些取值基于概率方法而确定,设计时不涉及其统计参数和概率运算。荷载代表值就是适应这种要求而产生的,即在设计中以验算极限状态所采用的荷载定量量值(如标准值、准永久值、频遇值和组合值)。

在建筑结构设计中,应根据各种极限状态的设计要求,对不同荷载采用不同的代表值。永久荷载采用标准值作为代表值;可变荷载应根据设计要求,采用标准值、组合值或频遇值作为其代表值;偶然荷载由于尚缺乏系统的研究,可根据现场观测、试验数据和工程经验,经综合分析判断确定。根据其概率模型,荷载的各种代表值应具有明确的概率意义。

▶ 2.3.1 标准值

荷载标准值 Q_K 是设计基准期内在结构上可能出现的最大荷载值。它是进行结构设计时采用的荷载基本代表值,荷载的其他代表值均以标准值为基础换算得到。对结构进行承载能力极限状态以及正常使用极限状态的验算时,均要使用荷载标准值。荷载标准值的确定方法有以下两种:

(1)根据设计基准期内荷载最大值 Q_K 的可靠概率确定

按一定概率取设计基准期内荷载最大值概率分布 $F_T(X)$ 的某一分位数,即:

$$F_T(Q_K) = p_K \tag{2.29}$$

式中 p_K——设计基准期内荷载最大值小于 Q_K 的概率。

目前,各国对不被超越的概率 p_K 没有统一的规定。我国对于不同荷载的标准值,其相应的 p_K 取值也不相同。我国规范对于住宅活荷载、办公楼活荷载、风荷载和雪荷载的 p_K 值分别取为 0.80、0.92、0.57 和 0.36。

(2)根据荷载值的重现期确定

设 Q_K 的重现期为 T_K,即 Q_K 为 T_K 年一遇的荷载值,则在荷载年分布中可能出现大于 Q_K 的概率为 $\dfrac{1}{T_K}$,由此可得:

$$F_i(Q_K) = 1 - \frac{1}{T_K} \tag{2.30}$$

若取平稳二项随机过程中 $\tau = 1$,根据式(2.4)可得:

$$F_i(Q_K) = \left[F_T(Q_K) \right]^{\frac{1}{T}} = 1 - \frac{1}{T_K} \tag{2.31}$$

由式(2.29)和式(2.31)可得:

$$T_K = \frac{1}{1 - \left[F_T(Q_K) \right]^{\frac{1}{T}}} = \frac{1}{1 - p_K^{\frac{1}{T}}} \tag{2.32}$$

式(2.32)给出了 p_K 与 T_K 的关系。若取 $T_K = 50$ 年,则 $p_K = 0.346$,若取 $p_K = 0.95$,则 $T_K = 975$ 年。

对于结构或非承重构件的自重,永久荷载标准值可由设计尺寸与材料单位体积的自重计算而确定。《建筑结构荷载规范》(GB 50009—2012)给出的自重大体上相当于统计平均值,其分位数为 0.5。对于自重变异较大的材料(如屋面保温材料、防水材料、找平层等),在设计中应根据该荷载对结构有利或不利,分别取《建筑结构荷载规范》中给出的自重上限和下限值。

可变荷载标准值是由设计基准期内荷载最大值概率分布的某一分位值确定的。对所有荷载都要能取得充分的资料从而获得 T 内最大荷载的概率分布比较困难,所以标准值主要还是根据历史经验和分析确定。例如,民用楼面活荷载的标准值 L_k 相当于民用楼在设计基准期最大活荷载 L_T 概率分布的平均值 μ_{L_T} 加 α 倍标准差 σ_{L_T},即 $L_k = \mu_{L_T} + \alpha \sigma_{L_T}$。对于办公楼,$\alpha$ 取 3.16;对于住宅楼,α 取 2.38。

实际上,并非所有的荷载都能取得充分的统计资料,并以合理的统计分析来规定其特征值。目前,世界各国均无对 p_K 取值的统一规定,对 p_K 或 T_K 的合理取值仍需进一步研究,对性质类同的可变荷载,应尽可能使其取值在保证率上保持相同的水平。

▶ **2.3.2 准永久值**

图 2.8 表示可变荷载随机过程的一个样本函数。设荷载超过 Q_x 的总持续时间为 $T_x = \sum_{i=1}^{n} t_i$,如其与设计基准期 T 的比值 T_x/T 用 μ_x 来表示,则荷载的准永久值可用 μ_x 来定义。

荷载的准永久值是指在结构上经常作用的可变荷载值,它在设计基准期内具有较长的持续时间 T_x,其对结构的影响相似于永久荷载,如进行混凝土结构有关徐变影响的计算时,应采用可变荷载的准永久值。

确定荷载准永久值 Q_x 时,一般取 $\mu_x \geq 0.5$,若 $\mu_x = 0.5$,则准永久值大约相当于任意时点荷载概率分布 $F_t(x)$ 的中位值,即:

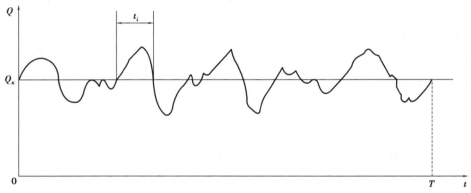

图 2.8 可变荷载的一个样本

$$F_t(Q_x) = 0.5 \qquad (2.33)$$

令

$$\varphi_x = \frac{Q_x}{Q_K} \qquad (2.34)$$

式中,φ_x 称为荷载准永久值系数。我国目前按 $\mu_x = 0.5$ 确定的各种可变荷载准永久值系数,如表 2.1 所示,其他荷载准永久值系数详见荷载规范。

表 2.1 荷载准永久值系数

可变荷载种类	适用地区	φ_x
办公楼、住宅楼面活荷载	全国	0.40
风荷载	全国	0
雪荷载	东北	0.20
	新疆北部	0.15
	其他有雪地区	0

▶ 2.3.3 频遇值

荷载频遇值同样是对可变荷载而言的,它是指在设计基准期 T 内,其超越的总时间为规定的较小($<50\%$,常取 10%)比率或超越频数为规定频率($<50\%$,常取 10%)的荷载值。显然,由于可变荷载的频遇值发生的概率小于准永久值,故频遇值的数值大于准永久值。

▶ 2.3.4 组合值

当作用在结构上有两种及两种以上的可变荷载时,荷载不可能在同一时刻都达到最大值。此时,荷载的代表值可采用其组合值,通常可表达为荷载组合系数与标准值的乘积,即 ψQ_k。组合值系数详见荷载规范。

2.4 荷载效应及组合

▶ 2.4.1 荷载效应

结构荷载效应是指作用在结构上的荷载所产生的内力、变形、应变等。对于线弹性结构,结构荷载效应 S 与荷载 Q 之间有简单的线形比例关系,即

$$S = CQ \tag{2.35}$$

式中　C——荷载效应系数,与结构形式、荷载形式及效应类型有关。

如一均布荷载 q 作用下的简支梁,跨中弯矩 $M = ql^2/8$,则荷载效应系数 $C = l^2/8$,而跨中挠度 $f = \dfrac{5l^4}{384EI}q$,则荷载效应系数 $C = \dfrac{5l^4}{384EI}$。显然,荷载效应系数与结构尺寸、结构截面特性和结构材料特性有关。与荷载的变异性相比,荷载效应系数的变异性较小,可近似当作常数。这样,荷载效应的概率特性(概率分布)与荷载的概率特性相同,其统计参数间的关系为:

$$m_s = Cm_Q \tag{2.36}$$

$$\sigma_s = C\sigma_Q \tag{2.37}$$

将随机变量的方差与均值之比定义为变异系数 δ,即

$$\delta = \frac{\sigma}{m} \tag{2.38}$$

则

$$\delta_S = \delta_Q \tag{2.39}$$

▶ 2.4.2 荷载效应组合

结构在设计基准期内,可能承受恒载及两种以上的可变荷载,如活荷载、风荷载、雪荷载等。这几种可变荷载在设计基准期内均以其最大值相遇的概率很小,例如,最大风载与最大雪载同时发生的情况很少。因此,为确保结构安全并同时兼顾经济的原则,需研究荷载效应如何组合及其组合后的概率分布问题。

（1）Turkstra 组合规则

为了使荷载效应组合问题容易被工程设计人员所理解，Turkstra 从直觉出发，最早提出了一个简单组合规则。该规则轮流以一个荷载效应的设计基准期 T 内最大值与其余荷载的对应时点值组合，即取：

$$S_{mi} = S_1(t_0) + \cdots + S_{i-1}(t_0) + \max_{t \in [0,T]} S_i(t) + S_{i+1}(t_0) + \cdots + S_n(t_0) \quad (i = 1, 2, \cdots, n) \quad (2.40)$$

式中，t_0 为 $S_i(t)$ 达到最大的时刻。

在设计基准期内，荷载效应组合的最大值为：

$$S_m = \max(S_{m_1}, S_{m_2}, \cdots, S_{m_n}) \quad (2.41)$$

以卷积运算可得到任一组合 S_{m_i} 的概率分布函数，选出可靠指标最小的一组作为控制荷载效应组合。

图 2.9 为 3 个荷载随机过程按 Turkstra 规则组合的示意图。显然，该规则并不是偏于保守的，因为理论上还可能存在着更不利的组合。但该规则简单，且理论上也证明在很多实用情况下，该规则仍是一个很好的近似方法。因此，该规则在工程实践中被广泛应用。

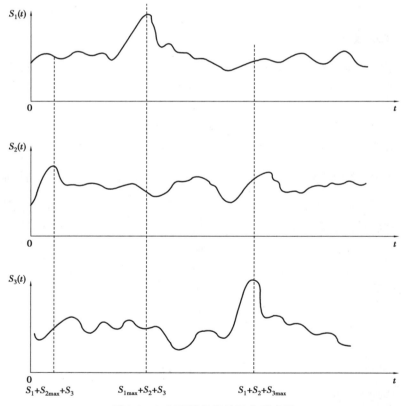

图 2.9　3 个不同荷载的组合示意图

（2）JCSS 组合规则

JCSS 组合规则是国际结构安全度联合委员会（JCSS）建议的荷载组合规则。按照这种规则，假定可变荷载的样本函数为平稳二项过程，轮流以一个荷载效应在设计基准期 T 内的最大值与其余荷载的局部最大值组合，即：

①假定可变荷载的样本函数为等时段的平稳二项随机过程,每一效应 $S_i(t)$ 在 $[0,T]$ 内的总时段数记为 r_i。

②将荷载 $Q_1(t)$ 在 $[0,T]$ 内的最大值效应 $\max\limits_{t\in[0,T]} S_1(t)$ (持续时段为 τ_1),与下一荷载 $Q_2(t)$ 在时段 τ_1 内的局部最大值效应 $\max\limits_{t\in\tau_1} S_2(t)$ (持续时段为 τ_2),以及第三个荷载 $Q_3(t)$ 在时段 τ_2 内的局部最大值效应 $\max\limits_{t\in\tau_2} S_3(t)$ (持续时段为 τ_3)相组合,以此类推,可得 n 个相对最大效应 S_{mi}。

$$S_{m1} = \max_{t\in[0,T]} S_1(t) + \max_{t\in\tau_1} S_2(t) + \cdots + \max_{t\in\tau_{n-1}} S_n(t)$$

$$S_{m2} = S_1(t_0) + \max_{t\in[0,T]} S_2(t) + \max_{t\in\tau_2} S_3(t) + \cdots + \max_{t\in\tau_{n-1}} S_n(t)$$

$$\vdots$$ (2.42)

$$S_{mn} = S_1(t_0) + S_2(t_0) + \cdots + \max_{t\in[0,T]} S_n(t)$$

图 2.10 所示为 3 个可变荷载效应组合的第一种组合情况的示意图。

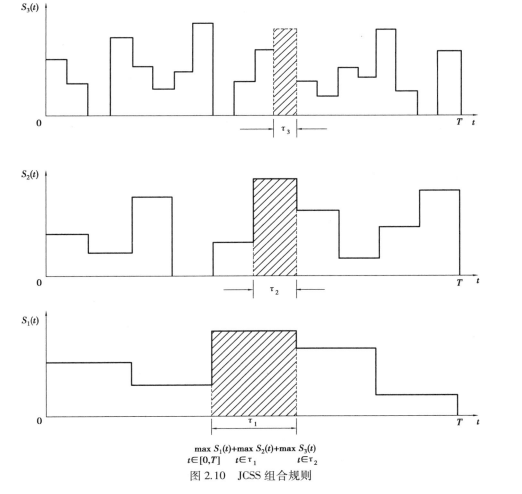

$$\max_{t\in[0,T]} S_1(t) + \max_{t\in\tau_1} S_2(t) + \max_{t\in\tau_2} S_3(t)$$

图 2.10　JCSS 组合规则

按该规则确定荷载效应组合的最大值时,有 n 种不利组合,JCSS 规定用上述 n 种荷载效应组合 S_{mi} 对应的结构失效概率之和来估算结构失效概率的上限。

S_{mi} 的分布函数 $F_{S_{mi}}(x)$ 为各随机变量分布函数 $F_{S_i}(x)$ 的卷积,即

$$F_{S_{m1}}(x) = F_{S_1}(x)^{r_1} * F_{S_2}(x)^{r_2/r_1} * \cdots * F_{S_n}(x)^{r_n/r_{n-1}}$$

$$F_{S_{m2}}(x) = F_{S_1}(x) * F_{S_2}(x)^{r_2} * F_{S_3}(x)^{r_3/r_2} * \cdots * F_{S_n}(x)^{r_n/r_{n-1}}$$

$$\vdots$$

$$F_{S_{m_n}}(x) = F_{S_1}(x) * F_{S_2}(x) * \cdots * F_{S_n}(x)^{r_n} \tag{2.43}$$

最大综合效应 S_{mi} 的分布函数 $F_{S_{mi}}(x)$ 求出后,按一次二阶矩计算各自的可靠指标 $\beta_i(i=1,2,\cdots,n)$,取 $\beta_0 = \min\beta_i$ 的一种组合作为控制设计的最不利组合。

JCSS 建议的这种组合方式并未包含所有的不利组合。Ferry Borges-Cantanheta 提出的组合方法为:对每个荷载 $S_i(t)(i=1,2,\cdots,n)$ 将基准期 T 分为 r_i 个相等时段 τ_i,将各荷载按 τ_i 大小由小到大排列,并使 r_i/r_{i-1} 为整数。在依次取某一荷载 S_i 在 $[0,T]$ 内的最大值时,对时段数大于 r_i 的荷载,分别从 $S_{i+1},S_{i+2},\cdots,S_n$ 开始取时段 τ_i 上的局部最大值,后序荷载依次取前一个荷载时段上的局部最大值,其他荷载取相应的瞬时值,则按这种规则可得到 $\dfrac{n(n-1)}{2}+1$ 个组合效应,采用排列取其中最不利者作为设计采用的荷载效应组合。实际上,在依次取某一荷载 S_i 在 $[0,T]$ 内的最大值时,对时段数大于 r_i 的荷载,分别从 $S_{i+1},S_{i+2},\cdots,S_n$ 开始取时段 τ_i 上的局部最大值,后序荷载依次取该局部最大值所在荷载时段上的局部最大值进行组合,可共获得 2^{n-1} 个组合效应,但其中有些组合可能是重复的。以 4 个荷载为例,其可能的组合详见图 2.11 示意,共有 8 种组合,若按 Ferry Borges-Cantanheta 组合方法则为前 7 种,若按 JCSS 方法则为 1、4、6 和 7 共 4 种组合方式。

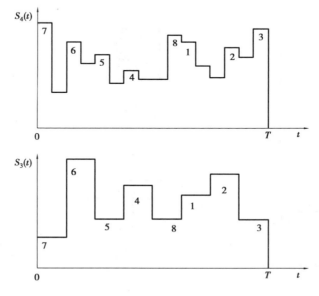

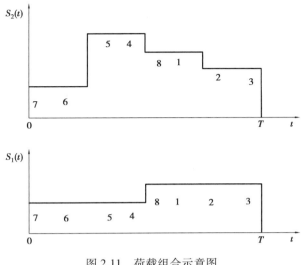

图 2.11 荷载组合示意图

思考题

2.1 简述荷载作用的分类及目的。

2.2 简述平稳二项随机过程模型的基本假定,推导设计基准期最大荷载的概率模型和任意时点荷载概率模型的关系式。

2.3 荷载的统计参数有哪些？进行荷载统计时必须统计哪 3 个参数？

2.4 荷载有哪些代表值？各有何意义？其相互大小关系是怎样的？

2.5 简述 Turkstra 和 JCSS 荷载效应组合原则的区别。

3

结构抗力的统计分析

【内容提要】

本章主要介绍结构构件抗力统计分析方法、结构构件抗力不定性的主要影响因素及其统计参数、结构构件抗力的统计参数及概率分布类型。

【学习目标】

(1)了解:结构构件抗力统计分析方法;

(2)熟悉:结构构件抗力统计分析的间接方法;

(3)掌握:结构构件抗力不定性的主要影响因素及其统计参数的确定方法、结构构件抗力的统计参数及概率分布类型。

3.1　结构抗力的统计分析方法

结构抗力是指结构承受作用效应和环境影响的能力。结构抗力与结构作用效应相对应,当作用效应是结构内力时,与其对应的抗力是结构的承载力;当作用效应是结构变形时,与其对应的抗力是结构抵抗变形的能力(即构件的刚度)。

从结构角度来看,结构抗力可以分为整体结构抗力、结构构件抗力、构件截面抗力和截面各点抗力4个层次。如结构抗倒塌、抗倾覆、抗滑移能力等为整体结构抗力,柱的承载能力、梁的变形能力等为结构构件抗力,梁截面的抗弯、抗剪承载能力为构件截面抗力,截面各点抵抗正应力、剪应力的能力为截面各点抗力。目前对整体结构进行抗力统计分析比较困难,而且结构设计时,除变形验算可能涉及整体结构外,承载能力极限状态设计一般只针对结构构件。因此,本章仅讨论结构构件(或构件截面)的抗力统计分析。

结构构件抗力可以通过试验或计算确定。材料性能、几何参数和计算模式是影响结构构件抗力的主要影响因素。由于混凝土的腐蚀、钢筋的锈蚀等，材料的性能实际上是随时间变化的。但在一般条件下，这种变化过程较为缓慢，通常将结构构件抗力简化为与时间无关的随机变量。

直接对结构构件抗力进行统计分析需要进行大量的破坏性试验，而且随机影响因素众多，难以实现。因此，目前对结构构件抗力的统计分析主要采用间接方法，即首先对影响结构构件抗力的主要因素进行统计分析，确定其统计参数，然后通过抗力与这些因素的函数关系，求得抗力的统计参数。

假定结构构件抗力各影响因素随机变量 $X_1, X_2, \cdots, X_n$ 相互独立，结构抗力随机变量 Z 是 $X_1, X_2, \cdots, X_n$ 的函数：

$$Z = g(X_1, X_2, \cdots, X_n) \tag{3.1}$$

根据误差传递公式，当 $X_1, X_2, \cdots, X_n$ 随机变量的均值和方差等统计参数为已知时，结构构件抗力随机变量 Z 的均值、方差和变异系数等统计参数分别为：

$$\mu_Z = g(\mu_{X_1}, \mu_{X_2}, \cdots, \mu_{X_n}) \tag{3.2}$$

$$\sigma_Z^2 = \sum_{i=1}^{n} \left[\frac{\partial g}{\partial X_i} \Big|_\mu \right]^2 \sigma_{X_i}^2 \tag{3.3}$$

$$\delta_Z = \frac{\sigma_Z}{\mu_Z} \tag{3.4}$$

而结构构件抗力的概率分布，可根据各影响因素的概率分布类型，由概率理论和经验加以确定。

3.2　结构构件抗力的不定性

不定性是指对结构可靠性有影响的因素的变异性。影响结构构件抗力不定性的因素很多，归纳起来主要包括材料性能的不定性、几何参数的不定性和计算模式的不定性 3 大类。

▶　3.2.1　材料性能的不定性

结构构件的材料性能是指其强度、弹性模量、泊松比等物理性能。由于材料本身品质的差异，以及制作工艺、环境条件等因素引起的材料性能的变异，导致了材料性能的不定性。在实际工程中，结构构件的材料性能采用标准试件试验来确定。用材料的标准试件试验所得的材料性能 f_s，一般说来，不等同于结构构件中实际的材料性能 f_c，有时两者可能有较大的差别。例如，材料试件的加载速度远低于实际结构构件的受荷速度，致使试件的材料强度高于实际结构的强度；试件的尺寸远小于结构构件的尺寸，致使试件的材料强度受到尺寸效应的影响而不同于结构构件的强度；试件成型、养护与实际结构构件不同，导致两者的材料性能不同。因此，当采用标准试件的试验结果来确定结构构件中实际的材料性能时，应考虑到实际构件与标准试件的实际工作条件和标准试验条件的差异。结构构件材料性能的不定性应由标准试件材料性能的不定性和试件材料性能换算为结构构件材料性能的不定性两部分组成。

将结构构件材料性能的不定性定义为结构构件实际材料性能 f_c 与规范规定的材料性能标准值 f_k 之比,用随机变量 Ω_f 来表示,即:

$$\Omega_f = \frac{f_c}{f_k} = \frac{f_c}{f_s} \cdot \frac{f_s}{f_k} \tag{3.5}$$

令:

$$\Omega_0 = \frac{f_c}{f_s}, \Omega_m = \frac{f_s}{f_k} \tag{3.6}$$

得:

$$\Omega_f = \Omega_0 \cdot \Omega_m \tag{3.7}$$

式中 f_c——结构构件的实际材料性能值;

　　　f_s——标准试件试验测得的材料性能值;

　　　f_k——规范规定的试件材料性能的标准值;

　　　Ω_0——反映结构构件实际材料性能与试件材料性能差异的随机变量;

　　　Ω_m——反映标准试件材料性能的不定性的随机变量。

材料性能的标准值采用有关标准的规定值,也可根据工程经验经分析判断而确定。材料强度的概率分布通常采用正态分布或对数正态分布,强度标准值可按其概率分布的 0.05 分位值确定,即材料强度实测值中,强度的标准值应具有不小于 95% 的保证率。

当材料强度服从正态分时,其标准值为:

$$f_k = \mu_f - 1.645\sigma_f \tag{3.8}$$

当材料强度服从对数正态分布时,其标准值近似为:

$$f_k = \mu_f \cdot \exp(-1.645\delta_f) \tag{3.9}$$

式中 μ_f——材料强度平均值;

　　　σ_f——材料强度标准差;

　　　δ_f——材料强度变异系数。

对于材料弹性模量、泊松比等物理性能的标准值,可按其概率分布的 0.5 分位值确定。岩土性能的标准值宜根据原位测试和室内试验的结果并按有关标准的规定确定,当有条件时,可以按其概率分布的某个分位值确定。

根据误差传递公式(3.2)和式(3.4),可得结构构件材料性能不定性的随机变量 Ω_f 的统计参数为:

$$\mu_{\Omega_f} = \mu_{\Omega_0} \cdot \mu_{\Omega_m} = \frac{\mu_{\Omega_0} \cdot \mu_{f_s}}{f_k} \tag{3.10}$$

$$\delta_{\Omega_f} = \sqrt{\delta_{\Omega_0}^2 + \delta_{\Omega_m}^2} = \sqrt{\delta_{\Omega_0}^2 + \delta_{f_s}^2} \tag{3.11}$$

式中 μ_{Ω_f}、μ_{Ω_0}、μ_{Ω_m}——随机变量 Ω_f、Ω_0、Ω_m 的平均值;

　　　δ_{Ω_f}、δ_{Ω_0}、δ_{Ω_m}——随机变量 Ω_f、Ω_0、Ω_m 的变异系数。

μ_{Ω_0}、δ_{Ω_0} 可以通过结构构件实际材料性能与试件的材料性能对比试验而确定或凭经验估计。μ_{Ω_m}、δ_{Ω_m} 可由试件材料性能试验结果进行统计分析得到。

【例 3.1】求 HRB500 钢筋屈服强度的统计参数。已知:钢筋试件的屈服强度平均值 $\mu_{f_y}=$

546.6 N/mm²,标准差 $\sigma_{f_y} = 35.4$ N/mm²。经统计,构件材料与试件材料间屈服强度比值的平均值 $\mu_{\Omega_0} = 0.90$,标准差 $\sigma_{\Omega_0} = 0.08$。规范规定的 HRB500 钢筋屈服强度标准值 $f_k = 500$ N/mm²。

【解】根据已知的随机变量 f_y、Ω_0 的平均值和方差,求得相应的变异系数分别为:

$$\delta_{f_y} = \frac{\sigma_{f_y}}{\mu_{f_y}} = \frac{35.4}{546.6} = 0.065$$

$$\delta_{\Omega_0} = \frac{\sigma_{\Omega_0}}{\mu_{\Omega_0}} = \frac{0.08}{0.90} = 0.089$$

由式(3.10)、式(3.11)可得到屈服强度随机变量 Ω_f 的统计参数为:

$$\mu_{\Omega_f} = \frac{\mu_{\Omega_0} \cdot \mu_{f_y}}{f_k} = \frac{0.90 \times 546.6}{500} = 0.984$$

$$\delta_{\Omega_f} = \sqrt{\delta_{\Omega_0}^2 + \delta_{f_y}^2} = \sqrt{0.089^2 + 0.065^2} = 0.110$$

根据结构材料强度性能的统计参数,通过式(3.10)和式(3.11)计算的结构构件材料性能不定性 Ω_f 的统计参数列于表 3.1 中。

表 3.1　典型结构构件材料强度不定性 Ω_f 的统计参数

材料种类	材料品种和受力情况		μ_{Ω_f}	δ_{Ω_f}
型钢	受拉	Q235 钢	1.08	0.08
		16Mn 钢	1.09	0.07
薄壁型钢	受拉	Q235F 钢	1.12	0.10
		Q235 钢	1.27	0.10
		20Mn 钢	1.05	0.08
钢筋	受拉	Q235F	1.02	0.08
		20MnSi	1.14	0.07
		25MnSi	1.09	0.06
混凝土	轴心受压	C20	1.66	0.23
		C30	1.41	0.19
		C40	1.35	0.16
砖砌体	轴心受压		1.15	0.20
	小偏心受压		1.10	0.20
	齿缝受弯		1.00	0.22
	受剪		1.00	0.24
木材	轴心受拉		1.48	0.32
	轴心受压		1.28	0.22
	受弯		1.47	0.25
	顺纹受剪		1.32	0.22

► **3.2.2 几何参数的不定性**

结构构件的几何参数主要指构件截面几何特征,如高度、宽度、面积、截面惯性矩、钢筋直径及间距、混凝土保护层厚度等参数,以及构件的长度、跨度等。因构件制作尺寸偏差和安装偏差等引起的构件几何参数的变异性称为结构构件几何参数的不定性,它反映了设计构件和制作安装后的实际构件间几何上的差异。结构构件的某些几何参数,如梁跨、柱高等,其变异性一般对结构抗力的影响很小,设计时可按定值处理。结构构件其他的几何参数宜考虑变异性。

结构构件几何参数的不定性可采用随机变量 Ω_a 来表示,即:

$$\Omega_a = \frac{a}{a_k} \tag{3.12}$$

式中　a——结构构件的实际几何参数值;

　　　a_k——结构构件几何参数的标准值,一般取用设计的数值。

根据误差传递公式(3.2)和式(3.4),可得结构构件几何参数不定性的随机变量 Ω_a 的统计参数为:

$$\mu_{\Omega_a} = \frac{\mu_a}{a_k} \tag{3.13}$$

$$\delta_{\Omega_a} = \delta_a \tag{3.14}$$

式中　μ_a——几何参数的平均值;

　　　δ_a——几何参数的变异系数。

结构构件几何参数的概率分布和统计参数一般以正常生产条件下的构件几何参数的实测值为基础,经过统计分析而得到。当实测数据不足时,几何参数的概率分布可采用正态分布,其统计参数要符合有关标准规定的允许误差且经分析判断后确定。

【例3.2】求预制板厚度的统计参数。根据《混凝土结构工程施工质量验收规范》,预制板厚度的允许偏差 $\Delta h = \pm 5$ mm,预制板厚度的标准值 $b_k = 180$ mm,假定预制板厚度服从正态分布,合格率要求达到95%。

【解】根据所规定的允许偏差,可估计板厚应有的平均值为:

$$\mu_b = b_k + \frac{\Delta b^+ - \Delta b^-}{2} = 180 + \frac{5-5}{2} = 180$$

根据正态分布函数的性质,采用双侧界限,当合格率为95%时,有:

$$\begin{matrix} b_{min} \\ b_{max} \end{matrix} = \mu_b \pm 1.96\sigma_b = \begin{matrix} 175 \\ 185 \end{matrix}$$

由合格率为95%时所对应的标准差 σ_b 为:

$$\sigma_b = \frac{\mu_b - b_{min}}{1.96} = \frac{180-175}{1.96} = \frac{5}{1.96} = 2.551$$

根据式(3.13)和式(3.14)有:

$$\mu_{\Omega_b} = \frac{\mu_b}{b_k} = \frac{180}{180} = 1.00, \delta_{\Omega_b} = \delta_b = \frac{\sigma_b}{\mu_b} = \frac{2.551}{180} = 0.014$$

表 3.2 是我国通过大量实测数据得到的典型结构构件几何参数不定性的随机变量 Ω_a 的统计参数。

表 3.2 典型结构构件几何参数不定性 Ω_a 的统计参数

结构构件种类	项目	μ_{Ω_a}	δ_{Ω_a}
型钢结构	截面面积	1.00	0.05
薄壁型钢结构	截面面积	1.00	0.05
钢筋混凝土结构	截面高度、宽度	1.00	0.02
	截面有效高度	1.00	0.03
	混凝土保护层厚度	0.85	0.30
	纵筋截面面积	1.00	0.03
	箍筋平均间距	0.99	0.07
	纵筋锚固长度	1.02	0.09
砖砌体	单向尺寸(37 cm)	1.00	0.02
	截面面积(37 cm×37 cm)	1.01	0.02
木结构	单向尺寸	0.98	0.03
	截面面积	0.96	0.06
	截面模量	0.94	0.08

▶ 3.2.3 计算模式的不定性

结构构件抗力计算所采用的基本假定不完全符合实际或计算公式的近似等引起的变异性称为计算模式不定性。例如,在结构构件抗力计算时常采用理想弹性、理想塑性、各向同性、平截面等假定,采用铰支、固支等理想边界条件来代替实际边界条件,采用三角形或矩形等简单应力图形来代替实际曲线应力分布图形,采用线性方法来简化计算表达式等。这些近似处理必然会导致实际结构构件抗力与按公式计算的结构构件抗力存在差异。

结构构件计算模式的不定性可采用随机变量 Ω_p 来表示,即

$$\Omega_p = \frac{R^0}{R^c} \tag{3.15}$$

式中　R^0——结构构件的实际抗力值,可取试验值或精确计算值;

　　　　R^c——按规范公式计算的结构构件抗力值,计算时采用材料性能和计算参数的实测值,以排除 Ω_f、Ω_a 对 Ω_p 的影响。

【例 3.3】求钢筋混凝土柱轴心受压强度计算公式不确定性的统计参数。已知:设计并制作了 10 根钢筋混凝土轴心受压柱试件,试验得到实测值分别为 4 412,4 398,4 485,4 502,4 317,4 463,4 484,4 383,4 375,4 474 kN,按公式 $R_P = f_c bh + f_y A_s'$ 计算出对应的抗压强度值分别为 4 535,4 458,4 562,4 634,4 589,4 527,4 642,4 497,4 571,4 638 kN。

【解】根据实测值和计算值按式(3.15)计算的两者之比 $\Omega_p = \dfrac{R^0}{R^c}$ 分别为 0.973、0.987、0.983、0.972、0.941、0.986、0.966、0.975、0.957、0.965。计算其平均值和标准差,可得计算模式不定性的统计参数为:

$$\mu_{\Omega_p} = 0.970$$
$$\sigma_{\Omega_p} = 0.013$$
$$\delta_{\Omega_p} = \frac{\sigma_{\Omega_p}}{\mu_{\Omega_p}} = 0.014$$

通过对典型结构构件计算模式不定性随机变量 Ω_p 的统计分析,可得出其相应的统计参数,列于表 3.3。

表 3.3　典型结构构件计算模式不定性 Ω_p 的统计参数

结构构件种类	受力状态	μ_{Ω_p}	δ_{Ω_p}
型钢结构构件	轴心受拉	1.05	0.07
	轴心受压(Q235F)	1.03	0.07
	偏心受压(Q235F)	1.12	0.10
薄壁型钢结构构件	轴心受压	1.08	0.10
	偏心受压	1.14	0.11
钢筋混凝土结构构件	轴心受拉	1.00	0.04
	轴心受压	1.00	0.05
	偏心受压	1.00	0.05
	受弯	1.00	0.04
	受剪	1.00	0.15
砖结构砌体	轴心受压	1.05	0.15
	小偏心受压	1.14	0.23
	齿缝受弯	1.06	0.10
	受剪	1.02	0.13
木结构构件	轴心受拉	1.00	0.05
	轴心受压	1.00	0.05
	受弯	1.00	0.05
	顺纹受剪	0.97	0.05

以上给出了结构构件材料性能不定性随机变量 Ω_f、几何参数不定性随机变量 Ω_a 和计算模式不定性随机变量 Ω_p,这三者均是无量纲的随机变量,其统计参数适用于不同地域和使用情况。另外,随着统计样本的不断丰富和统计方法的不断完善,上述统计参数将会有所变化。

3.3　结构构件抗力的统计特征

▶ 3.3.1　结构构件抗力的统计参数

当结构构件只由一种材料(如素混凝土、钢、木或砌体等)组成,或结构构件的抗力计算只由一种材料决定(如钢筋混凝土受拉构件)时,考虑结构构件材料性能不定性、几何参数不定性和计算模式不定性,其抗力随机变量 R 为:

$$R=\Omega_f \cdot \Omega_a \cdot \Omega_p \cdot R_k \tag{3.16}$$

式中,R_k 为根据规范规定的材料性能标准值和几何参数标准值及抗力计算公式求得的抗力标准值,可表示为

$$R_k = f_k a_k \tag{3.17}$$

根据误差传递公式(3.2)和式(3.4),可求得抗力 R 的统计参数为:

$$\mu_R = \mu_{\Omega_f} \cdot \mu_{\Omega_a} \cdot \mu_{\Omega_p} \cdot R_k \tag{3.18}$$

$$\delta_R = \sqrt{\delta_{\Omega_f}^2 + \delta_{\Omega_a}^2 + \delta_{\Omega_p}^2} \tag{3.19}$$

为了简化计算,也可将抗力的平均值用无量纲的系数 κ_R 表示,即

$$\kappa_R = \frac{\mu_R}{R_k} = \mu_{\Omega_f} \cdot \mu_{\Omega_a} \cdot \mu_{\Omega_p} \tag{3.20}$$

对于由 n 种材料组成的结构构件,如钢筋混凝土构件,其抗力随机变量 R 可以采用下列表达式:

$$R = \Omega_p R_p = \Omega_p R(f_{c1} a_1, \cdots, f_{cn} a_n) \tag{3.21}$$

将式(3.5)和式(3.12)代入,得

$$R_p = R(\Omega_{f1} f_{k1} \cdot \Omega_{a1} a_{k1}, \cdots, \Omega_{fn} f_{kn} \cdot \Omega_{an} a_{kn}) \tag{3.22}$$

式中　R_p——按计算公式确定的结构构件抗力,是材料性能和几何参数不定性决定的函数;

f_{ci}——结构构件中 i 种材料的材料性能值;

a_i——结构构件中 i 种材料相对应的几何参数值;

Ω_{fi}——结构构件中 i 种材料的材料性能随机变量;

Ω_{ai}——结构构件中 i 种材料相对应的几何参数变量;

f_{ki}——结构构件中 i 种材料的材料性能标准值;

a_{ki}——结构构件中 i 种材料相对应的几何参数标准值。

根据误差传递公式(3.2)和式(3.4),可得抗力 R_p 的统计参数为:

$$\mu_{R_p} = R(\mu_{f_{c1}}, \mu_{a_1}, \cdots, \mu_{f_{cn}}, \mu_{a_n}) \tag{3.23}$$

$$\sigma_{R_p} = \sqrt{\sum_{i=1}^{n} \left[\frac{\partial R_p}{\partial X_i} \Big|_{\mu} \right]^2 \sigma_{X_i}^2} \tag{3.24}$$

$$\delta_{R_p} = \frac{\sigma_{R_p}}{\mu_{R_p}} \tag{3.25}$$

式中　X_i——抗力函数 R 的有关变量 f_{ci} 和 $a_i(i=1,2,\cdots,n)$。

因此,结构构件抗力 R 的统计参数可按下式计算:

$$\kappa_R = \frac{\mu_R}{R_k} = \frac{\mu_{\Omega_p}\mu_{R_p}}{R_k} \tag{3.26}$$

$$\delta_R = \sqrt{\delta_{X_p}^2 + \delta_{R_p}^2} \tag{3.27}$$

其中

$$R_k = R(f_{k1}a_{k1},\cdots,f_{kn}a_{kn}) \tag{3.28}$$

采用上述公式计算确定的典型结构构件抗力 R 的统计参数列于表3.4。

表 3.4　典型结构构件抗力 R 的统计参数

构件种类	受力状态	κ_R	δ_R
钢结构构件	轴心受拉(Q235F)	1.13	0.12
	轴心受压(Q235F)	1.11	0.12
	偏心受压(Q235F)	1.21	0.15
薄壁型钢结构构件	轴心受压(Q235F)	1.21	0.15
	偏心受压(16Mn)	1.20	0.15
钢筋混凝土结构构件	轴心受拉	1.10	0.10
	轴心受压(短柱)	1.33	0.17
	小偏心受压(短柱)	1.30	0.15
	小偏心受压(长柱)	1.16	0.13
	受弯	1.13	0.10
	受剪	1.24	0.19
砖结构砌体	轴心受压	1.21	0.25
	小偏心受压	1.26	0.30
	齿缝受弯	1.06	0.24
	受剪	1.02	0.27
木结构构件	轴心受拉	1.42	0.33
	轴心受压	1.23	0.23
	受弯	1.38	0.27
	顺纹受剪	1.23	0.25

【例3.4】试求钢筋混凝土柱轴心抗压强度 R 的统计参数 u_R、δ_R。钢筋混凝土柱轴心抗压强度按 $R_p = f_c bh + f_y A_s'$ 计算,柱截面尺寸为 $b \times h = 500\ mm \times 500\ mm$,混凝土强度等级为 C30,柱中配置的纵向钢筋 HRB400 的面积为 $2\ 400\ mm^2$。假定截面宽度 b 和高度 h 不考虑变异性,取相应的设计值。材料强度标准值及根据表3.1、表3.2 和表3.3 确定的各影响因素统计参数

见表3.5。

表 3.5 例 3.4 的各影响因素统计参数

项次	标准值	无量纲随机变量均值 μ_Ω	无量纲随机变量变异系数 δ
C30 混凝土	14.3 N/mm^2	1.35	0.16
HRB400	400 N/mm^2	1.09	0.06
纵筋面积	2 400 mm^2	1.00	0.03
计算模式	—	1.10	0.05

【解】(1)按计算公式确定的结构构件抗力平均值、方差、标准差和变异系数为：

$$\mu_{R_P} = \mu_{f_c} bh + \mu_{f_y} \mu_{A'_s} = 14.3 \times 1.35 \times 500 \times 500 + 400 \times 1.09 \times 2\ 400 = 5\ 872.650\,(\text{kN})$$

$$\sigma_{R_P}^2 = b^2 h^2 \sigma_{f_c}^2 + \mu_{A'_s}^2 \sigma_{f_y}^2 + \mu_{f_y}^2 \sigma_{A'_s}^2$$

$$= 500^4 \times (14.3 \times 1.35 \times 0.16)^2 + (1.00 \times 2\ 400)^2 \times (400 \times 1.09 \times 0.06)^2 +$$

$$(400 \times 1.09)^2 \times (2\ 400 \times 1.0 \times 0.03)^2 = 601\ 220\ 128\ 320\,(\text{N}^2)$$

$$\sigma_{R_P} = 775.384\,(\text{kN})$$

$$\delta_{R_P} = \frac{\sigma_{R_P}}{\mu_{R_P}} = 0.132$$

(2)考虑计算模式不定性计算的结构构件抗力平均值和变异系数为：

$$\mu_R = \mu_{\Omega_P} \mu_{R_P} = 1.1 \times 5\ 872.650 = 6\ 459.92\,(\text{kN})$$

$$\delta_R = \sqrt{\delta_{R_P}^2 + \delta_{\Omega_P}^2} = 0.141\ 1$$

▶ 3.3.2 结构构件抗力的分布类型

由式(3.16)和式(3.21)可知,结构构件抗力 R 是多个随机变量的函数。在理论上,如果各随机变量的分布类型已知,可通过多维积分求得抗力 R 的概率分布,但在数学上存在较大困难。有时采用 Monte-Carlo(蒙特卡罗)来近似求得抗力 R 的概率分布,但其计算仍比较烦琐,且计算的概率分布类型可能不是常用的分布类型。在实际工程中,可以根据概率论原理来假定抗力 R 的概率分布函数。

由概率论中的中心极限定理可以知道,若随机变量序列 $X_1, X_2, X_3, \cdots, X_n$ 中任何一个都不占优势,当 n 充分大时,只要 $X_1, X_2, X_3, \cdots, X_n$ 相对独立,并满足定理的条件,则无论 $X_1, X_2,$ $X_3, \cdots, X_n$ 服从什么样的分布类型,变量 $Y = \sum_{i=1}^{n} X_i$ 近似服从正态分布。若 $Y = X_1 X_2 \cdots X_n$,则 $\ln Y = \sum_{i=1}^{n} \ln X_i$,当 n 充分大时,$\ln Y$ 也近似服从正态分布,则 Y 近似服从对数正态分布。由于抗力 R 的计算模式多为 $R = X_1 X_2 X_3 \cdots$ 或者 $R = X_1 X_2 + X_3 X_4 X_5 + X_6 X_7 + \cdots$ 之类的形式,因此实际上可以认为,无论 $X_1, X_2, X_3, \cdots, X_n$ 为何种分布类型,结构构件抗力 R 均近似服从对数正态分布。

思考题

3.1　什么是结构构件的抗力？通常采用什么方法进行抗力统计分析？

3.2　影响结构构件抗力的主要因素有哪些？

3.3　什么是结构构件材料性能不定性？如何确定其统计参数？

3.4　影响结构构件几何参数不定性的因素有哪些？

3.5　什么是结构构件计算模式不定性？如何确定其统计参数？

3.6　结构构件抗力的统计参数如何计算？其概率分布可近似为什么类型？

练习题

3.1　求 C30 混凝土材料的抗压强度的统计参数。已知：混凝土试件抗压强度平均值 $\mu_{f_{cu}} = 38.14 \text{ N/mm}^2$，标准差 $\sigma_{f_{cu}} = 4.95 \text{ N/mm}^2$。经统计，构件材料与试件材料间抗压强度比值的平均值 $\mu_{\Omega_0} = 0.92$，标准差 $\sigma_{\Omega_0} = 0.15$。规范规定的 C30 混凝土强度标准值 $f_k = 30 \text{ N/mm}^2$。

3.2　求预制梁截面宽度和高度的统计参数。已知：根据钢筋混凝土工程施工及验收规范，预制梁截面宽度及高度的允许偏差 $\Delta h = \Delta b = (-5 \sim 2) \text{ mm}$，截面尺寸标准值 $b_k = 250 \text{ mm}$，$h_k = 500 \text{ mm}$，假定梁截面宽度和高度均服从正态分布，合格率要求达到 95%。

3.3　求钢筋混凝土梁斜截面抗剪强度计算公式不定性的统计参数。已知：10 根试验梁的参数列于表 3.6 中，其中 f_c 为混凝土轴心抗压强度。$b \times h_0$ 为梁截面尺寸，a/h_0 为剪跨比，V_a 为斜压抗剪强度，均为实测值。表中 V_c 为斜压抗剪强度的计算值，假定按以下公式进行计算：

$$V_c = \frac{f_c b h_0}{2.75 + 0.5 a/h_0}$$

表 3.6　习题 3.3 各参数值

序号	$f_c/$ ($\text{N} \cdot \text{mm}^{-2}$)	$b \times h_0/$ ($\text{mm} \times \text{mm}$)	$\dfrac{a}{h_0}$	V_a /kN	V_c /kN	$\dfrac{V_a}{V_c}$
1	33.5	79×180	0.8	122	151	0.808
2	19.4	101×549	1.0	299	331	0.903
3	25.2	76×554	1.0	299	326	0.917
4	25.0	66×545	1.0	249	277	0.899
5	19.5	51×544	1.0	169	166	1.018
6	26.6	51×551	1.5	200	214	0.935
7	26.6	50×545	1.5	277	207	1.338

序号	$f_c/$ （N·mm^{-2}）	$b \times h_0/$ （mm×mm）	$\dfrac{a}{h_0}$	V_a /kN	V_c /kN	$\dfrac{V_a}{V_c}$
8	23.0	62×548	2.0	175	208	0.841
9	28.2	55×450	2.0	183	186	0.984
10	28.2	61×452	2.0	173	183	0.945

3.4 求均布荷载下考虑箍筋的矩形简支梁的斜截面受剪承载力的统计参数。已知:其受剪承载力计算公式为:$V_{cs} = 0.7 f_t b h_0 + 1.25 f_{yv} \cdot \dfrac{A_{sv}}{s} \cdot h_0$,相应参数标准值和统计参数如表3.7所示。

表 3.7 习题 3.4 各影响因素统计参数

参数	标准值	无量纲随机变量 均值 μ_Ω	无量纲随机变量 变异系数 δ
混凝土轴心抗拉强度 f_{tk}	2.01 N/mm^2	1.41	0.19
箍筋抗拉强度 f_{yvk}	300 N/mm^2	1.02	0.08
梁截面宽 b_k	200 mm	1.00	0.02
梁截面有效高度 h_{0k}	380 mm	1.00	0.03
箍筋截面面积 A_{svk}	156 mm^2	1.00	0.05
箍筋间距 S_k	100 mm	1.00	0.07
计算模式	—	1.00	0.15

结构可靠度分析

【内容提要】

本章主要介绍结构可靠度设计的基本概念和原理,结构可靠度分析的两种实用方法,以及结构体系可靠度分析的基本概念和一般方法。

【学习目标】

(1)了解:结构体系可靠度的确定方法;

(2)熟悉:中心点法和验算点法两种结构可靠度分析方法;

(3)掌握:结构可靠度的基本概念,失效概率和可靠指标的相互关系。

4.1 结构可靠度基本原理

▶ 4.1.1 结构的极限状态

极限状态是判断结构是否满足某种功能要求的标准,是结构可靠(有效)或不可靠(失效)的临界状态。极限状态的一般定义是:整个结构或结构的一部分超过某一特定状态就不能满足设计规定的某一功能要求,此特定状态就是极限状态。我国《建筑结构可靠性设计统一标准》将极限状态划分为:承载能力极限状态、正常使用极限状态和耐久性极限状态。对于结构的各类极限状态,《建筑结构可靠性设计统一标准》(GB 50068—2018)和《工程结构通用规范》(GB 55001—2021)给出了明确的标志与限值。

1)承载能力极限状态

承载能力极限状态可理解为结构或结构构件能发挥允许的最大承载能力的状态。当结

构或结构构件出现下列状态之一时,应认为超过了其承载能力极限状态:

①结构构件或连接因超过材料强度而破坏(如轴心受压构件中混凝土达到轴心抗压强度、构件钢筋因锚固不足而被拔出等),或因过度变形而不适于继续承载(结构构件由于塑性变形而使其几何形状发生显著改变,虽未达到最大承载力,但已不能使用)。

②整个结构或其一部分作为刚体失去平衡(如雨篷倾覆等)。

③结构转变为机动体系。

④结构或结构构件丧失稳定(如压屈等)。

⑤结构因局部破坏而发生连续倒塌。

⑥地基丧失承载力而破坏。

⑦结构或结构构件的疲劳破坏。

2)正常使用极限状态

正常使用极限状态可理解为结构或结构构件达到使用功能上允许的某个限值的状态。例如,某些结构构件必须控制变形、裂缝才能满足使用要求。过大的变形会造成如房屋内粉刷层剥落、填充墙和隔墙开裂及屋面积水等后果;过大的裂缝会影响结构的耐久性;过大的变形、裂缝也会造成用户心理上的不安全感。当结构或结构构件出现下列状态之一时,应认为超过了正常使用极限状态:

①影响外观、使用舒适性或结构使用功能的变形。

②影响外观、耐久性或结构使用功能的局部损坏。

③造成人员不舒适或结构使用功能受限的振动。

根据作用后果是否可以恢复,正常使用极限状态又可以分为可逆正常使用极限状态和不可逆正常使用极限状态两种。当产生超越正常使用要求的作用卸除后,该作用产生的后果可以恢复的正常使用极限状态称为可逆正常使用极限状态;反之,当产生超越正常使用要求的作用卸除后,该作用产生的后果不可恢复的正常使用极限状态称为不可逆正常使用极限状态。

3)耐久性极限状态

结构的耐久性是指在结构的服役环境作用和正常使用维护条件下,结构抵御性能劣化(或退化)的能力。当结构或结构构件出现下列状态之一时,应认定为超过了耐久性极限状态:

①影响承载能力和正常使用的材料性能劣化(如由于钢结构的锈蚀、混凝土保护层的脱离等因素而影响结构承载能力;由于钢结构的锈蚀斑点、混凝土表面裂缝宽度超出限值等因素而影响结构的正常使用)。

②影响耐久性能的裂缝、变形、缺口、外观、材料削弱等(如碳化或氯盐侵蚀深度达到钢筋表面而导致钢筋开始脱钝、钢结构防腐涂层剥离等)。

③影响耐久性能的其他特定状态。对于耐久性极限状态,如果环境影响的效应明确,则宜采用耐久性的某项规定限值进行界定,如混凝土结构中钢筋达到锈蚀的碳化深度、临界氯离子浓度等;而对无法定量化的状态,则可采用耐久性的某项标志来界定,如钢结构中构件出现锈蚀迹象,砌体结构中构件表面出现冻融损伤,木结构中胶合木结构防潮层丧失防护作用

或出现脱胶现象等。

4.1.2　结构的可靠度与设计工作年限

如前所述,结构可靠性可表述为结构安全性、适用性和耐久性的统称。确切地说,结构可靠性是结构在规定的时间内,在规定的条件下,完成预定功能的能力。结构的可靠度则是结构可靠性的定量描述,即结构在规定的时间内,在规定的条件下,完成预定功能的概率。这是从统计数学观点出发的比较科学的定义。因为在各种随机因素的影响下,结构完成预定功能的能力不能事先确定,只能用概率来度量。

上述的"规定的时间"是指结构应该达到的设计工作年限(以前称"设计使用年限");"规定的条件"是指结构正常设计、正常施工、正常使用和维护条件,不考虑人为错误或过失的影响,也不考虑结构任意改建或改变使用功能等情况。

设计工作年限是与结构可靠度相关的时间参数。设计工作年限是指在设计规定的时间段内,结构只需要进行正常的维护(包括必要的检测、防护及维修)而不需要进行大修就能按预期达到使用目的,完成预定的功能,即建筑结构在正常使用和维护下所应达到的工作年限。如达不到这个年限,则意味着在设计、施工、使用与维护的某一或某些环节上出现了非正常情况,应查找原因。简单地说,设计工作年限是设计规定的结构或结构构件不需进行大修即可按预定目的使用的年限。

结构的可靠度是相对于结构的设计工作年限而言的。当结构的实际工作年限超过设计工作年限后,结构的可靠度将会比预期的可靠度有所降低,但并不意味该结构立即丧失功能或报废。

结构设计时,应规定结构的设计工作年限,即设计文件中需要标明结构的设计工作年限。不同的结构,其设计工作年限有所不同。我国现行《建筑结构可靠性设计统一标准》(GB 50068—2018)规定,建筑结构的设计工作年限按表4.1采用。

表 4.1　建筑结构的设计工作年限

类别	设计工作年限/年	示例
1	5	临时性建筑结构
2	25	易于替换的结构构件
3	50	普通房屋和构筑物
4	100	标志性建筑和特别重要的建筑结构

注:特殊建筑结构的设计工作年限可另行规定。

根据我国现行《公路桥涵设计通用规范》(JTG D60—2015),公路桥涵主体结构和可更换部件的设计工作年限不应低于表4.2的规定。其中,特大、大、中、小桥及涵洞按单孔跨径或多孔跨径总长分类,分类情况见表4.3。

根据《公路工程技术标准》(JTG B01—2014),公路路面结构的设计工作年限不应小于表4.4的规定。

表4.2 公路桥涵设计工作年限

单位:年

公路等级	设计工作年限			可更换部件	
	特大桥、大桥	中桥	小桥、涵洞	斜拉索、吊索、系杆等	栏杆、伸缩装置、支座等
高速公路 一级公路	100	100	50	20	15
二级公路 三级公路	100	50	30		
四级公路	100	50	30		

表4.3 桥梁涵洞分类

单位:m

桥涵分类	多孔跨径总长 L	单孔跨径 L_K
特大桥	$L>1\ 000$	$L_K>150$
大桥	$100{\leqslant}L{\leqslant}1\ 000$	$40{\leqslant}L_K{\leqslant}150$
中桥	$30<L<100$	$20{\leqslant}L_K<40$
小桥	$8{\leqslant}L{\leqslant}30$	$5{\leqslant}L_K<20$
涵洞	—	$L_K<5$

表4.4 公路路面结构设计工作年限

单位:年

公路等级		高速公路	一级公路	二级公路	三级公路	四级公路
设计使用年限	沥青混凝土路面	15	15	12	10	8
	水泥混凝土路面	30		20	15	10

根据《工程结构可靠性设计统一标准》(GB 50153—2008),港口工程结构的设计工作年限应按表4.5采用。

表4.5 港口工程结构的设计工作年限

单位:年

类别	设计工作年限	示例
1	5~10	临时性港口建筑物
2	50	永久性港口建筑物

我国现行《铁路桥涵设计规范》(TB 10002—2017)规定,铁路桥涵主体结构的设计工作年限应为 100 年。

需要注意的是,结构的设计工作年限与设计基准期是两个不同的概念。设计基准期是为确定可变作用等取值而选用的时间参数。针对不同的工程结构,相关规范规定的设计基准期也有所不同。例如:现行《工程结构可靠性设计统一标准》(GB 50153—2008)规定建筑结构、港口工程结构为 50 年,公路桥涵结构、铁路桥涵结构为 100 年;《公路水泥混凝土路面设计规范》(JTG D40—2011)规定各级水泥混凝土路面结构的设计安全等级及相应的设计基准期应符合表 4.6 的规定;《城镇道路路面设计规范》(CJJ 169—2012)规定路面设计基准期应符合表4.7 的规定。

表 4.6　水泥混凝土路面结构的可靠度设计标准

单位:年

公路等级	高速	一级	二级	三级	四级
安全等级	一级		二级	三级	
设计基准期	30		20	15	10

表 4.7　路面设计基准期

单位:年

道路等级	路面类型		
	沥青路面	水泥混凝土路面	砌块路面
快速路	15	30	—
主干路	15	30	—
次干路	15	20	10(20)
支路	10	20	

注:砌块路面采用混凝土预制块时,设计基准期为 10 年,采用石材为 20 年。

同时,根据其定义,我们也不难理解结构设计工作年限并非结构寿命。当实际工作年限达到设计工作年限后,受材料风化、混凝土保护层碳化、钢筋锈蚀等因素的影响,结构的失效概率可能有所增大,但并不意味着结构立即丧失功能或报废。对于这些建筑,在检测鉴定的基础上,必要时进行大修或者加固之后,还有可能继续使用,从而成为超过设计工作年限的"超期服役建筑"。

▶ 4.1.3　结构的极限状态方程和功能函数

极限状态方程是当结构处于极限状态(如承载能力极限状态、正常使用极限状态和耐久性极限状态)时各有关基本变量的关系式。所谓"基本变量"是指极限状态方程中所包含的影响结构可靠度的各种物理量。极限状态方程中基本变量一般为相互独立的随机变量,大致包括:引起结构作用效应 S(内力等)的各种作用,如第 6—10 章中将要介绍的恒荷载、活荷载、地震作用、温度作用等;构成结构抗力 R(强度等)的各种因素,如材料性能、几何参数等。

当结构的极限状态方程包含两个以上基本变量时,以基本变量为坐标的空间中,极限状态方程为平面(线性功能函数)或曲面(非线性功能函数)。一般情况下,结构的极限状态方程可描述为:

$$Z = g(X_1, X_2, \cdots, X_n) = 0 \qquad (4.1)$$

式中 $g(\cdot)$——结构的功能函数;

$X_i (i=1,2,\cdots,n)$——基本变量,指结构上的各种作用和环境影响、材料和岩土的性能及几何参数等;在进行可靠度分析时,基本变量应视为随机变量。

分析结构可靠度时,有时可将作用效应或结构抗力作为综合的基本变量来考虑。当仅考虑作用效应和结构抗力两个综合的随机变量时,在以两个综合随机变量为坐标的平面上,极限状态方程为直线(线性功能函数)或曲线(非线性功能函数)。对于线性功能函数,结构的极限状态方程可描述为:

$$Z = R - S = 0 \qquad (4.2)$$

式中 R——结构的抗力;

S——结构的作用效应。

▶ 4.1.4 结构的可靠概率与失效概率

结构完成预定功能的概率也称"可靠概率",表示为 p_s,而结构不能完成预定功能的概率称为"失效概率",表示为 p_f。按照定义,结构的可靠概率和失效概率显然是互补的,即有

$$p_s + p_f = 1 \qquad (4.3)$$

进行结构可靠度分析的基本条件是建立结构的极限状态方程和确定基本变量的概率分布函数。功能函数描述了要分析的结构的某一功能所处的状态。假设结构的功能函数是作用效应和结构抗力的函数 $Z = R - S$,显然结构可能出现以下 3 种状态:

当 $Z>0$ 时,结构处于可靠状态;

当 $Z<0$ 时,结构处于失效状态;

当 $Z=0$ 时,结构处于极限状态。

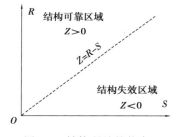

图 4.1 结构所处的状态

由于结构抗力 R 和荷载效应 S 均为随机变量,因此要保证结构绝对可靠($Z \geq 0$)是不可能的。从概率的观点,结构设计的目标就是使结构失效($Z<0$)的概率足够小,以达到人们可以接受的目的。

由于结构失效一般为小概率事件,失效概率对结构可靠度的把握更为直观。因此,工程结构可靠度分析一般计算结构的失效概率。失效概率越小,表明结构的可靠性越高;反之,失效概率越大,则结构的可靠性越低。

若已知结构抗力 R 和荷载效应 S 的概率分布函数分别为 $f_S(S)$ 及 $f_R(R)$,且 R 与 S 相互独立,则结构抗力 R 和荷载效应 S 的联合概率密度函数为

$$f_Z(R, S) = f_R(R) \cdot f_S(S) \qquad (4.4)$$

此时结构的失效概率为:

$$p_f = p\{Z < 0\} = p\{R - S < 0\} = \iint\limits_{R-S<0} f_R(R) \cdot f_S(S) \, \mathrm{d}R\mathrm{d}S \qquad (4.5)$$

完成上式的计算,需要采用分部积分法,可先对 S 积分后对 R 积分:

$$p_f = \int_0^{+\infty} \left[\int_R^{+\infty} f_S(S)\,\mathrm{d}S \right] f_R(R)\,\mathrm{d}R$$

$$= \int_0^{+\infty} \left[1 - \int_0^R f_S(S)\,\mathrm{d}S \right] f_R(R)\,\mathrm{d}R \tag{4.6}$$

$$= \int_0^{+\infty} \left[1 - F_S(R) \right] f_R(R)\,\mathrm{d}R$$

也可以先对 R 积分后对 S 积分:

$$p_f = \int_0^{+\infty} \left[\int_0^S f_R(R)\,\mathrm{d}R \right] f_S(S)\,\mathrm{d}S \tag{4.7}$$

$$= \int_0^{+\infty} F_R(S) f_S(S)\,\mathrm{d}R$$

式中 $F_R(\cdot)$、$F_S(\cdot)$——随机变量 R 和 S 的概率分布函数。

由此可见,求解失效概率 p_f 会涉及复杂的数学运算,而且实际工程中 R、S 的分布往往不是简单的线性函数,变量也可能不止两个。因此要精确地计算失效概率是非常困难的。

▶ 4.1.5 结构的可靠指标

我国与世界上绝大多数国家都建议采用可靠指标代替失效概率来度量结构的可靠性。为了说明结构可靠指标的概念,以两个随机变量 R 和 S 为例进行分析。假设 R 和 S 均服从正态分布且相互独立,即 $R \sim N(\mu_R, \sigma_R)$,$S \sim N(\mu_S, \sigma_S)$。由概率论知识可知,结构功能函数 $Z = R - S$ 也服从正态分布,其均值和标准差可按下列公式计算:

$$\mu_Z = \mu_R - \mu_S \tag{4.8}$$

$$\sigma_Z = \sqrt{\sigma_R^2 + \sigma_S^2} \tag{4.9}$$

则结构失效概率为

$$p_f = p\{Z < 0\} = p\left\{ \frac{Z}{\sigma_Z} < 0 \right\} = p\left\{ \frac{Z - \mu_Z}{\sigma_Z} < -\frac{\mu_Z}{\sigma_Z} \right\} \tag{4.10}$$

令

$$\beta = \frac{\mu_Z}{\sigma_Z} \tag{4.11}$$

$$Y = \frac{Z - \mu_Z}{\sigma_Z} \tag{4.12}$$

上式相当于对变量 Z 进行了标准化转化,即由正态分布 $Z \sim N(\mu_Z, \sigma_Z)$ 转化为标准正态分布 $Y \sim N(0,1)$,则结构失效概率可用标准正态分布的概率分布函数计算,即

$$p_f = p\{Y < -\beta\} = \Phi(-\beta) = 1 - \Phi(\beta) \tag{4.13}$$

式中 $\Phi(\cdot)$——标准正态分布函数。

于是有

$$\beta = \Phi^{-1}(1 - p_f) \tag{4.14}$$

式中 $\Phi^{-1}(\cdot)$——标准正态分布函数的反函数。

由此可见,β 与结构失效概率 p_f 存在简单的函数关系。两者的关系可以通过图 4.2 来表

示,图中曲线为功能函数 Z 的概率密度函数 $f_Z(Z)$。因 $\beta=\mu_Z/\sigma_Z$,平均值 μ_Z 距离坐标原点的距离为 $\beta\sigma_Z$。如果标准差 σ_Z 保持不变,β 越小(即平均值越小,整个图左移),阴影部分的面积越大(即结构的失效概率越大);反之亦然。因此,β 与结构失效概率 p_f 一样,可以作为度量结构可靠性的一个指标,则称 β 为结构的可靠指标。可靠指标 β 与结构失效概率 p_f 之间存在一一对应的关系,详见表4.8。

表4.8　常用可靠指标 β 与结构失效概率 p_f 的对应关系

β	2.7	3.2	3.7	4.2	4.7
p_f	3.5×10^{-3}	6.9×10^{-4}	1.1×10^{-4}	1.3×10^{-5}	1.3×10^{-6}

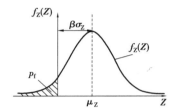

图4.2　可靠指标 β 与结构失效概率 p_f 的关系

综上所述,当 R 和 S 均服从正态分布且相互独立,结构的可靠指标为

$$\beta=\frac{\mu_R-\mu_S}{\sqrt{\sigma_R^2+\sigma_S^2}}\qquad(4.15)$$

此外,若 R 和 S 均服从对数正态分布且相互独立,也可以直接计算结构的可靠指标。当 R 和 S 均服从对数正态分布,结构的失效概率可表示为

$$p_f=p\{Z<0\}=p\{R-S<0\}=p\{R<S\}$$
$$=p\left\{\frac{R}{S}<1\right\}=p\left\{\ln\frac{R}{S}<\ln 1\right\}\qquad(4.16)$$
$$=p\{\ln R-\ln S<0\}$$

因为 $\ln R$ 和 $\ln S$ 均服从正态分布,可类比公式(4.10)计算结构可靠指标为

$$\beta=\frac{\mu_{\ln R}-\mu_{\ln S}}{\sqrt{\sigma_{\ln R}^2+\sigma_{\ln S}^2}}\qquad(4.17)$$

式中,$\mu_{\ln R}$ 和 $\mu_{\ln S}$ 分别为 $\ln R$ 和 $\ln S$ 的均值,$\sigma_{\ln R}$ 和 $\sigma_{\ln S}$ 分别为 $\ln R$ 和 $\ln S$ 的标准差。可以证明,对于对数正态分布随机变量 X,其对数 $\ln X$ 的统计参数与其本身 X 的统计参数之间存在对应关系,即

$$\mu_{\ln X}=\ln\mu_X-\frac{1}{2}\ln(1+\delta_X^2)\qquad(4.18)$$

$$\sigma_{\ln X}=\sqrt{\ln(1+\delta_X^2)}\qquad(4.19)$$

式中　δ_X——X 的变异系数,即 $\delta_X=\sigma_X/\mu_X$。

根据上式,可计算结构的可靠指标为

$$\beta = \frac{\ln \dfrac{\mu_R \sqrt{1+\delta_S^2}}{\mu_S \sqrt{1+\delta_R^2}}}{\sqrt{\ln\left[\left(1+\delta_S^2\right)\left(1+\delta_R^2\right)\right]}} \tag{4.20}$$

δ_R 和 δ_S 的取值通常都很小,这样上式可进一步简化为

$$\beta = \frac{\ln \mu_R - \ln \mu_S}{\sqrt{\delta_S^2 + \delta_R^2}} \tag{4.21}$$

由此可见,采用可靠指标 β 来描述结构的可靠性,意义更明确、直观,并且可靠指标的计算只涉及随机变量的平均值和标准差,计算更方便,因而在实际计算中得到广泛应用。

本节主要讨论可靠指标的概念,下一节将给出当功能函数的基本变量不为正态分布或对数正态分布时,或者结构功能函数为非线性时,结构可靠指标的近似计算方法。

4.2　结构可靠度基本分析方法

当随机变量为正态分布且功能函数是线性时,可准确地确定结构的可靠指标。但在实际工程中,结构功能函数往往是由多个随机变量组成的非线性函数,而且这些随机变量并不都服从正态分布或对数正态分布。因此,无法准确地确定结构的可靠指标,而需要作出某些近似简化后再进行计算。本节将介绍当随机变量相互独立时,采用近似方法分析结构可靠度的两种基本方法。

▶ 4.2.1　中心点法

(1)线性功能函数情况

设结构功能函数 Z 是由若干相互独立的随机变量 X_i 所组成的线性函数,即

$$Z = a_0 + \sum_{i=1}^{n} a_i X_i \tag{4.22}$$

式中　a_0、a_i——已知常数($i = 1,2,\cdots,n$)。

由误差传递公式,可近似计算功能函数 Z 的平均值与标准差,即

$$\mu_Z \approx a_0 + \sum_{i=1}^{n} a_i \mu_{X_i} \tag{4.23}$$

$$\sigma_Z \approx \sqrt{\sum_{i=1}^{n} \left(a_i \sigma_{X_i}\right)^2} \tag{4.24}$$

当且仅当随机变量 X_i 均服从于正态分布时,以上两式为精确计算。

根据概率论的中心极限定理,当随机变量的数量 n 较大时,可以认为 Z 近似服从于正态分布,则可靠指标直接按下式计算:

$$\beta = \frac{\mu_Z}{\sigma_Z} = \frac{a_0 + \sum_{i=1}^{n} a_i \mu_{X_i}}{\sqrt{\sum_{i=1}^{n} \left(a_i \sigma_{X_i}\right)^2}} \tag{4.25}$$

（2）非线性功能函数的情况

设结构功能函数 Z 为

$$Z = g(X_1, X_2, \cdots, X_n) \tag{4.26}$$

将结构功能函数 Z 在随机变量 X_i 的平均值（即中心点）处按泰勒级数展开，仅保留线性项，即对功能函数 Z 在平均值处进行线性化处理。

$$Z \approx g(\mu_{X_1}, \mu_{X_2}, \cdots, \mu_{X_n}) + \sum_{j=1}^{n} \frac{\partial g}{\partial X_j}\bigg|_{\mu} (X_j - \mu_{X_j}) \tag{4.27}$$

式中　$\dfrac{\partial g}{\partial X_i}\bigg|_{\mu}$——功能函数 Z 对 X_i 的一阶偏导数在平均值处 $(\mu_{X_1}, \mu_{X_2}, \cdots, \mu_{X_n})$ 的赋值。

则功能函数 Z 的平均值与标准差为

$$\mu_Z \approx g(\mu_{X_1}, \mu_{X_2}, \cdots, \mu_{X_n}) \tag{4.28}$$

$$\sigma_Z \approx \sqrt{\sum_{i=1}^{n} \left(\frac{\partial g}{\partial X_j}\bigg|_{\mu} \sigma_{X_j} \right)^2} \tag{4.29}$$

继而结构可靠指标为

$$\beta = \frac{\mu_Z}{\sigma_Z} = \frac{g(\mu_{X_1}, \mu_{X_2}, \cdots, \mu_{X_n})}{\sqrt{\sum_{i=1}^{n} \left(\frac{\partial g}{\partial X_j}\bigg|_{\mu} \sigma_{X_j} \right)^2}} \tag{4.30}$$

（3）可靠指标 β 的几何意义

假设结构的功能函数为线性函数式（4.22），结构的极限状态方程为

$$a_0 + \sum_{i=1}^{n} a_i X_i = 0 \tag{4.31}$$

假设随机变量 X_i 均服从于正态分布，对于服从正态分布的随机变量 X_i，按下式可转化为标准正态分布：

$$\hat{X}_i = \frac{X_i - \mu_{X_i}}{\sigma_{X_i}} \tag{4.32}$$

则

$$X_i = \sigma_{X_i} \hat{X}_i + \mu_{X_i} \tag{4.33}$$

将上式带入极限状态方程，可得

$$\sum_{i=1}^{n} a_i \sigma_{X_i} \hat{X}_i + \left(a_0 + \sum_{i=1}^{n} a_i \mu_{X_i} \right) = 0 \tag{4.34}$$

将上式除以 $\sqrt{\sum_{i=1}^{n} (a_i \sigma_{X_i})^2}$，可得

$$\sum_{i=1}^{n} \frac{a_i \sigma_{X_i}}{\sqrt{\sum_{i=1}^{n} (a_i \sigma_{X_i})^2}} \hat{X}_i + \frac{a_0 + \sum_{i=1}^{n} a_i \mu_{X_i}}{\sqrt{\sum_{i=1}^{n} (a_i \sigma_{X_i})^2}} = 0 \tag{4.35}$$

上式可转化成线性方程标准形式：

$$\sum_{i=1}^{n} \cos \theta_{\hat{X}_i} \hat{X}_i - d = 0 \tag{4.36}$$

由标准线性方程的几何意义可知,d 为坐标原点到该线性方程所代表的边界的距离。

$$d = \frac{\left| a_0 + \sum_{i=1}^{n} a_i \mu_{X_i} \right|}{\sqrt{\sum_{i=1}^{n} (a_i \sigma_{X_i})^2}} \tag{4.37}$$

$\cos \theta_{\hat{X}_i}$ 是该线性边界的法向方向余弦,即

$$\cos \theta_{\hat{X}_i} = - \operatorname{sign}\left(a_0 + \sum_{i=1}^{n} a_i \mu_{X_i} \right) \frac{a_i \sigma_{X_i}}{\sqrt{\sum_{i=1}^{n} (a_i \sigma_{X_i})^2}} \tag{4.38}$$

式中 $\operatorname{sign}(x)$ 是符合函数。当 $x>0$, $\operatorname{sign}(x)=1$;当 $x=0$, $\operatorname{sign}(x)=0$;当 $x<0$, $\operatorname{sign}(x)=-1$。

对比公式(4.25)和式(4.37),可见

$$d = |\beta| \tag{4.39}$$

由此可得出结论:当功能函数是若干个相互独立的正态分布随机变量 X_i 的线性函数时,在其标准化空间中,原点到极限状态方程的距离为可靠指标的绝对值。图 4.3 表示可靠指标 β 为两个相互独立的正态分布随机变量 X_i 的线性函数时所对应的几何意义。

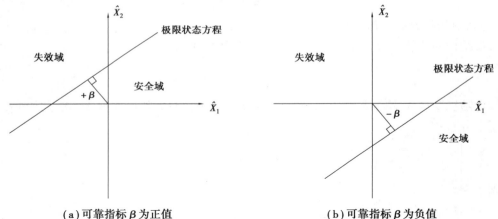

（a）可靠指标 β 为正值　　　　　　　（b）可靠指标 β 为负值

图 4.3　线性极限状态方程所对应的可靠指标 β 的几何意义

【例 4.1】已知某钢梁截面的塑性抵抗矩服从正态分布,$\mu_w = 9.0 \times 10^5 \text{ mm}^3$, $\delta_w = 0.04$;钢梁材料的屈服强度 f 服从对数正态分布,$\mu_f = 234 \text{ N/mm}^2$, $\delta_f = 0.12$。钢梁承受确定性弯矩 $M = 130.0 \text{ kN} \cdot \text{m}$。试用中心点法计算该梁的可靠指标 β。

【解】①以弯矩的形式,建立功能函数:

$$Z = fW - M = fW - 130.0 \times 10^6$$

继而可计算综合变量 Z 的平均值和标准差:

$$\mu_Z = \mu_f \mu_w - M = 234 \times 9.0 \times 10^5 - 130.0 \times 10^6 = 8.06 \times 10^7 \text{ N} \cdot \text{m}$$

$$\sigma_Z^2 = \sum_{i=1}^{n} \left(\frac{\partial g}{\partial X_i} \bigg|_\mu \right)^2 \sigma_{X_i}^2 = \mu_f^2 \sigma_w^2 + \mu_w^2 \sigma_f^2 = \mu_f^2 \mu_w^2 (\delta_w^2 + \delta_f^2) = 7.10 \times 10^{14}$$

$$\sigma_Z = 2.66 \times 10^7 \ \text{N} \cdot \text{m}$$

则可靠指标为

$$\beta = \frac{\mu_Z}{\sigma_Z} = \frac{8.06 \times 10^7}{2.66 \times 10^7} = 3.03$$

②以应力的形式,建立功能函数为

$$Z = f - \frac{M}{W}$$

继而可计算综合变量 Z 的平均值和标准差:

$$\mu_Z = \mu_f - \frac{M}{\mu_W} = 234 - \frac{130.0 \times 10^6}{9.0 \times 10^5} = 89.56 \ \text{N/mm}^2$$

$$\sigma_Z^2 = \sum_{i=1}^{n} \left(\frac{\partial g}{\partial X_i} \bigg|_{\mu} \right)^2 \sigma_{X_i}^2 = \sigma_f^2 + \left(\frac{M}{\mu_W^2} \right)^2 \sigma_W^2 = \mu_f^2 \delta_f^2 + \left(\frac{M}{\mu_W} \right)^2 \delta_W^2 = 821.869 \ \text{N}^2/\text{mm}^4$$

$$\sigma_Z = 28.668 \ \text{N/mm}^2$$

则可靠指标为

$$\beta = \frac{\mu_Z}{\sigma_Z} = \frac{89.56}{28.668} = 3.124$$

由该算例可知,对于同一问题,由于所取的功能函数不同,计算出的可靠指标有较大的差异。

(4)中心点法的优缺点

中心点法的优点在于计算简便,概念明确。

对于线性功能函数,可靠指标的绝对值就是标准化正态坐标系中,原点到极限状态方程的最短距离;对于非线性功能函数,只需要先在中心点处进行线性化处理,得到等效线性功能函数,结构可靠指标就可按等效线性功能函数来计算,即其绝对值为标准化正态坐标系中,原点到等效线性极限状态方程的最短距离。

然而,中心点法尚存在以下问题:

①该方法没有考虑有关基本变量分布类型的信息。

中心点法中可靠指标的计算是建立在基本变量是正态分布的基础上的。而实际上结构的可靠度不仅取决于变量的统计参数(平均值和标准差),还依赖于基本变量的分布类型。当实际的变量分布不同于正态分布时,虽然按照中心点法计算所得的可靠指标相同,但是结构设计的实际可靠度(或失效概率)并不相同。由此可见,中心点法不考虑基本变量的实际分布类型,将导致计算误差。

②对非线性功能函数,在中心点处进行线性近似导致计算误差。

对于非线性功能函数,中心点不在极限状态方程上。对于同一问题,存在不同形式的功能函数(如例4.1)。在中心点处进行线性近似时,采用不同的功能函数可能得到不同的等效线性功能函数,由此计算的可靠指标也存在差异。为说明问题,下面从两个正态分布随机变量的简单情况入手。

假设功能函数为

$$Z = Y - X^2 \tag{4.40}$$

为表述方便,假设基本变量

$$X \sim N(1,1), Y \sim N(0.25,1) \tag{4.41}$$

对极限状态方程 $Y-X^2=0$ 在中心点 $(1,0.25)$ 处进行线性近似,得到等效方程 $Y-2X+1=0$,如图 4.4(a)中细虚线所示;计算所得的可靠指标为 β,即标准化空间中原点到等效极限状态方程的距离,如图 4.4(b)所示。若对极限状态方程 $\sqrt{Y}-X=0$ 在中心点处进行线性近似,得到等效方程 $Y-X+0.25=0$,如图 4.4(a)中粗虚线所示;计算所得的可靠指标为 β',即标准化空间中原点到等效极限状态方程的距离,如图 4.4(b)所示。从图 4.4(b)中可明显看出,两个可靠指标存在差异。导致计算差异的原因是由于两种形式的极限状态方程在中心点处线性近似所得的等效方程存在差异。而导致线性近似不同的原因则是由于中心点并不在极限状态方程上(如果中心点在极限状态方程上,它的线性近似是相同的)。

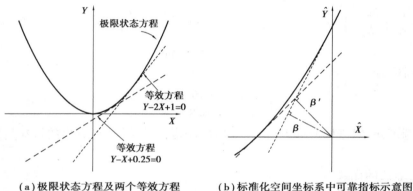

(a)极限状态方程及两个等效方程　　　(b)标准化空间坐标系中可靠指标示意图

图 4.4　采用中心点法计算可靠指标示意图

▶ 4.2.2　验算点法

(1)验算点的概念

由于中心点不在极限状态方程上,导致在中心点处进行线性近似时,所计算的可靠指标存在误差。既然如此,就有必要找到更理想的点进行线性近似,使得计算所得的可靠指标更准确,这个点就是验算点。

在引出验算点的概念之前,首先分析一个问题:为什么原点到极限状态方程的距离是可靠指标的绝对值呢?为说明这个问题,仍从两个正态分布随机变量的简单情况入手。结构的可靠指标是与结构的失效概率一一对应的,首先看以下的失效概率计算公式。

$$
\begin{aligned}
p_f &= p\{Z < 0\} = p\{R - S < 0\} \\
&= p\{\bar{R}\sigma_R - \bar{S}\sigma_S + \mu_R - \mu_S < 0\} \\
&= \iint_{\bar{R}\sigma_R - \bar{S}\sigma_S + \mu_R - \mu_S < 0} f_{\bar{R}}(\bar{R}) \cdot f_{\bar{S}}(\bar{S}) d\bar{R} d\bar{S}
\end{aligned}
\tag{4.42}
$$

由于 $\bar{R}$ 和 $\bar{S}$ 均服从标准正态分布,因此其二维联合概率密度函数如图 4.5 所示的"锥形体"。"锥形体"的平面投影就是标准化空间的坐标系,其峰值点对应的是标准化空间中的原点。过极限状态方程(直线)的垂直面把"锥形体"分割成两部分,其中失效域对应部分的体积就是失效概率。由此可见,原点到极限状态方程的距离越远,失效域的体积就越小,即失效概率越小。

对于非线性极限状态方程,可靠指标怎么计算更准确呢? 这里需要找到一个点,过这个点对非线性极限状态方程进行线性近似,使得近似后等效极限状态方程对应失效域内的"锥形体"的体积最接近非线性极限状态方程对应的失效域的"锥形体"的体积。这个点就是验算点,它需要满足两个条件:一是该点必须在极限状态方程上;二是该点与坐标原点的距离最小,则求得的可靠指标的误差最小。

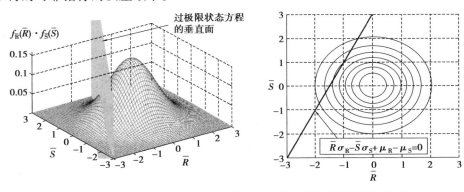

图 4.5　二维标准正态随机变量联合概率密度函数曲面及其投影面

(2)基本变量为正态分布的情况

设结构的非线性极限状态方程为

$$g(X_1, X_2, \cdots, X_n) = 0 \tag{4.43}$$

把式(4.33)带入上述极限状态方程式(4.43),即把原空间坐标系 X_i 转换到标准化空间坐标系 $\hat{X}_i$,得到:

$$\hat{g}(\hat{X}_1, \hat{X}_2, \cdots, \hat{X}_n) = 0 \tag{4.44}$$

根据验算点法的条件,可得可靠指标是在上式条件下,验算点到坐标原点的距离极小值。假设标准化空间坐标系中验算点为

$$\hat{X}^* = \{\hat{X}_1^*, \hat{X}_2^*, \cdots, \hat{X}_n^*\}^{\mathrm{T}} \tag{4.45}$$

可靠指标为

$$\beta = \min\left(\sqrt{\sum_{i=1}^n (\hat{X}_i^*)^2}\right) \tag{4.46}$$

根据极值条件,可得拉格朗日函数

$$F(\hat{X}_1^*, \hat{X}_2^*, \cdots, \hat{X}_n^*, \lambda) = \sqrt{\sum_{i=1}^n (\hat{X}_i^*)^2} + \lambda \hat{g}(\hat{X}_1^*, \hat{X}_2^*, \cdots, \hat{X}_n^*) \tag{4.47}$$

对该拉格朗日函数的所有自变量 $\hat{X}_i^*$ 求偏导,可得

$$\frac{\partial F}{\partial \hat{X}_i^*} = \frac{\hat{X}_i^*}{\sqrt{\sum_{i=1}^n (\hat{X}_i^*)^2}} + \lambda \frac{\partial \hat{g}}{\partial \hat{X}_i}\bigg|_{\hat{X}^*} = 0 \tag{4.48}$$

上式可转化为

$$\frac{\hat{X}_i^*}{\sqrt{\sum\limits_{i=1}^{n}(\hat{X}_i^*)^2}} = -\lambda \frac{\partial \hat{g}}{\partial \hat{X}_i}\bigg|_{\hat{X}^*} \tag{4.49}$$

两边同时平方并叠加所有 n 个方程,可得

$$\frac{\sum\limits_{i=1}^{n}(\hat{X}_i^*)^2}{\sum\limits_{i=1}^{n}(\hat{X}_i^*)^2} = \lambda^2 \sum\limits_{i=1}^{n}\left(\frac{\partial \hat{g}}{\partial \hat{X}_i}\bigg|_{\hat{X}^*}\right)^2 = 1 \tag{4.50}$$

由此可见

$$\lambda = \frac{1}{\sqrt{\sum\limits_{i=1}^{n}\left(\frac{\partial \hat{g}}{\partial \hat{X}_i}\bigg|_{\hat{X}^*}\right)^2}} \tag{4.51}$$

式(4.49)两边同乘以 $\hat{X}_i^*$ 并叠加所有 n 个方程,可得

$$\frac{\sum\limits_{i=1}^{n}(\hat{X}_i^*)^2}{\sqrt{\sum\limits_{i=1}^{n}(\hat{X}_i^*)^2}} = -\frac{\sum\limits_{i=1}^{n}\frac{\partial \hat{g}}{\partial \hat{X}_i}\bigg|_{\hat{X}^*}\hat{X}_i^*}{\sqrt{\sum\limits_{i=1}^{n}\left(\frac{\partial \hat{g}}{\partial \hat{X}_i}\bigg|_{\hat{X}^*}\right)^2}} \tag{4.52}$$

上式左边是标准化空间坐标系中验算点到原点的距离,即可靠指标 β,因此有

$$\beta = -\frac{\sum\limits_{i=1}^{n}\frac{\partial \hat{g}}{\partial \hat{X}_i}\bigg|_{\hat{X}^*}\hat{X}_i^*}{\sqrt{\sum\limits_{i=1}^{n}\left(\frac{\partial \hat{g}}{\partial \hat{X}_i}\bigg|_{\hat{X}^*}\right)^2}} \tag{4.53}$$

由于验算点 P 到坐标原点 O 的距离是最小距离,可以证明 **OP** 向量的方向就是在验算点 P 处极限状态方程的法向方向(图4.6)。**OP** 向量的方向余弦为

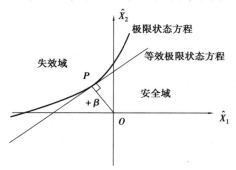

图 4.6   验算点法计算可靠指标示意图

$$\alpha_i = -\frac{\left.\dfrac{\partial \hat{g}}{\partial \hat{X}_i}\right|_{\hat{X}^*}}{\sqrt{\displaystyle\sum_{i=1}^{n}\left(\left.\dfrac{\partial \hat{g}}{\partial \hat{X}_i}\right|_{\hat{X}^*}\right)^2}} \tag{4.54}$$

因为

$$\left.\frac{\partial \hat{g}}{\partial \hat{X}_i}\right|_{\hat{X}^*} = \left.\frac{\partial \hat{g}}{\partial X_i}\frac{\partial X_i}{\partial \hat{X}_i}\right|_{\hat{X}^*} = \left.\frac{\partial \hat{g}}{\partial X_i}\right|_{X^*}\sigma_{X_i} \tag{4.55}$$

则 **OP** 向量的方向余弦为

$$\alpha_i = -\frac{\left.\dfrac{\partial \hat{g}}{\partial X_i}\right|_{X^*}\sigma_{X_i}}{\sqrt{\displaystyle\sum_{i=1}^{n}\left(\left.\dfrac{\partial \hat{g}}{\partial X_i}\right|_{X^*}\sigma_{X_i}\right)^2}} \tag{4.56}$$

根据方向余弦的定义,验算点的坐标可用 **OP** 的方向余弦 α_i 与其长度 β 的乘积来表示

$$\hat{X}_i^* = \alpha_i\beta \tag{4.57}$$

将上式带入式(4.33),可得

$$X_i^* = \mu_{X_i} + \alpha_i\beta\sigma_{X_i} \tag{4.58}$$

此外,由于验算点在极限状态方程上,则

$$g(X_1^*,X_2^*,\cdots,X_n^*) = 0 \tag{4.59}$$

式(4.56)、式(4.58)和式(4.59)共包含 $(2n+1)$ 个方程,可解得 X_i^*、$\alpha_i(i=1\sim n)$ 和 β 共 $(2n+1)$ 个未知数。但由于功能函数 $g(\cdot)$ 通常为非线性函数,无法直接求解,可采用迭代方法求解上述方程组。

(3)变量为非正态分布的情况

上述可靠指标 β 的计算方法适用于结构功能函数中基本变量均为正态分布的情况。当其中任一变量 X_i 为非正态分布时,可在验算点 X_i^* 处,根据其概率分布函数 $F_{X_i}(X_i)$ 和概率密度函数 $f_{X_i}(X_i)$ 与正态变量 X_i' 等价的条件(图4.7),将变量 X_i 变换为当量正态变量 X_i',并确定其均值 $\mu_{X_i'}$ 和标准差 $\sigma_{X_i'}$。

由在验算点上概率分布函数相等(即概率密度曲线图中尾部阴影区域的面积相等)的条件,可得出

$$F_{X_i}(X_i^*) = \Phi\left(\frac{X_i^* - \mu_{X_i'}}{\sigma_{X_i'}}\right) \tag{4.60}$$

由在验算点上概率密度函数相等(即概率密度曲线图中的纵坐标相等)的条件,可得出

$$f_{X_i}(X_i^*) = \frac{1}{\sigma_{X_i'}}\phi\left(\frac{X_i^* - \mu_{X_i'}}{\sigma_{X_i'}}\right) \tag{4.61}$$

由以上条件可计算得出当量正态变量 X_i' 的均值 $\mu_{X_i'}$ 和标准差 $\sigma_{X_i'}$

$$\sigma_{X_i'} = \frac{\phi\{\Phi^{-1}[F_{X_i}(X_i^*)]\}}{f_{X_i}(X_i^*)} \tag{4.62}$$

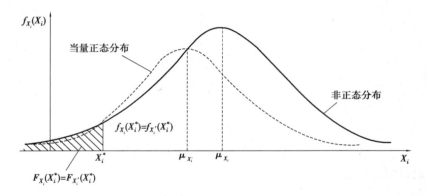

图 4.7　验算点法对非正态随机变量的当量正态化条件

$$\mu_{X_i'} = X_i^* - \sigma_{X_i'} \Phi^{-1} \left[F_{X_i}(X_i^*) \right] \tag{4.63}$$

式中　$\Phi(\cdot), \Phi^{-1}(\cdot)$——标准正态分布函数及其反函数；

$\phi(\cdot)$——标准正态分布的概率密度函数。

（4）迭代求解过程

验算点法迭代求解可靠指标的过程本质上是寻求标准化空间中原点到极限状态方程的最短距离的过程。

①列出极限状态方程 $g(X_1, X_2, \cdots, X_n) = 0$，并确定所有基本变量 X_i 的分布类型和统计参数 μ_{X_i} 及 σ_{X_i}。

②假定验算点 X_i^* 的初值，一般取 X_i 的平均值。

③对于非正态变量 X_i，在验算点处按式（4.62）和式（4.63）计算当量正态变量的均值 $\mu_{X_i'}$ 和标准差 $\sigma_{X_i'}$，并代替原来变量的均值 μ_{X_i} 和标准差 σ_{X_i}。

④在验算点 X_i^* 处（即标准化空间中坐标原点处）对极限状态方程进行线性化处理，得到等效线性极限状态方程，采用式（4.56）求等效线性极限状态方程的法向向量［即图 4.8（a）中 OD_1］的方向余弦。

⑤更新的验算点既在向量 OD_1 的延长线上，又在极限状态方程上（即新验算点在两者交点上）。假设交点为 P_1，向量 OP_1 的长度为可靠指标 β 的新值，如图 4.8（b）所示。P_1 的坐标值为 $[\mu_{X_1} + \alpha_1 \beta \sigma_{X_1}, \mu_{X_2} + \alpha_2 \beta \sigma_{X_2}, \cdots, \mu_{X_n} + \alpha_n \beta \sigma_{X_m}]^{\mathrm{T}}$，在非线性极限状态方程上，即 $g(\mu_{X_1} + \alpha_1 \beta \sigma_{X_1}, \mu_{X_2} + \alpha_2 \beta \sigma_{X_2}, \cdots, \mu_{X_n} + \alpha_n \beta \sigma_{X_m}) = 0$，根据该式可计算 β。

⑥继而可计算验算点 P_1 的坐标值 $X_i^* = \mu_{X_i} + \alpha_i \beta \sigma_{X_i}$。

重复步骤③—⑥，在 P_1 点处对极限状态方程进行线性近似，得到新的等效线性极限状态方程及其法向向量 OD_2，如图 4.8（c）所示，进而得到新的验算点 P_2，如图 4.8（d）所示。依次迭代计算，直至前后两次计算所得的 β 值的相对差值不超过容许限值。

【例 4.2】已知某钢梁截面的塑性抵抗矩服从正态分布，$\mu_W = 9.0 \times 10^5 \text{mm}^3$，$\delta_W = 0.04$。钢梁材料的屈服强度 f 服从对数正态分布，$\mu_f = 234 \text{ N/mm}^2$，$\delta_f = 0.12$。钢梁承受确定性弯矩 $M = 130.0 \text{ kN} \cdot \text{m}$。试用验算点法计算该梁的可靠指标 β。

【解】①以弯矩的形式，建立功能函数：

$$Z = fW - M = fW - 130.0 \times 10^6$$

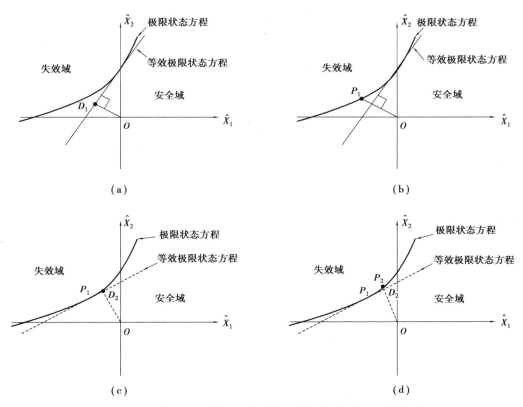

图4.8 极限状态方程为曲线时验算点法计算可靠指标示意图

假设验算点坐标为 $[W^*, f^*]^\mathrm{T}$,对数正态分布随机变量 f 在验算点处的概率分布函数为

$$F_\mathrm{f}(f^*) = P(f \leqslant f^*) = P(\ln f \leqslant \ln f^*) = \Phi\left(\frac{\ln f^* - \mu_{\ln f}}{\sigma_{\ln f}}\right)$$

其概率密度函数为概率分布函数关于变量 f 的导数,即

$$f_\mathrm{f}(f^*) = \frac{\partial F_\mathrm{f}(f)}{\partial f}\bigg|_{f^*} = \frac{1}{f^* \sigma_{\ln f}}\phi\left(\frac{\ln f^* - \mu_{\ln f}}{\sigma_{\ln f}}\right)$$

由式(4.62)可得:

$$\sigma_{\mathrm{f}'} = \frac{\phi\{\Phi^{-1}[F_\mathrm{f}(f^*)]\}}{f_\mathrm{f}(f^*)} = \frac{\phi\left\{\Phi^{-1}\left[\Phi\left(\frac{\ln f^* - \mu_{\ln f}}{\sigma_{\ln f}}\right)\right]\right\}}{\frac{1}{f^* \sigma_{\ln f}}\phi\left(\frac{\ln f^* - \mu_{\ln f}}{\sigma_{\ln f}}\right)} = f^* \sigma_{\ln f} = f^* \sqrt{\ln(1+\delta_\mathrm{f}^2)}$$

由式(4.63)可得

$$\mu_{\mathrm{f}'} = f^* - \sigma_{\mathrm{f}'}\Phi^{-1}[F_\mathrm{f}(f^*)] = f^* - \sigma_{\mathrm{f}'}\Phi^{-1}\left[\Phi\left(\frac{\ln f^* - \mu_{\ln f}}{\sigma_{\ln f}}\right)\right] = f^* - \frac{\ln f^* - \mu_{\ln f}}{\sigma_{\ln f}}\sigma_{\mathrm{f}'}$$

$$= f^* - \frac{\ln f^* - \mu_{\ln f}}{\sigma_{\ln f}}f^* \sigma_{\ln f} = f^*(1 - \ln f^* + \mu_{\ln f}) = f^*\left(1 - \ln f^* + \ln\frac{\mu_\mathrm{f}}{\sqrt{1+\delta_\mathrm{f}^2}}\right)$$

$$A=-\frac{\partial g}{\partial W}\bigg|_{P*}\sigma_W=-f^*\sigma_W,B=-\frac{\partial g}{\partial f}\bigg|_{P*}\sigma_{f'}=-W^*\sigma_{f'}$$

$$\alpha_W=\frac{A}{\sqrt{A^2+B^2}}$$

$$\alpha_{f'}=\frac{B}{\sqrt{A^2+B^2}}$$

由上述公式按逐次迭代法求解。首次迭代时,假设可靠指标 $\beta=0$,即设计验算点的初值为各变量的均值,具体过程见表4.9。

经过4次迭代后,算得可靠指标为3.760。

表4.9 例4.2 以弯矩形式的功能函数求解可靠指标的迭代计算表

迭代次数	1	2	3	4
$W^*=\mu_W+\alpha_W\beta\sigma_W$	900.00×10^3	864.71×10^3	855.50×10^3	855.07×10^3
$f^*=\mu_{f'}+\alpha_f\beta\sigma_{f'}$	234.00	150.34	151.96	152.03
$\mu_{f'}$	232.33	215.78	216.47	216.51
$\sigma_{f'}$	27.98	17.98	18.17	18.18
$A=-f^*\sigma_W$	-8.424×10^6	-5.412×10^6	-5.470×10^6	-5.473×10^6
$B=-W^*\sigma_{f'}$	-25.182×10^6	-15.544×10^6	-15.544×10^6	-15.544×10^6
$\alpha_W=\dfrac{A}{\sqrt{A^2+B^2}}$	-0.317	-0.329	-0.332	-0.332
$\alpha_{f'}=\dfrac{B}{\sqrt{A^2+B^2}}$	-0.948	-0.944	-0.943	-0.943
β	3.090	3.759	3.760	3.760

②以应力的形式,建立功能函数:

$$Z=f-\frac{M}{W}$$

$$A=-\frac{\partial g}{\partial W}\bigg|_{P*}\sigma_W=-\frac{M}{(W^*)^2}\sigma_W,B=-\frac{\partial g}{\partial f}\bigg|_{P*}\sigma_{f'}=-\sigma_{f'}$$

由上述公式按逐次迭代法求解。首次迭代时,假设可靠指标 $\beta=0$,即设计验算点的初值为各变量的均值,具体过程见表4.10。

经过4次迭代后,算得可靠指标为3.760。

表4.10 例4.2 以应力形式的功能函数求解可靠指标的迭代计算表

迭代次数	1	2	3	4
$W^*=\mu_W+\alpha_W\beta\sigma_W$	900.00×10^3	877.63×10^3	856.11×10^3	855.10×10^3
$f^*=\mu_{f'}+\alpha_f\beta\sigma_{f'}$	234.00	148.13	151.85	152.03

迭代次数	1	2	3	4
$\mu_{f'}$	232.33	214.80	216.43	216.50
$\sigma_{f'}$	27.98	17.71	18.16	18.18
$A = -f^* \sigma_{\mathrm{W}}$	−5.778	−6.076	−6.385	−6.401
$B = -W^* \sigma_{f'}$	−27.980	−17.712	−18.157	−18.178
$\alpha_{\mathrm{W}} = \dfrac{A}{\sqrt{A^2 + B^2}}$	−0.202	−0.324	−0.332	−0.332
$\alpha_{f'} = \dfrac{B}{\sqrt{A^2 + B^2}}$	−0.979	−0.946	−0.943	−0.943
β	3.073	3.757	3.760	3.760

本例结果表明,当功能函数以两种形式表达时,采用验算点计算所得的可靠指标是一致的。

4.3 结构体系可靠度分析

前一节所讨论的结构可靠度,是针对一个构件或构件的一个截面的单一失效模式而言的。实际上,结构往往是由众多构件组成的体系,其中的每个构件又有多个截面。结构中的每个构件都可能有多种失效模式,可以视为整个结构系统中的一个子系统。而整个结构体系的失效模式会更多。因此,从结构体系的角度来研究结构可靠度,度量结构的可靠性更为合理,也十分必要。

由于结构体系的失效总是由构件失效引起的,而失效构件可能不止一个,结构体系所有可能的失效模式非常多。因此,寻找结构体系的主要失效模式,针对主要的失效模式,由各构件的失效概率来计算结构体系的失效概率,就成为体系可靠度分析的主要内容。然而,由于结构的复杂性,构件间的可靠性和相关性的不确定,至今尚未得到一套系统、合理、适用的结构体系可靠度分析的一般方法。以下主要介绍结构体系可靠度问题的基本概念和简化的分析方法。

▶ 4.3.1 结构体系可靠度的基本概念

1)结构构件的失效性质

构成整个结构的各构件(包括构件连接),根据其材料和受力不同,可分为脆性构件和延性构件两大类。

如图4.9(a)所示,若一个构件达到失效状态后便不能再起作用,完全丧失其承载能力,则称为完全脆性构件。

如图 4.9(b)所示,若一个构件达到失效状态后,仍能维持其承载能力,则称为完全延性构件。

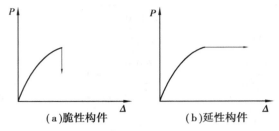

(a)脆性构件   (b)延性构件

图 4.9 结构体系的失效性质

构件不同的失效性质,会对结构体系可靠度分析产生不同的影响。对于静定结构,任一构件失效将导致整个结构失效,其可靠度分析不会由于构件的失效性质不同而带来任何变化。对于超静定结构则不同,由于某一构件失效并不意味着整个结构将失效,而是可能在构件之间导致内力重分布,这种重分布与体系的变形情况以及构件性质有关,所以其可靠度分析将随构件的失效性质不同而存在较大差异。在工程实践中,结构体系一般是由延性构件组成的超静定结构体系。

2)基本体系

由于结构体系的复杂性,在分析可靠度时,常常按照结构体系失效与构件失效之间的逻辑关系,将结构体系简化为 3 种基本形式,即串联体系、并联体系和串并联体系。

(1)串联体系

如果结构体系中任何一个构件失效,整个结构即失效,这种体系称为串联体系。如图 4.10(a)所示的静定桁架即为典型的串联体系。图 4.10(b)表示串联体系的逻辑图。一般情况下,所有的静定结构的失效均可用串联体系表示。

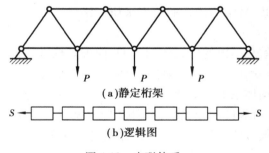

(a)静定桁架

(b)逻辑图

图 4.10 串联体系

(2)并联体系

在结构体系中,若单个构件失效不会引起整个体系的失效,只有当所有构件都失效后,整个体系才失效,则称这类体系为并联体系。超静定结构一般具有这种性质。如图 4.11(a)所示的一个多跨排架结构,每个排架柱都可以看成并联系统中的一个元件,只有当所有柱子均失效后,该结构体系才失效。

在并联体系中,构件的失效性质对体系的可靠度分析影响很大。如组成构件均为脆性构件,则某一构件在失效后退出工作,原来承担的荷载全部转移给其他构件,加快了其他构件的失效,因此在计算体系可靠度时,应考虑各个构件的失效顺序;而当组成构件为延性构件时,构件失效后仍能维持其原有的承载能力,不影响之后其他构件的失效,只需考虑体系最终的失效形态。

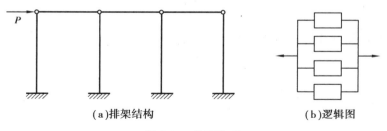

图 4.11　并联体系

（3）串并联体系

对实际超静定结构而言,往往有很多种失效模式,其中每一种失效模式都可用一个并联体系来模拟,然后这些并联体系又组成串联体系,构成串并联体系。

如图 4.12(a)所示的刚架,在荷载作用下,最可能出现的失效模式有 3 种,只要其中一种出现,就意味着结构体系失效,则该结构可模拟为由 3 个并联体系组成的串联体系,即串并联体系。此时,同一失效截面可能会出现在不同的失效模式中。

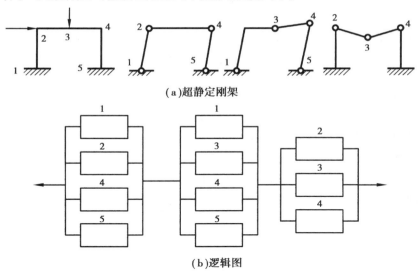

图 4.12　串并联体系

3)结构体系的失效模式

在结构体系可靠度分析中,首先应根据结构特性、失效机理来确定体系的失效模式。一个简单的结构体系,其可能的失效模式也许达几个或几十个,而对于许多较为复杂的工程结构系统,其失效模式则更多,这给体系可靠度分析带来极大的困难和不便。对于工程上常用的延性结构体系,人们通过分析发现,并不是所有的失效模式都对体系的可靠度产生同样的影响。在一个结构体系的失效模式中,有的出现的可能性比较大,有的可能性较小,有的甚至实际上不大会出现。而对体系可靠度影响较大的是那些出现的可能性较大的失效模式。于是人们提出了主要失效模式的概念,并将主要失效模式作为结构体系可靠度分析的基础。

所谓主要失效模式,是指那些对结构体系可靠度有明显影响的失效模式,它与结构形式、荷载情况和分析模型的简化条件等因素有关。寻找主要失效模式的方法常有:荷载增量法、矩阵位移法、分块组合法、失效树-分支定界法等。

4)结构体系可靠度分析中的相关性

结构体系可靠度分析有可能涉及两种形式的相关性,即构件间的相关性和失效模式间的相关性。

众所周知,单个构件的可靠度主要取决于构件的荷载效应和抗力。而对于同一结构而言,各构件的荷载效应是在相同的荷载作用下产生的,因而结构中不同构件的荷载效应是高度相关的。另一方面,由于结构内的部分或所有构件可能由同一批材料制成,所以构件的抗力之间也部分相关。由此可见,结构中不同构件的失效存在一定的相关性。

对超静定结构,由于相同的失效构件可能出现在不同的失效模式中,在分析结构体系可靠度时还需要考虑失效模式之间的相关性。

目前,这些相关性通常是由它们相应的功能函数间的相关系数来反映的,这在一定程度上加大了结构体系可靠度分析的难度。为了方便后续分析,本节介绍两种理想状态:

①构件可靠性完全相关,即各构件的抗力和荷载效应完全相关。

假设结构有 n 个构件组成,各构件由相同材料组成,材料性能变异性完全相同,几何参数和计算模式不存在变异性。第 i 个构件的抗力可以表示为

$$R_i = D_i f \quad (i = 1, 2, \cdots, n) \tag{4.64}$$

此时各构件的抗力是完全相关的。若假设各构件的荷载效应是由同一个荷载引起的,则第 i 构件的荷载效应为

$$S_i = C_i Q \quad (i = 1, 2, \cdots, n) \tag{4.65}$$

此时各构件的荷载效应也是完全相关的。

当结构中各构件的抗力和荷载效应均完全相关时,则各构件的可靠性完全相关。第 i 构件的极限状态方程和所处的状态如图 4.13(a)所示。通过坐标转换,可得到新坐标系 fOQ 中的各构件的极限状态方程,假设第 k 构件的极限状态方程斜率最大,第 j 构件的极限状态方程斜率最小,如图 4.13(b)所示。

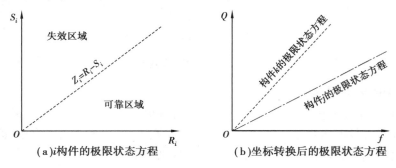

图 4.13　构件可靠性完全相关情况示意图

②构件可靠性完全独立,即各构件的抗力和荷载效应完全独立。

假设结构由 n 个构件组成,各构件的组成材料性能、几何参数和计算模式的变异性完全独立,其各构件的荷载效应也是由完全不相关的荷载引起的。此时,各构件的可靠性完全独立。

▶ 4.3.2　体系可靠度的界限估计法

结构体系由于构造复杂,失效模式很多,要精确计算其可靠度几乎是不可能的,通常只能采用一些近似方法。区间估计法是其中常用的一类方法,该法在特殊情况下,利用概率论的基本原理,划定结构体系失效概率的上、下限。区间估计法中最有代表性的是 C.A.Cornell 的宽界限法和 O.Ditlevsen 的窄界限法。

1)宽界限法

以下记各构件的可靠概率为 p_{si},失效概率为 p_{fi},结构体系的可靠概率为 p_s,失效概率为 p_f。

（1）串联体系

对于串联体系,只有当每一个构件都不失效时,体系才不失效。若各构件的抗力是完全相关的,则各构件可靠性之间也完全相关,有

$$P_s = \min_i P_{si} \tag{4.66}$$

$$p_f = 1 - \min_i p_{si} = 1 - \min_i (1 - p_{fi}) = \max_i p_{fi} \tag{4.67}$$

若各构件的抗力相互独立,并且荷载效应也是相互独立的,则各构件可靠性也完全独立,有

$$p_s = \prod_{i=1}^{n} p_{si} \tag{4.68}$$

$$p_f = 1 - \prod_{i=1}^{n} p_{si} = 1 - \prod_{i=1}^{n} (1 - p_{fi}) \tag{4.69}$$

一般情况下,实际结构体系的情况总是介于上述两种极端情况之间。因此,可得出串联体系可靠度的界限范围为

$$\prod_{i=1}^{n} p_{si} \leqslant p_s \leqslant \min_i p_{si} \tag{4.70}$$

失效概率的界限范围为

$$\max_i p_{fi} \leqslant p_f \leqslant 1 - \prod_{i=1}^{n} (1 - p_{fi}) \tag{4.71}$$

可见,对于静定结构,结构体系的可靠度总是小于或等于构件的可靠度。

（2）并联体系

对于并联体系,只有当每一个构件都失效时,体系才失效。若各构件失效完全相关,有

$$p_f = \min_i p_{fi} \tag{4.72}$$

若各构件失效完全独立,有

$$p_f = \prod_{i=1}^{n} p_{fi} \tag{4.73}$$

因此,结构体系失效概率的界限范围为

$$\prod_{i=1}^{n} p_{fi} \leqslant p_f \leqslant \min_i p_{fi} \tag{4.74}$$

对于超静定结构,当结构的失效模式唯一时,结构体系的可靠度总大于或等于构件的可靠度。当结构的失效模式不唯一时,每一种失效模式对应的可靠度总大于或等于构件的可靠度,而结构体系的可靠度又总小于或等于每一种失效模式对应的可靠度。

显然,宽界限法实质上没有考虑构件间或失效模式间的相关性,所给出的界限往往较宽,因此常被用于结构体系可靠度的初始检验或粗略估算。

2)窄界限法

针对宽界限法的缺点,1979 年 Ditevsen 提出了估计体系失效概率的窄界限法。该法在求出结构体系中各主要失效模式的失效概率 p_{fi} 以及各失效模式间的相关系数 ρ_{ij} 后,将 p_{fi} 由大到小依次排列,通过下列公式得出结构体系失效概率的界限范围。

$$p_{f_1} + \sum_{i=2}^{n} \max\left\{ p_{fi} - \sum_{j=1}^{i-1} p_{fij}, 0 \right\} \leqslant p_f \leqslant \sum_{i=1}^{n} p_{fi} - \sum_{i=2}^{n} \max_{j<i} p_{fij} \tag{4.75}$$

式中,p_{fij} 为失效模式 i、j 同时失效的概率。当所有变量都服从正态分布时,p_{fij} 可借助于失效模式 i、j 的可靠指标 β_i、β_j 求得。

窄界限法考虑了失效模式间的相关性,所得出的失效概率界限范围要比宽界限法小得多,因此常用来校核其他近似分析方法的精确度。

▶ 4.3.3 PENT 法(概率网络估计法)

PENT 法是美籍华人洪华生等提出的一种较为精确的确定结构体系可靠度的近似方法。其基本原理是:首先将所有主要失效模式按彼此相关的密切程度分为 m 组,在每组中选取一个失效概率最大的失效模式作为该组的代表模式,然后假定各代表模式相互独立,按下式估算结构体系的可靠度。

$$p_s = \prod_{i=1}^{m} p_{si} = \prod_{i=1}^{m} (1 - p_{fi}) \tag{4.76}$$

结构体系的失效概率为

$$p_f = 1 - p_s = 1 - \prod_{i=1}^{m} (1 - p_{fi}) \tag{4.77}$$

PENT 法的具体计算步骤如下:

①列出主要失效模式及相应的功能函数 Z_i,采用验算点法或其他方法计算其可靠指标 β_i,并由大到小排列作为失效模式的顺序。

②选择判别系数 ρ_0(一般可取 0.7),作为衡量各失效模式间相关程度的标准。

③确定 m 个失效模式的代表。取与可靠指标 β_i 最小的相应失效模式为第一号,计算它与其他失效模式的相关系数 ρ_{j1},当 $\rho_{j1} > \rho_0$ 时,认为第 j 个失效模式与第一号失效模式密切相关,可用第一号失效模式代替;若 $\rho_{j1} < \rho_0$,则认为第 j 个失效模式与第一号失效模式相互基本独立,不能互相代替。然后在认为与第一号失效模式不相关的所有失效模式中选取可靠指标最小的作为第二个代表模式,并找出它所能代替的失效模式。重复上述步骤,直到完成最后一个代表失效模式为止。

④利用式(4.77)计算结构体系的失效概率。

PENT 法由于考虑各失效模式间的相关性,因此具有一定的适应性。同时选择代表失效模式进行体系可靠度的分析,可大大减少计算工作量。因此,PENT·法已成为延性结构体系可靠度分析方法中较为可行的方法。

▶ 4.3.4 蒙特卡洛模拟法

蒙特卡洛(Monte-Carlo)法又称为统计实验方法或随机模拟法,它是一种直接求解的数值方法,回避了可靠度分析中的数学困难。在目前的结构体系可靠度分析方法中,它被认为是一种相对精确的方法。但运用这种方法时,必须模拟足够多的次数,计算工作量大。可以预见,随着计算机的普及,这一方法将会得到更为广泛的推广。

蒙特卡洛法的基本步骤是:

①对结构体系的各种失效模式建立功能函数 $Z=g(x)$。

②用数学方法产生随机向量 x,进行大量随机抽样。

③将随机向量 x 代入功能函数,若 $Z<0$,则结构失效。

④若总试验次数为 N,而失效次数为 n_f,则结构体系的失效概率为

$$p_f = \frac{n_f}{N} \tag{4.78}$$

由上述计算步骤可知,整个计算思路并不复杂,只是重复运算,并能简单判断功能函数 Z 是否小于零即可。但 N 需要足够大,计算结果才有效。

思考题

4.1 结构的功能要求有哪些? 对应于什么极限状态?

4.2 什么是结构的功能函数? 建立结构功能函数的意义是什么?

4.3 什么是结构极限状态? 分别有哪些极限状态?

4.4 什么是结构设计使用年限? 它与结构设计基准期有什么区别与联系? 它是否等同于结构寿命?

4.5 什么是结构的可靠性和可靠度? 两者之间有什么关系?

4.6 可靠指标与失效概率有什么关系?

4.7 试说明结构可靠指标的几何意义。

4.8 中心点法与验算点法的区别是什么?

4.9 简述结构体系可靠度分析的基本模型。试分析不同模型中体系可靠度、失效模式可靠度和构件可靠度的大小关系。

练习题

跨度为 10 m 的单跨简支钢梁,梁上作用有均布荷载 q,梁的跨中极限弯矩为 M_u。已知均布荷载 q、钢梁材料屈服强度 f 和钢梁跨中截面的截面抵抗矩 W 的概率分布类型和统计参数(详见表 4.11),试采用中心点法和验算点法计算钢梁跨中截面抗弯承载能力的可靠指标。(可仅选择一种类型的功能函数计算可靠指标)

表 4.11 统计参数

基本变量	分布类型	平均值 μ	标准差 σ
梁上均布荷载 $q/(\text{N} \cdot \text{mm}^{-1})$	正态分布	20	1.0
钢梁材料的屈服强度 $f/(\text{N} \cdot \text{mm}^{-2})$	正态分布	335	42
钢梁跨中截面的截面抵抗矩 W/mm^3	正态分布	1.2×10^6	6×10^4

5

结构概率可靠度设计法

【内容提要】

本章主要介绍结构设计目标、结构概率可靠度直接设计法和结构概率可靠度设计实用表达式。

【学习目标】

(1)了解:结构概率可靠度直接设计法;

(2)熟悉:结构设计目标、结构设计工作年限、结构的功能要求、结构(构件)的安全等级、设计状况与作用组合;

(3)掌握:极限状态、单一系数设计表达式、分项系数设计表达式。

5.1 结构设计目标

现代工程设计应遵循适用、安全、经济、美观、耐久和有利于环保的基本原则,结构设计的目标是使结构在规定的设计工作年限内,以适当的可靠度满足规定的各项功能要求。

▶ 5.1.1 设计要求

结构设计的总要求是:结构的抗力 R 应大于或等于结构的综合荷载效应 S,即

$$R \geqslant S \tag{5.1}$$

由于实际中抗力和荷载效应均为随机变量,因此式(5.1)并不能被绝对满足,而只能在一定概率意义下被满足,即

$$P\{R \geqslant S\} = p_s \tag{5.2}$$

式中,p_s 为结构的概率可靠度,也称可靠概率。因此,结构设计更明确的要求是:在一定的概率条件下进行结构设计,使得结构的抗力大于或等于结构所受作用效应的可靠概率能达到 p_s,结构抗力小于所受作用效应的失效概率为 p_f。

▶ 5.1.2 设计状况

设计状况是表征一定时段内实际情况的一组设计条件,设计应做到在该组条件下结构不超越有关的极限状态。设计状况具体又可以分为下述几种。

(1)持久设计状况

在结构使用过程中一定出现,且持续期很长的设计状况,其持续期一般与设计使用年限为同一数量级。

持久设计状况适用于结构正常使用时的情况。以房屋建筑为例,建筑结构承受家具和正常人员荷载的状况,即属于持久设计状况。

(2)短暂设计状况

在结构施工和使用过程中出现概率较大,而与设计使用年限相比,其持续期很短的设计状况。

短暂设计状况适用于结构出现的临时状况,包括结构施工和维修时的状况等,例如结构施工时承受堆料荷载的状况。

(3)偶然设计状况

在结构使用过程中出现概率很小,且持续期很短的设计状况。

偶然设计状况适用于结构出现的异常情况,包括结构遭受火灾、爆炸、非正常撞击等罕见情况。

(4)地震设计状况

结构遭受地震时的设计状况。

在抗震设防地区必须考虑地震设计状况。

▶ 5.1.3 极限状态设计及作用组合

《工程结构可靠性设计统一标准》(GB 50153—2008)及《工程结构通用规范》(GB 55001—2021)规定,对于持久、短暂、偶然和地震 4 种设计状况,应分别进行下列极限状态设计:

①对于这 4 种设计状况,均应进行承载能力极限状态设计;

②对持久设计状况,尚应进行正常使用极限状态设计;

③对短暂设计状况和地震设计状况,可根据需要进行正常使用极限状态设计;

④对偶然设计状况,可不进行正常使用极限状态设计。

对承载能力极限状态设计和正常使用极限状态设计应采用以下作用组合:

①承载能力极限状态设计。

进行承载能力极限状态设计时,应根据不同的设计状况采用下列作用组合:

a.对于持久设计状况或短暂设计状况,采用基本组合;

b.对于偶然设计状况,采用偶然组合;

c.对于地震设计状况,采用地震组合。

②正常使用极限状态设计。

进行正常使用极限状态设计时,可采用下列作用组合:

a.对于不可逆正常使用极限状态设计,宜采用标准组合;

b.对于可逆正常使用极限状态设计,宜采用频遇组合;

c.对于长期效应是决定性因素的正常使用极限状态设计,宜采用准永久组合。

在工程设计时,对于每一种作用组合,均应采用其最不利的效应设计值进行设计。

► 5.1.4 结构的安全等级

合理的结构设计应同时兼顾结构的可靠性和经济性。若将结构的可靠度水平设定过高,会提高结构造价,不符合经济性的原则;但一味强调经济性,则结构的可靠性难以保证。因此,设计时应根据结构破坏可能产生的各种后果(危及人的生命安全、造成经济损失、产生社会影响等)的严重程度,对不同的工程结构采用不同的安全等级。我国通常按工程结构破坏后果的严重性划分为三个安全等级,其中,大量的一般结构宜列入中间等级;重要结构应提高一级;次要结构可降低一级,具体见表5.1和表5.2。

表 5.1 房屋建筑结构的安全等级

安全等级	破坏后果	示例
一级	很严重:对人的生命、经济、社会或环境影响很大	大型的公共建筑等重要的结构
二级	严重:对人的生命、经济、社会或环境影响较大	普通的住宅和办公楼等一般的结构
三级	不严重:对人的生命、经济、社会或环境影响较小	小型的或临时性贮存建筑等次要的结构

《公路桥涵设计通用规范》(JTG D60—2015)将公路桥涵结构的安全等级划分为三级,见表5.2。

表 5.2 公路桥涵结构的安全等级

设计安全等级	破坏后果	适用对象
一级	很严重	(1)各等级公路上的特大桥、大桥、中桥; (2)高速公路、一级公路、二级公路、国防公路及城市附近交通繁忙公路上的小桥
二级	严重	(1)三、四级公路上的小桥; (2)高速公路、一级公路、二级公路、国防公路及城市附近交通繁忙公路上的涵洞
三级	不严重	三、四级公路上的涵洞

《建筑工程抗震设防分类标准》(GB 50223—2008)按照遭受地震破坏后可能造成的人员

伤亡、经济损失和社会影响程度及建筑功能在抗震救灾中的作用,将建筑工程划分为不同的类别:特殊设防类(甲类)、重点设防类(乙类)、标准设防类(丙类)和适度设防类(丁类)。为体现不同规范的衔接性,《建筑结构可靠性设计统一标准》(GB 50068—2018)指出:对建筑按照房屋建筑结构抗震设计中的甲类建筑和乙类建筑,其安全等级宜规定为一级;丙类建筑,其安全等级宜规定为二级;丁类建筑,其安全等级宜规定为三级。

此外,工程结构中各类结构构件的安全等级,宜与结构的安全等级相同,对其中部分结构构件的安全等级可进行调整,但不得低于三级。如提高某一结构构件的安全等级所需要额外费用很少,又能减轻整个结构的破坏从而大大减少人员伤亡和财物损失,则可将该结构构件的安全等级比整个结构的安全等级提高一级;相反,如某一结构构件的破坏并不影响整个结构或其他结构构件的安全性,则可将其安全等级降低一级。

▶ **5.1.5　结构设计的可靠度水平——目标可靠度**

结构设计的失效概率 p_f 的大小对结构的设计结果影响较大。如果失效概率取值过低,则结构会设计得过于保守,使结构造价加大;而如果失效概率取值过高,则结构虽然经济但是却偏不安全。因此,应该合理选择结构设计的失效概率,以实现结构可靠与经济的较好平衡,一般需考虑以下 4 个因素:①公众心理;②结构重要性;③结构破坏性质;④社会经济承受力。

从公众心理的角度,人们对某一事件是否危险的判断与该事件发生的概率密切有关。例如:多种活动都有可能致人死亡,而公众认为其中哪些是危险的、应该尽量避免的,而哪些是安全的、可以参与的?根据国外的统计资料,一些事故所造成的年死亡率见表 5.3。而公众对其中一些活动危险程度的普遍认知是,赛车是较危险的,乘飞机是较安全的,汽车旅行是安全的,而遭电击或雷击则几乎不可能。有人曾做过公众心理分析,认为胆大的人可承受的危险率为每年 10^{-3},而谨慎的人允许的危险率为每年 10^{-4},而当危险率为每年 10^{-5} 或更小时,一般人都不再考虑其危险性。

表 5.3　一些事故的年死亡率

事故起因	年死亡率	事故起因	年死亡率
爬山、赛车	5×10^{-3}	汽车旅行	2.5×10^{-5}
飞机旅行	7×10^{-4}	游泳	3×10^{-5}
采矿	1×10^{-4}	结构施工	3×10^{-5}
房屋失火	2×10^{-5}	电击	6×10^{-6}
雷击	5×10^{-7}	暴风	4×10^{-6}

因此,对于工程结构来说,如果年失效概率小于 1×10^{-4},则可以认为是比较安全的。年失效概率小于 1×10^{-5} 是安全的,而年失效概率小于 1×10^{-6} 则是很安全的。考虑到一般结构的实际设计工作年限为 50 年,因此当结构在设计工作年限内的失效概率分别小于 5×10^{-3}、5×10^{-4}、5×10^{-5} 时,则可以认为结构较安全、安全和很安全,对应的可靠指标为 2.5~4.0。

关于结构重要性对失效概率的影响,一般来说,对于重要的结构(如核电站、国家级广播电视发射塔),失效概率应定得低一些。而对于次要的结构(如临时仓库、车棚等),失效概率可以略高一点。很多国家将工程结构按重要性分成三等,即重要结构、一般结构和次要结构。通常以一般结构的失效概率为基准,重要结构的失效概率一般减小一个数量级,而次要结构的失效概率可以放大一个数量级。

结构破坏性质对于失效概率的取值也有一定影响。由于脆性结构(如砌体结构)破坏前几乎无预兆,事故发生时人们往往来不及逃生或抢险,其破坏造成的后果往往比延性结构(如钢结构)要严重。因此工程上一般要求脆性结构的失效概率小于延性结构的失效概率。

此外,社会的经济承受力对工程结构的设计目标可靠度也有影响,一般来说,社会经济越发达,公众所能接受的设计失效概率会越小,即对工程结构可靠性的要求会越高。

结合以往的工程经验,平衡安全与经济两方面的矛盾,合理选择所能接受的结构失效概率,确定结构设计的目标可靠度,这一过程中通常采用校准法。所谓校准法是承认传统设计对结构安全性要求的合理性,通过采用结构可靠度分析理论对传统设计方法所具有的可靠度进行分析,以结构传统设计方法的可靠度水平作为结构概率可靠度设计方法的目标可靠度。

根据以上原则,在《工程结构可靠性设计统一标准》(GB 50153—2008)等基础性规范中,根据结构(构件)的安全等级、失效模式和经济因素等,对结构设计的可靠度水平及相应的目标可靠指标 β 作出了相应规定。其中,对结构的安全性、适用性和耐久性可采用不同的可靠度水平。

例如,《建筑结构可靠性设计统一标准》(GB 50068—2018)规定:在持久设计状况下,建筑结构构件承载能力极限状态设计的可靠指标,不应小于表5.4的规定值;正常使用极限状态设计的可靠指标则根据其可逆程度可取 0~1.5;耐久性极限状态设计的可靠指标根据其可逆程度可取 1.0~2.0。

表5.4　建筑结构构件的可靠指标 β

破坏类型	安全等级		
	一级	二级	三级
延性破坏	3.7	3.2	2.7
脆性破坏	4.2	3.7	3.2

根据《工程结构可靠性设计统一标准》(GB 50153—2008),港口工程结构可靠指标不宜小于表5.5的规定;《公路水泥混凝土路面设计规范》(JTG D40—2011)规定各级水泥混凝土路面的结构目标可靠指标应符合表5.6的规定。

表5.5　港口工程结构设计的可靠指标

结构	安全等级		
	一级	二级	三级
一般港口工程结构	4.0	3.5	3.0

表5.6 水泥混凝土路面结构的可靠指标

公路等级	高速	一级	二级	三级	四级
安全等级	一级		二级	三级	
目标可靠度(%)	95	90	85	80	70
目标可靠指标	1.64	1.28	1.04	0.84	0.52

综上所述,结构设计应考虑所有可能的极限状态,针对不同极限状态采用相应的可靠度水平进行设计,从而保证结构在规定的设计工作年限内满足安全性、适用性和耐久性等功能的要求。

在实际设计过程中,如果能判明起控制作用的某一极限状态,也可仅对该极限状态进行计算或验算。

5.2 结构概率可靠度直接设计法

▶ 5.2.1 概念及适用范围

结构概率可靠度直接设计法是直接基于结构可靠度分析理论的设计方法。它是根据预先给定的目标可靠指标 β 以及各基本变量的统计特征,通过可靠度计算公式反求结构构件抗力,然后进行构件截面设计的一种方法。

采用直接设计法进行设计时,不仅需要结构的极限状态方程,还要求基本变量的准确、可靠的统计参数及概率分布。一般工程设计往往不满足上述条件,因此,该方法目前主要用于:

①根据规定的可靠度,校准分项系数模式中的分项系数。

②在特定情况下,直接设计某些十分重要的工程,如核电站的安全壳、海上采油平台、大坝等。

③对不同设计条件下的结构可靠度进行一致性对比。

▶ 5.2.2 基本思路

对于结构的极限状态方程:

$$Z = R - S = 0 \tag{5.3}$$

如果该极限状态方程为线性方程,且其中的抗力 R 和效应 S 均服从正态分布,相应的统计参数分别为 κ_R、δ_R、μ_S、δ_S,则根据概率理论有:

$$\mu_R - \mu_S = \beta\sqrt{(\mu_R\delta_R)^2 + (\mu_S\delta_S)^2} \tag{5.4}$$

根据预先给定的目标可靠指标 β,可由式(5.4)求得 μ_R,并进一步按式(5.5)求得抗力标准值 R_k,然后根据 R_k 进行截面设计。

$$R_k = \frac{\mu_R}{\kappa_R} \tag{5.5}$$

如果该极限状态方程为非线性方程,或者其中含有非正态基本变量的情况,则需要利用验算点法联立求解某一变量 X_i 的平均值 μ_{X_i}。在一般情况下,需进行非线性与非正态的双重迭代才能求出 μ_{X_i} 值,计算较为复杂。在实际工程应用中,由于 R 一般是服从对数正态分布的,对于给定的目标可靠指标 β,可通过当量正态化处理来简化计算。

5.3　结构概率可靠度设计实用表达式

前一节中介绍的结构概率可靠度直接设计法虽然能够使设计的结构具有要求的目标可靠指标 β,但是其计算复杂、工作量大,难以被广泛应用。

在量大面广的一般工程结构设计中,通常采用的是可靠度间接设计法。该方法以概率理论为基础,通过变换将目标可靠指标 β 转化为单一安全系数或各种分项系数,采用方便实用的表达式进行工程设计,使结构实际具有的可靠度水平与目标可靠指标基本一致或接近。

▶ 5.3.1　单一安全系数设计表达式

概率极限状态设计方法需要以大量的统计数据为基础。当不具备这一条件时,可以按传统模式采用容许应力法或单一安全系数法等经验方法。例如,在地基稳定性验算中通常采用单一安全系数方法,要求抗滑力矩与滑动力矩之比大于安全系数 K。

(1)单一安全系数法的两种表达方式

在传统模式中,采用由效应与抗力的标准值表达的单一安全系数法设计表达式为:

$$KS_k \leqslant R_k \tag{5.6}$$

式中　S_k、R_k——荷载效应与结构抗力的标准值;

　　　K——设计安全系数。

在可靠度间接设计法中,采用由效应与抗力的统计参数表达的单一安全系数法设计表达式为:

$$K_0 \mu_S \leqslant \mu_R \tag{5.7}$$

式中　K_0——安全系数。

效应标准值与其平均值有如下关系:

$$S_k = \mu_S(1 + k_S \delta_S) \tag{5.8}$$

式中　k_S——与效应取值的保证率有关的系数。

结构抗力的标准值与平均值的关系为:

$$R_k = \mu_R(1 - k_R \delta_R) \tag{5.9}$$

式中　k_R——与抗力取值的保证率有关的系数。

将式(5.8)、式(5.9)两式代入式(5.6),可得:

$$K\mu_S(1 + k_S \delta_S) \leqslant \mu_R(1 - k_R \delta_R) \tag{5.10}$$

对比式(5.10)与式(5.7)可得到 K 与 K_0 的关系式为:

$$K = K_0 \frac{1 - k_R \delta_R}{1 + k_S \delta_S} \tag{5.11}$$

（2）安全系数 K_0 与目标可靠指标 β 的关系

采用式(5.7)进行结构设计时，需要事先确定安全系数 K_0 的取值，才能使结构实际具有的可靠性水平与目标可靠指标 β 相同。

假设结构功能函数为 $Z=R-S$，效应 S 和抗力 R 均服从正态分布且相互独立，根据可靠指标 β 的定义：

$$\beta=\frac{\mu_R-\mu_S}{\sqrt{\sigma_R^2+\sigma_S^2}} \tag{5.12}$$

可得：

$$\beta=\frac{\mu_R-\mu_S}{\sqrt{\sigma_R^2+\sigma_S^2}}=\frac{\mu_R-\mu_S}{\sqrt{(\mu_R\delta_R)^2+(\mu_S\delta_S)^2}}$$

$$=\frac{\left(\frac{\mu_R}{\mu_S}\right)-1}{\sqrt{\left(\frac{\mu_R}{\mu_S}\right)^2\delta_R^2+\delta_S^2}}=\frac{K_0-1}{\sqrt{K_0^2\delta_R^2+\delta_S^2}}$$

从而得到安全系数 K_0 与目标可靠指标 β 之间的关系式：

$$K_0=\frac{1+\beta\sqrt{\delta_R^2+\delta_S^2(1-\beta^2\delta_R^2)}}{1-\beta^2\delta_R^2} \tag{5.13}$$

通过以上推导过程不难发现，安全系数 K_0 不仅与预定的结构目标可靠指标 β 有关，还与效应 S 和抗力 R 的变异性有关。但是，对于实际工程而言，在不同设计条件下，S 和 R 的变异性很大。为了使其与目标可靠指标 β 一致，不同设计条件下就需采用不同的安全系数 K_0，这在应用上多有不便。此外，当 S 由多种荷载引起时，采用单一安全系数无法反映各种荷载不同的统计特征；当 R 取决于多种材料时，采用单一安全系数无法反映不同材料的统计特征。上述因素限制了单一安全系数法在现代工程设计中的使用。

▶ 5.3.2 分项系数设计表达式

长期以来，工程设计人员已经习惯于采用基本变量的标准值和各种系数进行结构设计。采用概率极限状态设计方法后，尽管已经更新了结构可靠性的概念与分析方法，但最终提供给设计人员实际使用的仍然是分项系数设计表达式，它与设计人员长期使用的表达形式相同，从而易于掌握。

（1）以分项系数表达的设计式

针对单一安全系数法难以适应不同材料、多种荷载的不足，普遍采用的改进方法是将单一安全系数分解为抗力分项系数和荷载分项系数，采用以分项系数表达的设计表达式，其一般形式为：

$$\gamma_{0S_1}\mu_{S_1}+\gamma_{0S_2}\mu_{S_2}+\cdots+\gamma_{0S_n}\mu_{S_n}\leqslant\frac{1}{\gamma_{0R}}\mu_R \tag{5.14}$$

或

$$\gamma_{S_1}S_{1k}+\gamma_{S_2}S_{2k}+\cdots+\gamma_{S_n}S_{nk}\leqslant\frac{1}{\gamma_R}R_k \tag{5.15}$$

式中 γ_{0S_i}、γ_{0R}——与效应 S_i 及抗力 R 均值相对应的分项系数；

γ_{S_i}、γ_R——与效应 S_i 及抗力 R 标准值相对应的分项系数。

（2）荷载分项系数与抗力分项系数

假设结构的极限状态方程为：

$$Z = g(X_1, X_2, \cdots, X_m, X_{m+1}, \cdots, X_n) = 0 \tag{5.16}$$

则分项系数设计表达式可表示为：

$$g\left(\gamma_{01}\mu_{X_1}, \gamma_{02}\mu_{X_2}, \cdots, \gamma_{0m}\mu_{X_m}, \frac{1}{\gamma_{0(m+1)}}\mu_{X_{(m+1)}}, \cdots, \frac{1}{\gamma_{0n}}\mu_{X_n}\right) = 0 \tag{5.17}$$

或

$$g\left(\gamma_1 X_{1k}, \gamma_2 X_{2k}, \cdots, \gamma_m X_{mk}, \frac{1}{\gamma_{m+1}}X_{(m+1)k}, \cdots, \frac{1}{\gamma_n}X_{nk}\right) = 0 \tag{5.18}$$

式（5.17）中的各分项系数 γ_{0i}、式（5.18）中的各分项系数 γ_i 的数值均大于或等于1。其中，γ_{0i}、$\gamma_i(i=1,\cdots,m)$ 为荷载分项系数，以乘数的形式作用于相应的荷载效应值；γ_{0i}、$\gamma_i(i=m+1,\cdots,n)$ 为抗力分项系数，以除数的形式作用于相应的抗力值。

（3）分项系数的确定

分项系数设计表达式中的荷载分项系数、抗力分项系数，可以采用4.2节"结构可靠度基本分析方法"中的"验算点法"得出。

根据"验算点法"，验算点 P^* 的坐标应满足：

$$g(X_1^*, X_2^*, \cdots, X_m^*, X_{m+1}^*, \cdots, X_n^*) = 0 \tag{5.19}$$

其中

$$X_i^* = \mu_{X_i} + \sigma_{X_i}\beta\cos\theta_{X_i} = \mu_{X_i}(1 + \delta_{X_i}\beta\cos\theta_{X_i}) \tag{5.20}$$

将式（5.20）代入式（5.19），并与式（5.17）比较，可得：

$$\gamma_{0S} = 1 + \delta_{X_i}\beta\cos\theta_{X_i} \quad (S=1,\cdots,m) \tag{5.21}$$

$$\gamma_{0R} = \frac{1}{1 + \delta_{X_i}\beta\cos\theta_{X_i}} \quad (R=m+1,\cdots,n) \tag{5.22}$$

将式（5.20）代入式（5.19），并与式（5.18）比较，可得：

$$\gamma_S = \frac{1 + \delta_{X_i}\beta\cos\theta_{X_i}}{1 + k_i\delta_{X_i}} \quad (S=1,\cdots,m) \tag{5.23}$$

$$\gamma_R = \frac{1 - k_i\delta_{X_i}}{1 + \delta_{X_i}\beta\cos\theta_{X_i}} \quad (R=m+1,\cdots,n) \tag{5.24}$$

能够满足目标可靠指标的荷载分项系数 γ_{0S}、$\gamma_S(S=1,2,\cdots,m)$ 和抗力分项系数 γ_{0R}、γ_R（$R=m+1,\cdots,n$）并不是唯一的，而是有无限多组解。在实际工程应用中，通常是根据有关基本变量的概率分布类型、统计参数及规定的可靠指标，通过计算分析，并结合工程经验，经优化确定其中的部分分项系数，然后再计算确定其余的分项系数。当缺乏统计数据时，也可以不通过可靠指标 β，直接按工程经验由有关标准来规定分项系数。

相对于单一安全系数法，在分项系数设计表达式中，对不同的荷载效应，可以根据其统计特征采用不同的荷载分项系数；对不同结构材料，可根据其工作性能采用不同的抗力分项系数，从而可以较好地反映结构可靠度各种因素的影响，也比较容易适应设计条件的变化，因而普遍被各国结构设计现行规范所采用。

▶ 5.3.3 我国现行规范设计表达式

目前我国在建筑结构设计领域已广泛采用以概率理论为基础、以分项系数来表达的极限状态设计方法。该方法是根据规定的目标可靠指标,采用由作用的代表值、材料性能的标准值、几何参数的标准值和各相应的分项系数构成的极限状态设计表达式进行设计。

1)承载能力极限状态的设计表达式

(1)不同状态下的设计表达式

对于 4.1.1 节中所列举的 7 种承载能力极限状态,《工程结构可靠性设计统一标准》(GB 50153—2008)、《建筑结构可靠性设计统一标准》(GB 50068—2018)等规范给出了其中部分极限状态下的设计表达式,例如:

①结构或结构构件的破坏或过度变形。

此时,结构的材料强度起控制作用,设计表达式为:

$$\gamma_0 S_d \leq R_d \tag{5.25}$$

式中 γ_0——结构重要性系数,按表 5.7 取值;

S_d——作用组合的效应设计值,如轴力、弯矩设计值或表示几个轴力、弯矩向量的设计值;

R_d——结构或结构构件的抗力设计值。

表 5.7　结构重要性系数 γ_0

结构重要性系数	对持久设计状况和短暂设计状况			对偶然设计状况和地震设计状况
	安全等级			
	一级	二级	三级	
γ_0	1.1	1.0	0.9	1.0

结构或结构构件的抗力设计值 R_d 应按各有关结构设计规范确定,其一般计算式为:

$$R_d = R(f_k/\gamma_M, a_d, \cdots) \tag{5.26}$$

式中 $R_d = R(\cdot)$——结构构件的抗力函数;

γ_M——材料性能的分项系数,其值按有关结构设计标准的规定确定;

f_k——材料性能的标准值;

a_d——几何参数设计值,可取几何参数的标准值,当其变异性对结构性能有明显影响时,可另增减一个附加值 Δa 以考虑其不利影响。

②整个结构或其一部分作为刚体失去静力平衡。

此时,结构材料或地基的强度不起控制作用,设计表达式为:

$$\gamma_0 S_{d,dst} \leq S_{d,stb} \tag{5.27}$$

式中 $S_{d,dst}$——不平衡作用效应的设计值;

$S_{d,stb}$——平衡作用效应的设计值。

③地基的破坏或过度变形。

此时,岩土的强度起控制作用,可采用分项系数法进行设计。对于地基的破坏或过度变形的承载力设计,也可采用容许应力法等。

当采用分项系数法时,设计表达式与式(5.25)相同,但其中分项系数的取值可以有所区别。

④结构或结构构件的疲劳破坏。

此时,结构的材料疲劳强度起控制作用,按照验算部位的计算名义应力不超过结构相应部位的疲劳强度设计值的准则进行结构疲劳承载能力验算。

(2)基本组合下的效应设计式

对于持久设计状况或短暂设计状况,应采用基本组合,相应的效应设计值按下式中的最不利值确定:

$$S_d = S\left(\sum_{i\geqslant 1}\gamma_{G_i}G_{ik} + \gamma_P P + \gamma_{Q_1}\gamma_{L_1}Q_{1k} + \sum_{j>1}\gamma_{Q_j}\psi_{cj}\gamma_{L_j}Q_{jk}\right) \quad (5.28)$$

式中　$S(\cdot)$——作用组合的效应函数;

　　　G_{ik}——第 i 个永久作用的标准值;

　　　P——预应力作用的有关代表值;

　　　Q_{1k}——第 1 个可变作用(主导可变作用)的标准值;

　　　Q_{jk}——第 j 个可变作用的标准值;

　　　γ_{G_i}——第 i 个永久作用的分项系数,对于房屋建筑结构按表5.8采用,对于港口工程结构按表5.9采用,对于公路桥涵结构按表5.10采用;

　　　γ_P——预应力作用的分项系数,对于房屋建筑结构按表5.8采用,对于公路桥涵结构按表5.10采用;

　　　γ_{Q_1}——第 1 个可变作用(主导可变作用)的分项系数,对于房屋建筑结构按表5.8采用,对于港口工程结构按表5.9采用,对于其他结构按相关规范的规定采用;

　　　γ_{Q_j}——第 j 个可变作用的分项系数,对于房屋建筑结构按表5.8采用,对于港口工程结构按表5.9采用,对于其他结构按相关规范的规定采用;

　　　ψ_{cj}——第 j 个可变作用的组合值系数,按有关标准采用;

　　　γ_{L_1}、γ_{L_j}——第 1 个和第 j 个考虑结构设计工作年限的荷载调整系数。对于设计工作年限与设计基准期相同的结构,应取 $\gamma_L = 1.0$,其余情况应按有关规定采用,其中对于房屋建筑结构按表5.11采用。

表5.8　建筑结构的作用分项系数

作用分项系数	适用情况	
	当作用效应对承载力不利时	当作用效应对承载力有利时
γ_G	不应小于 1.3	$\leqslant 1.0$
γ_P	不应小于 1.3	$\leqslant 1.0$
γ_Q	标准值大于 4 kN/m² 的工业房屋楼面活荷载不应小于 1.4。除上述以外的可变作用,不应小于 1.5	0

表 5.9 港口工程结构的作用分项系数

荷载名称	分项系数	荷载名称	分项系数
永久荷载(不包括土压力、静水压力)	1.2	铁路荷载	1.4
五金钢铁荷载	1.5	汽车荷载	
散货荷载		缆车荷载	
起重机械荷载		船舶系缆力	
船舶撞击力		船舶挤靠力	
水流力		运输机械荷载	
冰荷载		风荷载	
波浪力(构件计算)		人群荷载	
一般件杂货、集装箱荷载	1.4	土压力	1.35
液体管道(含推力)荷载		剩余水压力	1.05

注:①当永久作用效应对结构承载能力起有利作用时,永久作用分项系数 γ_G 取值不应大于 1.0;
　②同一来源的作用,当总的作用效应对结构承载能力不利时,其分作用均乘以不利作用的分项系数;
　③永久荷载为主时,其分项系数应不小于 1.3;
　④当两个可变作用完全相关,其中一个为主导可变作用时,其非主导可变作用的分项系数应按主导可变作用的分项系数考虑;
　⑤海港结构在极端高水位和极端低水位情况下,承载能力极限状态持久组合的可变作用分项系数应减小 0.1;
　⑥相关结构规范抗倾、抗滑稳定计算时的波浪力分项系数按相关结构规范规定执行。

表 5.10 公路桥涵结构永久作用的分项系数 γ_G

编号	作用类别		当作用效应对结构的承载力不利时	当作用效应对结构的承载力有利时
1	混凝土和圬工结构重力(包括结构附加重力)		1.2	1.0
	钢结构重力(包括结构附加重力)		1.1~1.2	
2	预加力		1.2	
3	土的重力			
4	混凝土的收缩及徐变作用		1.0	
5	土侧压力		1.4	
6	水的浮力		1.0	
7	基础变位作用	混凝土和圬工结构	0.5	0.5
		钢结构	1.0	1.0

表 5.11　建筑结构考虑结构设计工作年限的荷载调整系数 γ_L

结构的设计工作年限(年)	γ_L
5	0.9
50	1.0
100	1.1

在房屋建筑中,雪荷载和风荷载的调整系数 γ_L 应按重现期与设计工作年限相同的原则确定。对于荷载标准值随时间变化的楼面和屋面活荷载,γ_L 按表 5.11 采用,当设计工作年限不为表中数值时,γ_L 不应小于按线性内插确定的值。

当作用与作用效应按线性关系考虑时,基本组合的效应设计值可按下式计算:

$$S_d = \sum_{i \geqslant 1} \gamma_{G_i} S_{G_{ik}} + \gamma_P S_P + \gamma_{Q_1} \gamma_{L_1} S_{Q_{1k}} + \sum_{j > 1} \gamma_{Q_j} \psi_{cj} \gamma_{L_j} S_{Q_{jk}} \qquad (5.29)$$

式中　$S_{G_{ik}}$——第 i 个永久作用标准值的效应;

　　　S_P——预应力作用有关代表值的效应;

　　　$S_{Q_{1k}}$——第 1 个可变作用标准值的效应;

　　　$S_{Q_{jk}}$——第 j 个可变作用标准值的效应。

在式(5.28)、式(5.29)中,当永久作用效应或预应力作用效应对结构构件承载力起有利作用时,永久作用分项系数 γ_G 和预应力作用分项系数 γ_P 的取值不应大于 1.0。

对于结构上的可变作用,人为地分为第 1 个可变作用(也称为主导可变作用、主导作用)和其他可变作用(也称为伴随可变作用、伴随作用)。主导可变作用是指对于所求的效应值(如弯矩、剪力、轴力、扭矩中的某一项),所产生的不利影响最大的可变作用。除去主导可变作用之外,其他与主导可变作用同时作用的可变作用则称为伴随可变作用。需要注意的是,对于不同的结构和结构构件、不同的控制截面以及不同的效应项,主导可变作用与伴随可变作用并非固定不变。设计时,如果不能判定哪一项作用为主导可变作用,则需要在各可变作用中轮流取出一项作为主导可变作用、其他作用作为伴随可变作用,按照式(5.28)或式(5.29)计算,并取所得各值中的最不利值作为效应设计值。

(3)偶然组合下的效应设计式

对于偶然设计状况,应采用偶然组合,相应的效应设计值可按下式确定:

$$S_d = S\left[\sum_{i \geqslant 1} G_{ik} + P + A_d + (\psi_{f1} \text{ 或 } \psi_{q1}) Q_{1k} + \sum_{j > 1} \psi_{qj} Q_{jk} \right] \qquad (5.30)$$

式中　A_d——偶然作用的设计值;

　　　ψ_{f1}——第 1 个可变作用的频遇值系数,按有关标准采用;

　　　ψ_{q1}、ψ_{qj}——第 1 个和第 j 个可变作用的准永久值系数。

当作用与作用效应按线性关系考虑时,偶然组合的效应设计值按下式计算:

$$S_d = \sum_{i \geqslant 1} S_{G_{ik}} + S_P + S_{A_d} + (\psi_{f1} \text{ 或 } \psi_{q1}) S_{Q_{1k}} + \sum_{j \geqslant 1} \psi_{qj} S_{Q_{jk}} \qquad (5.31)$$

式中　S_{A_d}——偶然作用设计值的效应。

（4）地震组合下的效应设计式

对于地震设计状况，应采用地震组合。结构构件抗震验算的组合内力设计值应采用地震作用效应和其他作用效应的基本组合值，并应符合下式规定：

$$S = \gamma_G S_{GE} + \gamma_{Eh} S_{Ehk} + \gamma_{Ev} S_{Evk} + \sum \gamma_{Di} S_{Dik} + \sum \psi_i \gamma_i S_{ik} \qquad (5.32)$$

式中　S——结构构件地震组合内力设计值，包括组合的弯矩、轴向力和剪力设计值等；

　　　γ_G——重力荷载分项系数，按表 5.12 采用；

　　　γ_{Eh}、γ_{Ev}——分别为水平、竖向地震作用分项系数，其取值不应低于表 5.13 的规定；

　　　γ_{Di}——不包括在重力荷载内的第 i 个永久荷载的分项系数，应按表 5.12 采用；

　　　γ_i——不包括在重力荷载内的第 i 个可变荷载的分项系数，不应小于 1.5；

　　　S_{GE}——重力荷载代表值的效应，有吊车时，尚应包括悬吊物重力标准值的效应；

　　　S_{Ehk}——水平地震作用标准值的效应；

　　　S_{Evk}——竖向地震作用标准值的效应；

　　　S_{Dik}——不包括在重力荷载内的第 i 个永久荷载标准值的效应；

　　　S_{ik}——不包括在重力荷载内的第 i 个可变荷载标准值的效应；

　　　ψ_i——不包括在重力荷载内的第 i 个可变荷载的组合值系数，应按表 5.12 采用。

表 5.12　各荷载分项系数及组合系数

荷载类别、分项系数、组合系数			对承载力不利	对承载力有利	适用对象
永久荷载	重力荷载	γ_G	≥1.3	≤1.0	所有工程
	预应力	γ_{Dy}			
	土压力	γ_{Ds}	≥1.3	≤1.0	市政工程、地下结构
	水压力	γ_{Dw}			
可变荷载	风荷载	ψ_w	0.0		一般的建筑结构
			0.2		风荷载起控制作用的建筑结构
	温度作用	ψ_t	0.65		市政工程

表 5.13　地震作用分项系数

地震作用	γ_{Eh}	γ_{Ev}
仅计算水平地震作用	1.4	0.0
仅计算竖向地震作用	0.0	1.4
同时计算水平与竖向地震作用（水平地震为主）	1.4	0.5
同时计算水平与竖向地震作用（竖向地震为主）	0.5	1.4

（5）承载能力极限状态下作用组合的原则

在计算承载能力极限状态的效应设计值时，其所考虑的作用组合应符合下列规定：

①作用组合应为可能同时出现的作用的组合。即对于不会同时出现的作用项,如左风荷载与右风荷载,则不考虑它们之间的组合。

②每个作用组合中应包括一个主导可变作用或一个偶然作用或一个地震作用。

③当结构中永久作用位置产生变异,对静力平衡或类似的极限状态设计结果很敏感时,该永久作用的有利部分和不利部分应分别作为单个作用。例如,对于砌体结构,在进行阳台挑梁的抗倾覆计算时,倾覆点以后的埋入段上方墙体重力对挑梁的稳定性起有利作用,而倾覆点外侧的墙体重量对挑梁的稳定性起不利作用,两者应分开考虑。

④当一种作用产生的几种效应非完全相关时,对产生有利效应的作用,其分项系数的取值应予降低。

⑤对不同的设计状况应采用不同的作用组合。即对于持久设计状况、短暂设计状况、偶然设计状况和地震设计状况,所采用的作用组合并不一定相同。

2)正常使用极限状态的设计表达式

结构或结构构件按正常使用极限状态设计时,应符合下式要求:

$$S_{d} \leqslant C \tag{5.34}$$

式中 S_{d}——作用组合的效应值;

C——设计对变形、裂缝等规定的相应限值,应按有关的结构设计标准的规定采用。

对正常使用极限状态,除各种材料的结构设计规范有专门规定外,材料性能的分项系数应取为 1.0。

(1)标准组合下的效应设计式

对于不可逆正常使用极限状态设计,宜采用标准组合,相应的效应设计值可按下式确定:

$$S_{d} = S\left(\sum_{i \geqslant 1} G_{ik} + P + Q_{1k} + \sum_{j>1} \psi_{cj} Q_{jk}\right) \tag{5.35}$$

当作用与作用效应按线性关系考虑时,标准组合的效应设计值可按下式计算:

$$S_{d} = \sum_{i \geqslant 1}^{m} S_{G_{ik}} + S_{P} + S_{Q_{1k}} + \sum_{j>1}^{n} \psi_{cj} S_{Q_{jk}} \tag{5.36}$$

(2)频遇组合下的效应设计式

对于可逆正常使用极限状态设计,宜采用频遇组合,相应的效应设计值可按下式确定:

$$S_{d} = S\left(\sum_{i \geqslant 1} G_{ik} + P + \psi_{f1} Q_{1k} + \sum_{j>1} \psi_{qj} Q_{jk}\right) \tag{5.37}$$

当作用与作用效应按线性关系考虑时,频遇组合的效应设计值可按下式计算:

$$S_{d} = \sum_{i \geqslant 1}^{m} S_{G_{ik}} + S_{P} + \psi_{f1} S_{Q_{1k}} + \sum_{j>1}^{n} \psi_{qj} S_{Q_{jk}} \tag{5.38}$$

(3)准永久组合下的效应设计式

对于长期效应为决定性因素的正常使用极限状态设计,宜采用准永久组合,相应的效应设计值可按下式确定:

$$S_{d} = S\left(\sum_{i \geqslant 1} G_{ik} + P + \sum_{j \geqslant 1} \psi_{qj} Q_{jk}\right) \tag{5.39}$$

当作用与作用效应按线性关系考虑时,准永久组合的效应设计值可按下式计算:

$$S_d = \sum_{i \geqslant 1}^{m} S_{G_{ik}} + S_P + \sum_{j \geqslant 1}^{n} \psi_{qj} S_{Q_{jk}} \tag{5.40}$$

思考题

5.1　什么是结构设计的目标?

5.2　什么是设计状况? 不同设计状况下应选择何种作用组合,进行何种极限状态设计?

5.3　承载能力极限状态的设计表达式中,各符号的含义是什么? 结构重要性系数 γ_0、考虑结构设计工作年限的荷载调整系数 γ_L 应如何取值?

5.4　承载能力极限状态设计时,其作用组合的原则是什么?

5.5　什么是主导可变荷载? 什么是伴随可变荷载?

5.6　正常使用极限状态的设计表达式中,各符号的含义是什么? 标准组合、频遇组合、准永久组合的设计表达式分别适用于什么情况?

6

重力荷载

【内容提要】

本章主要介绍工程结构中的重力荷载的特点及确定方法,包括结构自重、土的自重、楼面及屋面活荷载、雪荷载、汽车荷载、人群荷载及厂房吊车荷载。

【学习目标】

(1)掌握:结构自重、土的自重、楼、屋面活荷载及雪荷载的特点及确定方法;

(2)理解:汽车荷载、人群荷载的特点及确定方法;

(3)了解:厂房吊车荷载的特点及确定方法。

地球上一定高度范围内的物体均会受到地球引力的作用而产生重力,称为重力荷载,主要包括结构自重、土的自重、屋面和楼面活荷载、雪荷载等。重力是所有工程结构都要承受的一项基本荷载,因荷载值较大,所以其对结构设计的影响也很大。

6.1 结构自重

结构自重是由地球引力产生的组成结构的材料重力,因其变化相对很小,可认为是恒载,或称为永久荷载。一般建筑结构、桥梁结构及地下结构等各构件的自重标准值可根据材料种类、构件体积和材料容重计算(式6.1)。结构自重一般按照均匀分布的原则计算,相当于恒载实际概率分布的平均值。

$$G_k = \gamma V \tag{6.1}$$

式中　　G_k——构件的自重,kN;

γ——构件材料的容重,kN/m^3;

V——构件的体积,一般按照设计尺寸确定,m^3。

常见材料和构件的容重见《建筑结构荷载规范》(GB 50009—2012,以下简称《荷载规范》)的附录 A,本书附录 B 列举了部分工程结构材料的容重。对于某些自重变异较大的材料,应取容重的上限值或下限值进行计算。

因结构中各构件的材料容重可能不同,计算时可将结构划分为许多基本构件或材料容重不同的若干单元,先分别计算各部分的自重,然后叠加得到结构总自重[式(6.2)]。

$$G_k = \sum_{i=1}^{n} \gamma_i V_i \tag{6.2}$$

式中 G_k——结构总自重,kN;

n——组成结构的基本构件数;

γ_i——第 i 个构件的容重,kN/m^3;

V_i——第 i 个构件的体积,m^3。

结构自重是重力荷载中的主要部分,其在总竖向荷载中的占比很大。如对于一般工业建筑,结构自重占总竖向荷载的比例常达 50% ~ 70%;对于一般多、高层民用建筑,该比例达 80%。承担结构自重所需要的主材数量巨大,相应在建筑材料生产、运输和安装等方面所花的劳动量和费用也很大。因此,设计中需对重力荷载进行较精确的计算和统计,并应避免盲目增大结构自重。

在建筑结构初步设计阶段或施工验算中估算结构自重时,可将建筑物看作一个整体,将建筑结构自重简化为平均楼面恒载。不同材料结构的平均楼面恒载(单位为 kN/m^2)大致为:木结构 2.0~2.5,钢结构 2.5~4.0,钢筋混凝土结构 5.0~7.5。结构的自重可按该值乘以建筑面积近似估算。

结构自重一般引起静力效应,但在施工阶段,构件在吊装或悬臂施工时可能产生动力效应。因此,在施工阶段验算构件的强度和稳定性时,构件重力应乘以适当的动力系数。如《混凝土结构设计规范》(GB 50010—2010,2015 版)9.6.2 条规定,预制混凝土构件在生产、施工过程中应按实际工况的荷载、计算简图、混凝土实体强度进行施工阶段验算。验算时应将构件自重乘以相应的动力系数:对脱模、翻转、吊装、运输时可取 1.5,临时固定时可取 1.2。

6.2　土的自重应力

土是由土颗粒、水和气所组成的三相非连续介质。若把土体简化为连续体,则可应用连续介质力学(例如弹性力学)来研究土中应力的分布。在计算土中应力时,通常将土体视为均匀连续的弹性介质。假设天然地面是一个无限大的水平面,土体在自重作用下只产生竖向变形,而无侧向变形和剪切变形,因此在任意竖直面和水平面均无剪应力存在。土中任意截面都包括土体骨架的面积和孔隙的面积,地基应力计算时只考虑土中某单位面积上的平均应力。实际上,只有通过颗粒接触点传递的粒间应力才能使土粒彼此挤紧,引起土体变形,因此粒间应力是影响土体强度的重要因素,粒间应力又称为有效应力。

若土层天然重度为 γ,在深度 z 处 a-a 水平面[图 6.1(a)],土体因自身重量产生的竖向应力可取该截面上单位面积的土柱体的重力,即:

$$\sigma_{cz} = \gamma z \tag{6.3}$$

自重应力 σ_{cz} 沿水平面均匀分布,且与 z 成正比,即随深度按线性规律增加,如图 6.1(b)所示。

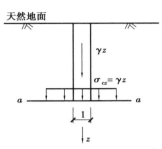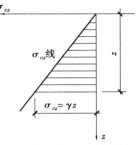

(a)任意深度水平截面上的自重应力　　　(b)自重应力呈线性增加

图 6.1　均质土中竖向自重应力

一般情况下,地基土由不同重度的土层所组成。如图 6.2 所示,设天然地面下深度 z 范围内各层土的厚度自上而下分别为 $h_1, h_2, \cdots, h_i, \cdots, h_n$,则多层土深度 z 处的竖向有效自重应力的计算公式为:

$$\sigma_{cz} = \gamma_1 h_1 + \gamma_2 h_2 + \cdots + \gamma_n h_n = \sum \gamma h \tag{6.4}$$

式中　　n——从天然地面起到深度 z 处的土层数;

　　　　h_i——第 i 层土的厚度,m;

　　　　γ_i——第 i 层土的天然重度,kN/m³。

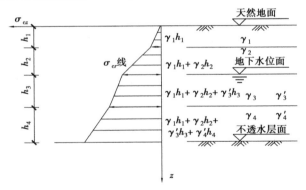

图 6.2　成层土中竖向自重应力沿深度分布

若土层位于地下水位以下,由于受到水的浮力作用,单位体积中,土颗粒所受的重力扣除浮力后的重度称为土的有效重度 γ_i',即:

$$\gamma_i' = \gamma_i - \gamma_w \tag{6.5}$$

式中　　γ_w——水的重度,一般取值为 10 kN/m³。

此时,计算土的自重应力应取土的有效重度 γ_i' 代替天然重度 γ_i。

地下水位以下,若埋藏有不透水的岩层或不透水的坚硬黏土层,由于不透水层中不存在水的浮力,所以不透水层界面以下的土的自重应力应按上覆土层的水和土的总量计算。在上覆土层与不透水层界面处自重应力有突变。

在进行道路工程(尤其是高速公路)设计时,应特别重视路堤(包括填土)的重力效应。

6.3 楼面及屋面活荷载

▶ 6.3.1 民用建筑楼面活荷载

1)楼面活荷载的取值

活荷载是作用在结构上的可变荷载,指使用该建筑物时在正常情况下可能出现的可变荷载。民用建筑楼面活荷载是指建筑物中的人群、家具、办公用具、书籍资料、存储物品、设施等产生的重力作用,这些荷载的量值随时间发生变化,位置也是可移动的,因此也将活荷载称为可变荷载。由于活荷载的随机性,完全采用数理统计理论来进行分析确定是很困难的,目前设计中所采用的楼面活荷载标准值,一般不是直接来自统计分析,而是沿用传统经验数据,仅随着设计方法的改进,做局部调整,并考虑今后发展的需要。对民用建筑楼面活荷载也进行过一些调查实测,并按数理统计理论进行分析,发现其结果与传统数据比较吻合。

楼面活荷载按其随时间变异的特点,可分为持久性和临时性两类。持久性活荷载是指设计基准期内经常出现的荷载,亦是在某个时段内基本保持不变的荷载,例如住宅内的家具,物品,常住人员等。临时性活荷载是指楼面上偶尔出现的短期荷载,例如堆积的装修材料,重新装修时堆积的家具、装修材料,聚会的人群等。将民用建筑楼面活荷载分为持久性和临时性活荷载,主要是为了便于分别进行数理统计。

虽然楼面活荷载在楼面的分布位置是随机的,但为方便起见,工程设计时一般将楼面活荷载处理为等效均布荷载。此时,应保证等效均布活荷载产生的荷载效应与最不利堆放情况等效,建筑楼面和屋面堆放物较多或较重的区域,应按实际情况考虑其荷载。均布活荷载的量值与房屋使用功能有关,根据楼面上人员活动状态和设施分布情况,其取值大致可分为 8 个档次:

①活动的人较少,如住宅、宿舍、旅馆、医院病房等,活荷载的标准值可取 2.0 kN/m^2。

②活动的人较多,且在某一时段有较多人员聚集,且有设备,如办公楼、教室,活荷载标准值可取 2.5 kN/m^2。

③活动的人很多且有较重的设备,如食堂、餐厅、试验室、阅览室、会议室、一般资料档案室,活荷载标准值可取 3.0 kN/m^2。

④活动的人较集中,有时较拥挤或有较重的设备,如礼堂、剧场、影院、有固定座位的看台、公共洗衣房等,活荷载标准值可取 3.5 kN/m^2。

⑤活动的人很集中,有时很拥挤或有较重的设备,如商店、展览厅、车站、港口、机场候车厅等处,既有拥挤的人群,又有较重的物品,活荷载标准值可取 4.0 kN/m^2。

⑥人员活动的性质比较剧烈(如健身房、舞厅),由于人的跳跃、翻滚会引起楼面瞬间振动,通常将楼面静力荷载适当放大来考虑这种动力效应,活荷载标准值可取 4.5 kN/m^2。

⑦储存物品的仓库(如书库、档案库、储藏室等),柜架上往往堆满图书、档案和物品,当书架高度不超过 2.5 m 时,活荷载标准值可取 6.0 kN/m²。

⑧有大型的机械设备,如建筑物内的通风机房、电梯机房,因运行需要放有重型设备,活荷载标准值可取 8.0 kN/m²。

《工程结构通用规范》(GB 55001—2021)在调查和统计的基础上,给出了民用建筑楼面均布活荷载标准值及其组合值、频遇值和准永久值系数(表 6.1)及表 6.2,设计时按各房间的使用功能查取。当表中没有具体类别时,可以根据使用情况参照以上八种情况进行取值或研究确定。

表 6.1 民用建筑楼面均布活荷载标准值及其组合值系数、频遇值系数和准永久值系数

项次	类别		标准值 (kN/m²)	组合值系数 ψ_c	频遇值系数 ψ_f	准永久值系数 ψ_q
1	(1)住宅、宿舍、旅馆、医院病房、托儿所、幼儿园		2.0	0.7	0.5	0.4
	(2)办公楼、教室、医院门诊室		2.5	0.7	0.6	0.5
2	食堂、餐厅、试验室、阅览室、会议室、一般资料档案室		3.0	0.7	0.6	0.5
3	礼堂、剧场、影院、有固定座位的看台、公共洗衣房		3.5	0.7	0.5	0.3
4	(1)商店、展览厅、车站、港口、机场大厅及其旅客等候室		4.0	0.7	0.6	0.5
	(2)无固定座位的看台		4.0	0.7	0.5	0.3
5	(1)健身房、演出舞台		4.5	0.7	0.6	0.5
	(2)运动场、舞厅		4.5	0.7	0.6	0.3
6	(1)书库、档案库、储藏室(书架高度不超过 2.5 m)		6.0	0.9	0.9	0.8
	(2)密集柜书库(书架高度不超过 2.5 m)		12.0	0.9	0.9	0.8
7	通风机房、电梯机房		8.0	0.9	0.9	0.8
8	厨房	(1)餐厅	4.0	0.7	0.7	0.7
		(2)其他	2.0	0.7	0.6	0.5
9	浴室、卫生间、盥洗室		2.5	0.7	0.6	0.5

续表

项次	类别		标准值（kN/m²）	组合值系数 ψ_c	频遇值系数 ψ_f	准永久值系数 ψ_q
10	走廊、门厅	(1)宿舍、旅馆、医院病房、托儿所、幼儿园、住宅	2.0	0.7	0.5	0.4
		(2)办公楼、餐厅、医院门诊部	3.0	0.7	0.6	0.5
		(3)教学楼及其他可能出现人员密集的情况	3.5	0.7	0.5	0.3
11	楼梯	(1)多层住宅	2.0	0.7	0.5	0.4
		(2)其他	3.5	0.7	0.5	0.3
12	阳台	(1)可能出现人员密集的情况	3.5	0.7	0.6	0.5
		(2)其他	2.5	0.7	0.6	0.5

表 6.2 汽车通道及客车停车库的楼面均布活荷载

类别		标准值（kN/m²）	组合值系数 ψ_c	频遇值系数 ψ_f	准永久值系数 ψ_q
单向板楼盖（2 m ≤板跨 L）	定员不超过 9 人的小型客车	4.0	0.7	0.7	0.6
	满载总重不大于 300 kN 的消防车	35.0	0.7	0.5	0.0
双向板楼盖（3 m ≤板跨短边 L< 6 m）	定员不超过 9 人的小型客车	5.5-0.5L	0.7	0.7	0.6
	满载总重不大于 300 kN 的消防车	50.0-5.0L	0.7	0.5	0.0
双向板楼盖（6 m ≤板跨短边 L）和无梁楼盖（柱网不小于 6 m×6 m）	定员不超过 9 人的小型客车	2.5	0.7	0.7	0.6
	满载总重不大于 300 kN 的消防车	20.0	0.7	0.5	0.0

2)民用建筑楼面活荷载的折减

楼面均布活荷载可理解为楼面总活荷载按楼面面积平均,因此一般情况下,所考虑的楼面面积越大,实际平摊的楼面活荷载越小。或者说当楼面面积较大时,一个房间区域和相邻房间区域不可能同时满布等效均布活荷载,所以在设计楼面梁、结构柱(基础)时,当其所负担的楼面活荷载面积超过一定的数值时,可对楼面均布活荷载予以折减,以使设计更加经济。

折减系数的确定是一个比较复杂的问题,按照概率统计方法来考虑实际活荷载沿楼面分布的变异情况尚不成熟,目前除美国规范是按结构部位的影响面积考虑外,大多数国家采用传统经验方法,即根据荷载从属面积的大小来考虑折减系数。

对于支撑单向板的梁,其从属面积为梁两侧各延伸二分之一的梁间距范围内的面积;对于支撑双向板的梁,其从属面积由板面的剪力零线围成。对于支撑梁的柱,其从属面积为所支撑梁的从属面积的总和;对于多层房屋,柱的从属面积为其上部所有楼层柱从属面积的总和。

(1)国际通行做法

在国际标准《住宅和公共建筑物的居住和使用荷载》(ISO 2103)中,建议按下述不同情况对楼面均布荷载乘以折减系数 λ。

①当计算梁的楼面活荷载效应时:

a.对住宅、办公楼等房屋或其房间:

$$\lambda = 0.3 + \frac{3}{\sqrt{A}} \ (A > 18 \ \mathrm{m}^2) \tag{6.6}$$

b.对公共建筑或其房间:

$$\lambda = 0.5 + \frac{3}{\sqrt{A}} \ (A > 36 \ \mathrm{m}^2) \tag{6.7}$$

式中 A——所计算梁的从属面积,指向梁两侧各延伸 1/2 梁间距范围内的实际楼面面积。

根据式(6.6)和式(6.7)可以计算出对应不同从属面积的楼面梁活荷载的折减系数。对于住宅、办公楼等建筑中的楼面梁,当从属面积从 18 m² 增长到 80 m²,活荷载的折减系数从 1 变为 0.64。而对公共建筑中的楼面梁,当从属面积从 36 m² 增长到 80 m²,折减系数从 1 变为 0.84。总体上,公共建筑的楼面梁,梁折减设计活荷载的从属面积起点高,且折减幅度较小。

②当计算多层房屋的柱、墙和基础时:

a.对住宅、办公楼等房屋中的柱、墙和基础:

$$\lambda = 0.3 + \frac{0.6}{\sqrt{n}} (n \geqslant 2) \tag{6.8}$$

b.对公共建筑中的柱、墙和基础:

$$\lambda = 0.5 + \frac{0.6}{\sqrt{n}} (n \geqslant 2) \tag{6.9}$$

式中 n——所计算截面以上的楼层数,$n > 2$。

根据式(6.8)和式(6.9),可以计算出柱计算截面以上不同楼层数时折减系数的取值(表6.3)。

表 6.3 设计柱、墙和基础时的折减系数(国际 ISO 2103)

层数	3	5	8	10	15	20	30	40
住宅、办公楼等	0.65	0.57	0.51	0.49	0.45	0.43	0.41	0.39
公共建筑	0.85	0.77	0.71	0.69	0.65	0.63	0.61	0.59

由表6.3可知,对于住宅、办公楼等建筑,随建筑的竖向层数在3~40层变化,其柱、墙、基础等的活荷载的折减系数分布在0.65~0.39,折减幅值是比较可观的;而公共建筑的柱、墙、基础的折减系数大致分布在0.85~0.59。

（2）我国《荷载规范》的规定

我国《荷载规范》在借鉴国际标准的同时,结合我国设计经验做了简化与修正,给出了设计楼面梁、墙、柱及基础时,不同情况下楼面活荷载的折减系数,设计时可对表6.1及表6.2中的不同项次取用不同的折减系数。

①设计楼面梁时,表6.1、表6.2的楼面活荷载标准值的折减系数取值不应小于下列规定:

a.表6.1第1(1)项当楼面梁从属面积不超过25 m²(含)时,不应折减;超过25 m²时,不应小于0.9。

b.表6.1第1(2)—7项当楼面梁从属面积不超过50 m²(含)时,不应折减;超过50 m²时,不应小于0.9。

c.表6.1第8—12项应采用与所属房屋类别相同的折减系数。

d.表6.2对单向板楼盖的次梁和槽形板的纵肋不应小于0.8,对单向板楼盖的主梁不应小于0.6,对双向板楼盖的梁不应小于0.8。另外,当楼板上先铺设一定厚度的覆土(常用于绿化),然后再设置消防车车道时,消防车的轮压经过覆土扩散将使作用在楼板上的活荷载分布范围扩大,使板中产生的弯矩减少,因此也可对表6.2规定的等效均布活荷载标准值予以折减。《荷载规范》附录B给出了常用板跨的消防车活荷载按覆土厚度的折减系数。

与国际标准规定的折减系数对比可知,《荷载规范》的规定总体上比较保守,对常用的民用与公共建筑中的楼面梁,《荷载规范》允许采用的最低折减系数为0.9,且不随梁从属面积的增大而减小。但《荷载规范》规定的汽车通道及客车停车库的折减系数相对较低,如单向板楼盖的次梁最低可取0.8,主梁最低可取0.6;双向板的梁最低可取0.8,均比国际标准低。

②设计墙、柱和基础时,表6.1、表6.2中的楼面活荷载标准值的折减系数取值不应小于下列规定:

a.表6.1第1(1)项应按表6.4的规定采用。

表6.4　活荷载按楼层的折减系数(《荷载规范》)

墙、柱、基础计算截面以上的层数	2~3	4~5	6~8	9~20	>20
计算截面以上各楼层活荷载总和的折减系数	0.85	0.70	0.65	0.60	0.55

注:当单层房屋楼面梁的从属面积超过25 m²时,折减系数不应小于0.9。

b.表6.1第1(2)—7项应采用与其楼面梁相同的折减系数,即折减系数不低于0.9。

c.表6.1第8—12项应采用与所属房屋类别相同的折减系数。

d.表6.2,区分为客车通道、客车停车库和消防车通道两种情况:

● 当客车通道或停车库的上部结构采用单向板楼盖时,其柱、墙和基础的活荷载折减系数,不应小于0.5,若上部结构采用双向板楼盖或无梁楼盖时,其柱、墙和基础的活荷载折减系数不应小于0.8;对双向板而言,柱、墙和基础的折减系数与其楼面梁的折减系数相同。

● 当设计的是消防车通道时,设计墙、柱基础时消防车活荷载可按实际情况考虑是否折减。

与国际标准规定的柱、墙、基础的活荷载折减系数(表6.3)对比可知,《荷载规范》仅规定几类民用建筑(住宅、宿舍、旅馆、医院病房、托儿所、幼儿园)的柱、墙、基础的折减系数随楼层数增多而变化,其具体折减系数取值比国际标准中的住宅、办公楼等大;而对教学楼、影剧院、商场等公共建筑,《荷载规范》规定柱、墙、基础的楼面活荷载折减系数不低于0.9,相对国际标准也偏于安全。

注意,《荷载规范》规定的是折减系数的最低取值,实际设计时也可根据工程的荷载使用、分布情况选择不予折减,或者采用较规范取值更高的折减系数。

▶ **6.3.2 工业建筑楼面活荷载**

工业建筑楼面在生产使用或安装检修时,工艺设备、生产工具、加工原料和成品部件都会传给楼板重量,由于厂房使用性质有别,其楼面活荷载的取值有较大差异。在设计多层工业厂房时,楼面活荷载的标准值大多由工艺提供,或由土建设计人员根据有关资料确定。

一般工业建筑,安装在楼面上的生产设备是以局部荷载形式作用于楼面,而操作人员、加工原料、成品部件多为均匀分布;另外,不同用途的厂房,生产设备的动力性质也不尽相同,对楼面产生的动力效应也存在差别。为方便起见,常将局部荷载折算成等效均布荷载,并乘以动力系数,将静力荷载适当放大,来考虑设备在楼面上引起的动力作用。

工业建筑楼面在生产使用或安装检修时,由设备、管道、运输工具及可能拆移的隔墙产生的局部荷载,均应按实际情况考虑,也可采用等效均布活荷载代替。对设备位置固定的情况,可直接按固定位置对结构进行计算,但应考虑因设备安装和维修过程中的位置变化可能出现的最不利效应。

工业建筑楼面会堆放原料或成品,堆材较多、较重的区域(如库房),应按实际情况考虑,一般的堆放可按均布活荷载或等效均布活荷载考虑。工业建筑楼面上或工作平台上,一般在较大设备所占区域内可不考虑操作荷载和堆料荷载。无设备区域的操作荷载,包括操作人员、一般工具、零星原料和成品的自重,可按均布活荷载 2.0 kN/m² 考虑,对堆积料较多的车间可取 2.5 kN/m²;此外有的车间由于生产的不均衡性,在某个时期的成品或半成品堆放特别严重,则操作荷载的标准值可根据实际情况确定,也可取 4 kN/m²。

生产车间的楼梯活荷载标准值可按实际情况采用,但不宜小于 3.5 kN/m²。

《工程结构通用规范》(GB 55001—2021)规定了工业建筑楼面均布活荷载的标准值及其组合值系数、频遇值系数和准永久值系数的最小取值,如表6.5所示。

表6.5 工业建筑楼面均布活荷载标准值及其组合值系数、频遇值系数和准永久值系数

项次	类别	标准值(kN/m²)	组合值系数 ψ_c	频遇值系数 ψ_f	准永久值系数 ψ_q
1	电子产品加工	4.0	0.8	0.6	0.5
2	轻型机械加工	8.0	0.8	0.6	0.5
3	重型机械加工	12.0	0.8	0.6	0.5

▶ 6.3.3 屋面活荷载

房屋建筑的屋面可分为上人屋面和不上人屋面。当屋面为平屋面,并有楼梯直达屋面时,有可能出现人群的聚集,按上人屋面考虑屋面均布活荷载;当屋面为斜屋面或设有上人孔的平屋面时,仅考虑施工或维修荷载,按不上人屋面考虑屋面均布活荷载。屋面由于环境的需要有时还设有屋顶花园,屋顶花园除承重构件、防水构造等材料外,尚应考虑花池砌筑、卵石滤水层、花圃土壤及花草灌木等的质量。

屋面活荷载是指屋面水平投影面上的均布活荷载,一般工业及民用房屋的屋面,其均布活荷载标准值、组合值系数、频遇值系数及准永久值系数按表 6.6 采用。

一般不上人屋面的活荷载不与雪荷载和风荷载同时考虑(组合)。但上人屋面的活荷载可与雪荷载和风荷载同时考虑(组合)。由于我国大多数地区的雪荷载标准值小于屋面均布活荷载标准值,因此对于不上人屋面,在屋面结构和构件计算时,往往是屋面均布活荷载对设计起控制作用。

高档宾馆、大型医院等建筑的屋面有时还设有直升机停机坪,直升机总质量引起的局部荷载可按直升机的实际最大起飞质量并考虑动力系数确定,同时其等效均布活荷载标准值不应低于 5.0 kN/m^2。当没有机型技术资料时,一般可依据轻、中、重 3 种类型的不同要求,按表 6.7 的规定确定局部荷载标准值及作用面积。

直升机在屋面上的荷载,也应乘以动力系数,对具有液压轮胎起落架的直升机可取 1.4,其动力荷载只传至楼板和梁。

表 6.6　屋面均布活荷载标准值及其组合值、频遇值和准永久值系数

项次	类别	标准值/(kN·m⁻²)	组合值系数 ψ_c	频遇值系数 ψ_f	准永久值系数 ψ_q
1	不上人屋面	0.5	0.7	0.5	0.0
2	上人屋面	2.0	0.7	0.5	0.4
3	屋顶花园	3.0	0.7	0.6	0.5
4	屋顶运动场地	4.5	0.7	0.6	0.4

注:①不上人屋面,当施工或维修荷载较大时,应按实际情况采用;对不同结构应按有关设计规范的规定采用,但不得低于0.3 kN/m²;

②上人屋面,当兼作其他用途时,应按相应楼面活荷载采用;

③对于因屋面排水不畅、堵塞等引起的积水荷载,应采取构造措施加以防止;必要时,应按积水的可能深度确定屋面活荷载;

④屋顶花园的活荷载不应包括花圃土石等材料自重(花圃土石材料自重可按永久荷载考虑)。

表 6.7　屋面直升机停机坪的局部荷载标准值及作用面积

类型	最大起飞重量/t	局部荷载标准值/kN	作用面积/m²
轻型	2	20	0.20×0.20
中型	4	40	0.25×0.25
重型	6	60	0.30×0.30

注:荷载的组合值系数取0.7,频遇值系数取0.6,准永久值系数取0。

► **6.3.4　屋面积灰荷载**

　　机械、冶金、铸造、水泥等工厂在生产过程中会产生大量灰尘,这些灰尘容易堆积在厂房及其邻近建筑的屋面上,形成积灰荷载。影响积灰厚度的主要因素有烟囱高度、风向和风速、屋面坡度、屋面挡风板、是否设置除尘装置、清灰制度的执行情况等。《荷载规范》对全国15个冶金企业的25个车间,13个机械工厂的18个铸造车间及10个水泥厂的27个车间开展了实际调查,调查了各车间设计时所依据的积灰荷载、现场的除尘装置和实际清灰制度,实测了屋面不同部位、不同灰源距离、不同风向下的积灰厚度,并计算其平均日积灰量,研究了灰的性质,测定了灰的天然重度及饱和重度,并取其平均值作为计算重度。最后用一个清灰周期末时的最大积灰厚度乘以计算重度,即得积灰荷载。

　　在以上工作基础上,《荷载规范》规定,当工厂设有一定除尘设施,且能保证执行清灰制度的前提下(对一般厂房,3~6个月清灰一次。铸造车间的冲天炉附近积灰速度较快且积灰范围不大,每月清灰一次),屋面水平投影面上的积灰荷载应按表6.8和表6.9采用。

表6.8　屋面积灰荷载标准值及其组合值、频遇值和准永久值系数

项次	类别	标准值/(kN·m^{-2})			组合值系数 ψ_c	频遇值系数 ψ_f	准永久值系数 ψ_q
		屋面无挡风板	屋面有挡风板				
			挡风板内	挡风板外			
1	机械厂铸造车间(冲天炉)	0.50	0.75	0.30			
2	炼钢车间(氧气转炉)	—	0.75	0.30			
3	锰、铬铁合金车间	0.75	1.00	0.30			
4	硅、钨铁合金车间	0.30	0.50	0.30	0.9	0.9	0.8
5	烧结室、一次混合室	0.50	1.00	0.20			
6	烧结厂通廊及其他车间	0.30	—	—			
7	水泥厂有灰源车间(窑房、磨房、联合贮库、烘干房、破碎房)	1.00	—	—			
8	水泥厂无灰源车间(空气压缩机站、机修间、材料库、配电站)	0.50	—	—			

注:①表中的积灰均布荷载,仅应用于屋面坡度 $\alpha \leq 25°$ 的情况;当 $\alpha > 45°$ 时,可不考虑积灰荷载;当 $25° < \alpha \leq 45°$ 时,可按插值法取值;
　　②清灰设施的荷载另行考虑;
　　③对第1—4项的积灰荷载,仅应用于距烟囱中心20 m半径范围内的屋面;当邻近建筑在该范围内时,其积灰荷载对第1、3、4项应按车间屋面无挡风板的情况采用,对第2项应按车间屋面挡风板外的情况采用。

表6.9　高炉邻近建筑的屋面积灰荷载标准值及其组合值、频遇值和准永久值系数

序号	高炉容积/m³	标准值/(kN·m⁻²)			组合值系数 ψ_c	频遇值系数 ψ_f	准永久值系数 ψ_q
		屋面离高炉的距离/m					
		≤50	100	200			
1	<255	0.50	—	—			
2	255~620	0.75	0.30	—	1.0	1.0	1.0
3	>620	1.00	0.50	0.30			

注:①表中的积灰均布荷载,仅应用于屋面坡度 $\alpha \leq 25°$ 的情况;当 $\alpha > 45°$ 时,可不考虑积灰荷载;当 $25° < \alpha \leq 45°$ 时,可按插值法取值;
②清灰设施的荷载另行考虑;
③当邻近建筑屋面离高炉距离为表内中间值时,可按插值法取值。

另外,对于屋面上易形成灰堆处,在设计屋面板、檩条时,积灰荷载标准值宜乘以下列规定的增大系数:
①在高低跨处两倍于屋面高差但不大于 6.0 m 的分布宽度内取 2.0(图6.3);
②在天沟处不大于 3.0 m 的分布宽度内取 1.4(图6.4)。

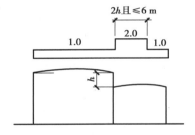

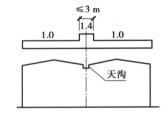

图6.3　高低跨屋面积灰荷载的增大系数　　　　图6.4　天沟处积灰荷载的增大系数

对有雪地区,积灰荷载应与雪荷载同时考虑;对无雪地区,积灰荷载应与不上人屋面的活荷载同时考虑。因此,积灰荷载应与雪荷载或不上人屋面的均布活荷载两者中的较大值同时考虑。

【例6.1】试确定某水泥厂的机修车间天沟处的天沟板的积灰荷载标准值。

【解】查表6.8,知机修车间属水泥厂无灰源的车间,因此,其屋面积灰荷载标准值为 0.5 kN/m²。但根据规定天沟处的屋面积灰荷载标准值应乘以增大系数1.4,故该处的屋面积灰荷载标准值 q_{ak} 为:

$$q_{ak} = 0.5 \times 1.4 = 0.7 \text{ kN/m}^2$$

▶ 6.3.5　施工、检修荷载及栏杆荷载

(1)施工和检修荷载标准值

设计屋面板、檩条、钢筋混凝土挑檐、悬挑雨篷和预制小梁时,除了考虑屋面均布活荷载外,还应单独考虑施工、检修时由人和工具的自重形成的集中荷载。

①屋面板、檩条、钢筋混凝土挑檐、悬挑雨篷和预制小梁,施工或检修集中荷载标准值不

应小于 1.0 kN,并应作用在最不利位置处进行验算。

②计算挑檐、悬挑雨篷承载力时,为偏于安全,应沿板宽每隔 1.0 m 取一个集中荷载;在验算倾覆时,应沿板宽每隔 2.5~3.0 m 取一个集中荷载(或根据实际情况),集中荷载的位置作用于挑檐、悬挑雨篷端部。

③对于轻型构件或较宽构件,当施工和检修荷载超过上述荷载时,应按实际情况验算,或采用加垫板、支撑等临时设施承受施工荷载。

④地下室顶板等部位在建造施工和使用维修时,往往需要运输、堆放大量建筑材料与施工机具,因施工超载引起建筑物楼板开裂甚至破坏的情况时有发生。地下室顶板设计时,施工活荷载标准值不应小于 5.0 kN/m²,但可根据情况扣除尚未施工的建筑地面做法与隔墙自重,并在设计文件中给出详细规定。当有临时堆积荷载以及有重型车辆通过时,施工组织设计中应按实际荷载验算并采取相应措施。

(2)栏杆活荷载标准值

设计楼梯、看台、阳台和上人屋面等的栏杆时,人群倚靠或拥挤时可能会对栏杆产生侧向推力,应在栏杆顶部作用水平荷载进行验算。栏杆水平荷载的取值与人群活动密集程度有关,可按下列规定采用:

①住宅、宿舍、办公楼、旅馆、医院、托儿所、幼儿园,栏杆顶部的水平荷载应取 1.0 kN/m。

②食堂、剧场、电影院、车站、礼堂、展览馆或体育场,栏杆顶部的水平荷载应取 1.0 kN/m,竖向荷载应取 1.2 kN/m,水平荷载与竖向荷载应分别考虑。

③中小学校的上人屋面、外廊、楼梯、平台、阳台等临空部位必须设防护栏杆,栏杆顶部的水平荷载应取 1.5 kN/m,竖向荷载应取 1.2 kN/m,水平荷载与竖向荷载应分别考虑。

施工荷载、检修荷载及栏杆荷载的组合值系数应取 0.7,频遇值系数应取 0.5,准永久值系数取 0。

【例 6.2】某雨篷宽度为 3 m,挑出为 1.5 m,试确定其施工及检修集中荷载。

【解】雨篷总宽度为 3 m,按规定验算倾覆时,沿板宽每隔 2.5~3 m 考虑一个集中荷载,故本例情况可考虑 2 个集中荷载,其作用的最不利位置在板端,两个集中荷载分别取 1.0 kN。

6.4 雪荷载

▶ 6.4.1 雪压及基本雪压

1)雪压

雪压是指单位水平面积上的雪重,雪压值的大小取决于积雪深度与积雪重度。雪压 S(kN/m^2)可按式(6.10)确定:

$$S = h\gamma \tag{6.10}$$

式中　h——积雪深度,指从积雪表面到地面的垂直深度,m,以每年 7 月至次年 6 月间的最大积雪深度确定;

　　　γ——积雪重度,kN/m^3。

由于我国大部分气象台(站)收集的都是每年的最大雪深,缺乏雪重度数据。积雪重度随积雪深度、积雪时间和当地气候条件等因素的变化有较大幅度的变异。刚刚飘落的雪重度在 $0.6 \sim 1.0 \ kN/m^3$,当积雪达到一定厚度时,下层积雪受到上层积雪的压密,下层积雪重度增加,积雪越厚,下层密度越大。寒冷地区的积雪时间较长,随着时间的推移,积雪受到压缩、融化、蒸发等冻融的反复作用及人为的踩踏搅动,其密度也会不断增加。对于常年积雪的地区,从冬初到冬末,雪重度可能相差 1 倍。虽然雪重度随雪深和时间变化,且最大积雪深度与最大积雪重度并不一定同时出现,为工程应用方便,仍将雪重度定为常数,即以某地区的气象记录资料经统计后所得雪重度平均值或某分位值作为该地区的雪重度。

我国幅员辽阔,气候差异较大,对不同地区取用不同的平均积雪重度:东北及新疆北部地区取 $1.5 \ kN/m^3$;华北及西北地区取 $1.3 \ kN/m^3$,其中青海取 $1.2 \ kN/m^3$;淮河、秦岭以南地区一般取 $1.5 \ kN/m^3$,其中江西、浙江取 $2.0 \ kN/m^3$。

2)基本雪压

基本雪压是指空旷平坦的地面上,积雪分布保持均匀的情况下,根据当地气象台(站)观察并收集的每年最大雪压,经统计得出的 50 年一遇的最大雪压(重现期为 50 年)。在确定基本雪压时,观察的场地应符合下列要求:

①观察场地周围的地形空旷平坦;

②积雪的分布均匀;

③设计项目地点应在观察场地的范围内,或它们具有相同的地形。

当气象台站有雪压记录时,也可直接采用雪压数据计算基本雪压。

本书附录 C 给出了我国部分代表城市的基本雪压值,一般情况下应采用 50 年重现期的雪压。对雪荷载敏感的结构,如轻型屋盖,考虑到雪荷载有时会远超结构自重,为提高屋盖结构的安全水准,应采用 100 年重现期的雪压值。为了满足实际工程中某些情况下需要的重现期不是 50 年的要求,《荷载规范》对部分城市给出重现期为 10 年、50 年和 100 年的雪压数据。

当城市或建设地点的基本雪压在《荷载规范》中没有给出明确数值时,可根据当地年度最大雪压或雪深资料,按基本雪压的定义,通过资料的统计分析确定。山区的基本雪压应通过实际调查确定,无实测资料时,可按当地空旷平坦地面的基本雪压值乘以系数 1.2 采用。但对于积雪局部变异特别大的地区,以及高原地形的山区,应予以专门调查和特殊处理。

3)我国基本雪压的分布特点

①新疆北部是我国突出的雪压高值区。该地区由于冬季受到北冰洋南侵冷湿气流影响,雪量丰富,且阿尔泰山、天山等山脉对气流有阻滞作用,更有利于降雪。加上温度低,积雪可以保持整个冬季不融化,新雪覆盖老雪,形成了特大雪压。在阿尔泰山区域雪压值可达 $1 \ kN/m^2$。

②东北地区由于气旋活动频繁,并有山脉对气流起抬升作用,冬季多降雪天气,同时气温低,更有利于积雪。因此大兴安岭及长白山区是我国另一个雪压高值区。黑龙江北部和吉林东部地区,雪压值可达 $0.7 \ kN/m^2$ 以上。而吉林西部和辽宁北部地区,地处大兴安岭的东南

背风坡,气流有下沉作用,不易降雪,雪压值仅为 0.2 kN/m² 左右。

③长江中下游及淮河流域是我国稍南地区的一个雪压高值区。该地区冬季积雪情况很不稳定,有些年份一冬无积雪,而有些年份遇到寒潮南下,冷暖气流僵持,即降大雪,积雪很深,还带来雪灾。但这些地区积雪期较短,短则一两天,长则十来天。

④川西、滇北山区的雪压也较高。该地区海拔高,气温低,湿度大,降雪较多而不易融化。但该地区的河谷内,由于落差大,高度相对较低,气温相对较高,积雪不多。

⑤华北及西北大部地区,冬季温度虽低,但空气干燥,水汽不足,降雪量较少,雪压一般为 0.2~0.3 kN/m²。西北干旱地区,雪压在 0.2 kN/m² 以下。该区内的燕山、太行山、祁连山等山脉,因有地形影响,降雪稍多,雪压可达 0.3 kN/m² 以上。

⑥南岭、武夷山脉以南,冬季气温高,很少降雪,基本无积雪。

▶ 6.4.2 屋面雪荷载标准值

1)屋面雪压的影响因素

基本雪压是针对平坦地面上的积雪荷载定义的,屋面的雪荷载由于多种因素的影响,往往与地面雪荷载不同。造成屋面积雪与地面积雪不同的主要原因有风的影响、屋面坡度、朝向及屋面散热等。

(1)风对屋面积雪的影响

下雪过程中,风会把部分将要飘落或者已经飘积在屋面上的雪吹积到附近地面或邻近较低的屋面上,这种影响称为风对雪的飘积作用。当风速较大或房屋处于暴风位置时,部分已经积在屋面上的雪会被风吹走,从而导致平屋面或小坡度(坡度小于 10°)屋面上的雪压一般比邻近地面上的雪压小。如果用平屋面上的雪压值与地面上的雪压值之比 μ_e 来衡量风的飘积作用的大小,则 μ_e 值的大小与房屋的暴风情况及风速的大小有关,风速越大,μ_e 越小(小于1)。加拿大的研究表明,对避风较好的房屋 μ_e 取 0.9;对周围无挡风障碍物的房屋 μ_e 取 0.6;对完全暴风的房屋 μ_e 取 0.3。

对于高低跨屋面或带天窗屋面,由于风对雪的飘积作用,会将较高屋面上的雪吹落在较低屋面上,在低屋面处形成局部较大飘积雪荷载。有时这种积雪非常严重,最大可出现 3 倍于地面积雪的情况。低屋面上飘积雪的大小及分布情况与高低屋面的高差有关。由于高低跨屋面交接处存在风涡作用,积雪多按曲线分布堆积(图 6.5)。

对于多跨屋面,屋谷附近区域的积雪比屋脊区大,其原因仍是风作用下的雪飘积,屋脊处的部分积雪被吹落到屋谷附近,飘积雪在天沟处堆积较厚(图 6.6)。

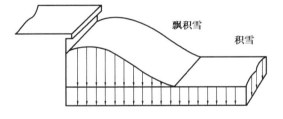

图 6.5 高低跨屋面飘积雪分布图

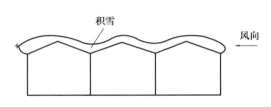

图 6.6 多跨屋面积雪分布图

当风吹过双坡屋面时,迎风面因"爬坡风"效应风速增大,吹走部分积雪。坡度越陡,这种效应越明显。而背风面风速降低,迎风面吹来的雪往往在背风一侧屋面上飘积,引起屋面不平衡雪荷载,结构设计时应加以考虑。

(2)屋面坡度、朝向等对积雪的影响

屋面雪荷载分布与屋面坡度密切相关,一般随坡度的增加而减小,主要原因是风的作用和雪滑移所致。

当屋面坡度大到某一角度时,积雪就会在屋面上产生滑移或滑落,坡度越大,滑移的雪越多。屋面表面的光滑程度对雪滑移的影响也较大,对于类似铁皮、石板屋面,滑移更易发生,往往是屋面积雪全部滑落。双坡屋面向阳一侧受太阳照射,加之屋内散发的热量,易于使紧贴屋面的积雪融化形成润滑层,导致摩擦力减小,该侧积雪可能滑落,可能出现一坡有雪而另一坡无雪的情况。

(3)屋面温度对积雪的影响

冬季采暖房屋的积雪一般比非采暖房屋小,这是因为屋面散发的热量使部分积雪融化,同时也使雪滑移更易发生。

不连续加热的屋面,加热期间融化的雪在不加热时可能重新冻结。并且冻结的冰碴可能堵塞屋面排水,以致在屋面较低处结成较厚的冰层,产生附加荷载。重新冻结的冰雪还会减小雪滑移。

2)屋面雪荷载标准值

设计中采用屋面积雪分布系数将基本雪压换算为屋面雪压。屋面水平投影面上的雪荷载标准值按式(6.11)计算:

$$s_k = \mu_r s_0 \qquad (6.11)$$

式中　　s_k——雪荷载标准值,kN/m^2;

　　　　μ_r——屋面积雪分布系数,《荷载规范》规定了不同类别屋面的屋面积雪分布系数 μ_r（屋面雪荷载与地面雪荷载之比）,详见附录 D;当考虑周边环境对屋面积雪的有利影响而对积雪分布系数进行调整时,调整系数不应低于0.9。

　　　　s_0——基本雪压,kN/m^2。

3)屋面雪荷载的组合值系数、频遇值系数及准永久值系数

雪荷载的组合值系数应取 0.7、频遇值系数应取 0.6、准永久值系数应按分区Ⅰ、Ⅱ和Ⅲ,分别取 0.5、0.2、0;对部分城市的雪荷载准永久值系数分区可按本书附录 C 或《荷载规范》附录 E 查出。

4)屋面积雪的计算工况

设计建筑结构及屋面构件时,应按下列情况考虑积雪分布:

①屋面板和檩条按积雪不均匀分布的最不利情况采用;

②屋架或拱、壳应分别按积雪全跨均匀分布、不均匀分布和半跨均匀分布 3 种情况中的最不利情况采用;

③框架和柱可按积雪全跨均匀分布采用。

6.5 汽车荷载

目前,涉及桥梁上汽车荷载的设计规范包括交通部颁布的《公路桥涵设计通用规范》(JTG D60—2015,以下简称《公路桥规》),以及住房与城乡建设部颁布的《城市桥梁设计规范》(CJJ 11—2011,以下简称《城市桥规》)。《公路桥规》适用于新建和改建各等级公路桥涵的设计,而《城市桥规》适用于城市道路上新建永久性桥梁和地下通道的设计,也适用于镇(乡)村道路上新建永久性桥梁和地下通道的设计。本节主要基于《公路桥规》的规定,介绍汽车荷载的取值和用法。

桥梁上行驶的车辆种类繁多,有汽车、平板挂车、履带车等,同一类车辆又有许多不同的型号和载重等级。设计时不可能对每种情况都进行计算,而是采用统一的荷载标准。通过对实际车辆的轮轴数目、前后轴间距、轴重力等情况的统计分析,又考虑到随着交通运输事业的发展,车辆的载重量还将不断增大,《公路桥规》中规定了适用于公路桥涵或受车辆荷载影响的构筑物设计时所用的汽车荷载标准值。

▶ 6.5.1 汽车荷载的等级和组成

汽车荷载分为公路-Ⅰ级和公路-Ⅱ级两个级别,均由车道荷载和车辆荷载组成。桥梁结构的整体计算采用车道荷载,车道荷载由均布荷载和集中荷载组成。桥梁结构的局部加载、涵洞、桥台和挡土墙土压力等的计算采用车辆荷载。车辆荷载和车道荷载的作用不得叠加。

公路桥涵设计时,汽车荷载等级的选用与公路的等级有关,各级公路桥涵设计时的汽车荷载等级可按表6.10的规定选用。当二级公路作为集散公路且交通量小、重型车辆少时,其桥梁的设计可采用公路-Ⅱ级汽车荷载。对交通组成中重载交通比重较大的公路桥涵,宜采用与该公路交通组成相适应的汽车荷载模式进行结构整体和局部验算。

表 6.10 各级公路桥涵的汽车荷载等级

公路等级	高速公路	一级公路	二级公路	三级公路	四级公路
汽车荷载等级	公路-Ⅰ级	公路-Ⅰ级	公路-Ⅰ级	公路-Ⅱ级	公路-Ⅱ级

▶ 6.5.2 车道荷载的计算图示和标准值

《公路桥规》规定,车道荷载由均布荷载 q_k 和集中荷载 P_k 组成,车道荷载的计算图示如图6.7所示。

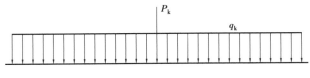

图 6.7 车道荷载布置图

车道荷载是一种虚拟荷载,它的荷载标准值q_k、P_k是在不同车流密度、车型、车重的公路上,基于对实际汽车车队的车重和车间距的测定和效应分析得到的。《公路桥规》规定的车道荷载的具体取值列于表6.11中,其中,计算剪力效应时采用的集中荷载标准值P_k是计算弯矩效应时的1.2倍;公路-Ⅱ级车道荷载的均布荷载标准值q_k和集中荷载标准值P_k是公路-Ⅰ级相应值的0.75倍。

表6.11 公路桥涵的车道荷载取值

汽车荷载等级	均布荷载标准值q_k/(kN·m^{-1})	计算弯矩效应时的集中荷载标准值P_k/kN			计算剪力效应时的集中荷载标准值P_k/kN		
		计算跨径$L_0 \leqslant 5$ m	计算跨径$5 < L_0 < 50$ m	计算跨径$L_0 \geqslant 50$ m	计算跨径$L_0 \leqslant 5$ m	计算跨径$5 < L_0 < 50$ m	计算跨径$L_0 \geqslant 50$ m
公路-Ⅰ级	10.5	270	$2(L_0+130)$	360	324	$2.4(L_0+130)$	432
公路-Ⅱ级	7.875	202.5	$1.5(L_0+130)$	270	243	$1.8(L_0+130)$	324

车道荷载的均布荷载标准值q_k应满布于使结构产生最不利效应的同号影响线上;集中荷载标准值P_k只作用于相应影响线中一个影响线的峰值处。

▶ 6.5.3 车辆荷载的计算图示和标准值

公路-Ⅰ级和公路-Ⅱ级汽车荷载采用相同的车辆荷载标准值。车辆荷载的立面布置及平面尺寸如图6.8所示,主要技术指标见表6.12。

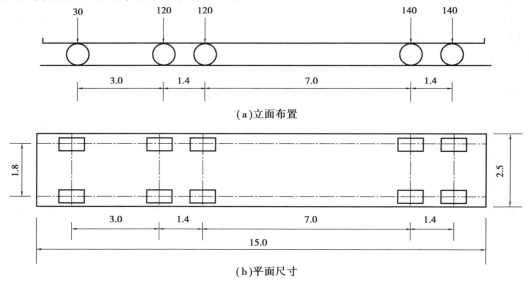

图6.8 车辆荷载的立面、平面尺寸(尺寸单位:m,荷载单位:kN)

表 6.12 车辆荷载的主要技术指标

项目	技术指标	项目	技术指标
车辆重力标准值/kN	550	轮距/m	1.8
前轴重力标准值/kN	30	前轮着地宽度及长度/m	0.3×0.2
中轴重力标准值/kN	2×120	中、后轮着地宽度及长度/m	0.6×0.2
后轴重力标准值/kN	2×140	车辆外形尺寸:长×宽/m	15×2.5
轴距/m	3+1.4+7+1.4	—	—

► ## 6.5.4 车道荷载的折减

在横向布置车辆时,既要考虑使桥梁获得最大荷载效应,还要考虑给车辆留有足够的行车道宽度(图 6.9)。桥涵设计车道数应符合表 6.13 的规定。

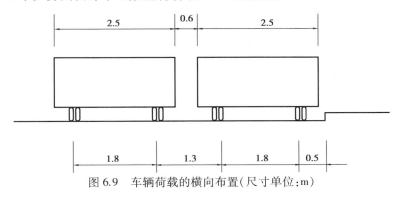

图 6.9 车辆荷载的横向布置(尺寸单位:m)

表 6.13 桥涵设计车道数

桥面宽度 W/m		设计车道数	桥面宽度 W/m		设计车道数
车辆单向行驶时	车辆双向行驶时		车辆单向行驶时	车辆双向行驶时	
$W<7.0$	—	1	$17.5≤W<21.0$	—	5
$7.0≤W<10.5$	$6.0≤W<14.0$	2	$21.0≤W<24.5$	$21.0≤W<28.0$	6
$10.5≤W<14.0$	—	3	$24.5≤W<28.0$	—	7
$14.0≤W<17.5$	$14.0≤W<21.0$	4	$28.0≤W<31.5$	$28.0≤W<35.0$	8

1)汽车荷载横向折减

桥梁设计时各个车道上的汽车荷载都是按照最不利位置布置的,多车道上的汽车荷载同时处于最不利位置的可能性随着车道数的增加而减小。虽然目前车流量较以往有了较大提高,但在实际运营过程中多车道满载和车辆相遇仍属小概率事件。因此,在计算桥梁构件截面产生的最大效应(内力、位移)时,可以考虑多车道折减。布置一条车道时,应考虑汽车荷载的提高,布置 2 条以上车道时,应考虑多车道的折减。具体横向车道布载系数(折减系数)见

表 6.14，且折减后的多车道布载的荷载效应不得小于两条车道布载的荷载效应。

表 6.14　横向车道布载系数（横向折减系数）

横向车道数/条	1	2	3	4	5	6	7	8
横向折减系数	1.20	1.00	0.78	0.67	0.60	0.55	0.52	0.50

2）汽车荷载纵向折减

大跨径桥梁随着跨度的增加，桥梁上实际通行的车辆达到较高密度和满载的概率减小，可以考虑汽车荷载的折减。当桥梁计算跨径大于 150 m 时，应按表 6.15 规定的折减系数对车道荷载进行折减。当为多跨连续结构时，整个结构应按最大的计算跨径考虑汽车荷载效应的纵向折减。

表 6.15　纵向折减系数

计算跨径 L_0/m	纵向折减系数	计算跨径 L_0/m	纵向折减系数
$150<L_0<400$	0.97	$800\leqslant L_0<1\ 000$	0.94
$400\leqslant L_0<600$	0.96	$L_0\geqslant 1\ 000$	0.93
$600\leqslant L_0<800$	0.95	—	—

6.6　人群荷载

目前，涉及桥梁上人群荷载的规范包括交通部颁布的《公路桥涵设计通用规范》（JTG D60—2015，以下简称《公路桥规》），以及住房与城乡建设部颁布的《城市桥梁设计规范》（CJJ 11—2011）。本节将依次介绍两本规范中人群荷载的取值和用法。

▶ 6.6.1　公路桥梁人群荷载

设有人行道的公路桥梁，采用汽车荷载进行计算时，应同时计入人行道上的人群荷载。通过对沈阳、北京、上海等 10 个城市 30 座桥梁行人高峰期进行连续观测记录及统计分析，人群荷载可以用极值 I 型概率分布类型来描述，其 0.95 分位值为 3.0 kN/m^2；并且随着观测段（桥梁跨径）的增长，人群荷载不断减小。

《公路桥规》规定的人群荷载标准值见表 6.16。对跨径不等的连续结构，以最大计算跨径为准。上述人群荷载调查数据多来自城市桥梁行人高峰期，而公路桥梁一般行人较少，将此人群荷载标准值用于公路桥梁设计是偏于安全的。

表 6.16　人群荷载标准值

计算跨径 L_0/m	$L_0\leqslant 50$	$50<L_0<150$	$L_0\geqslant 150$
人群荷载标准值/(kN · m^{-2})	3.0	$3.25-0.005L_0$	2.5

城镇郊区非机动车、行人密集地区的公路桥梁,调查的实桥数量不多,为安全起见,人群荷载标准值取上述规定值的 1.15 倍。专用人行桥梁,人群荷载标准值参照国外相关标准取为 3.5 kN/m²。

人群荷载在横向应布置在人行道的净宽内,并在纵向施加于使结构产生最不利荷载效应的区段内。公路桥梁人行道板(局部构件)可以以一块板为单元,按均布荷载标准值 4.0 kN/m²作用在板上进行受力分析。计算人行道栏杆时,作用在栏杆立柱顶上的水平推力标准值取 0.75 kN/m;作用在栏杆扶手上的竖向力标准值取 1.0 kN/m。

▶ ### 6.6.2 城市桥梁人群荷载

我国城市人口密集,人行交通繁忙,城市桥梁人群荷载的取值总体较公路桥梁大。

《城市桥规》规定,人行道板的人群荷载应按 5 kN/m² 的均布荷载或 1.5 kN 的竖向集中荷载分别作用在一块构件上,取其受力最不利者进行人行道板的设计。

对于梁、桁架、拱及其他大跨结构的人群荷载,需根据加载长度及人行道宽来确定,可按式(6.12)和式(6.13)计算,且人群荷载在任何情况下不得小于 2.4 kN/m²。

当加载长度 $L<20$ m 时:

$$\omega = 4.5 \times \frac{20-\omega_\mathrm{p}}{20} \qquad (6.12)$$

当加载长度 $L \geqslant 20$ m 时:

$$\omega = \left(4.5 - 2 \times \frac{L-20}{80}\right) \times \left(\frac{20-\omega_\mathrm{p}}{20}\right) \qquad (6.13)$$

式中　ω——单位面积上的人群荷载,kN/m²;

　　　L——加载长度,m;

　　　ω_p——单边人行道宽度,m,在专用非机动车桥上时宜取 1/2 桥宽;当 1/2 桥宽大于 4 m 时,应按 4 m 计。

城市桥梁由于人流量较大,计算人行道栏杆时,作用在栏杆扶手上的竖向活荷载标准值采用1.2 kN/m;水平向外活荷载标准值采用 2.5 kN/m。两者应分别考虑,不得同时作用。

6.7　厂房吊车荷载

▶ ### 6.7.1　吊车工作制等级与工作级别

工业厂房因工艺上的要求常设有桥式吊车,吊车是厂房设计时首要考虑的设备,厂房的工艺设计,吊车的生产和订货,土建原始资料的提供,都以吊车的工作级别为依据。吊车荷载是厂房结构设计中最重要的可变荷载之一,在结构设计时应谨慎对待。

计算吊车荷载时,以往是根据吊车工作频繁程度将吊车工作制度分为轻级、中级、重级和超重级四级工作制。如水电站、机械维修车间的吊车,其满载机会少,运行速度低且不经常使用,属轻级工作制;机械加工间、装配车间的吊车属中级工作制;冶炼车间、轧钢车间等连续生产的吊车属重级或超重级工作制。现行国家标准《起重机设计规范》(GB/T 3811—2008)是按吊车工作的繁重程度来分级的,具体是依据吊车的利用次数和荷载大小两个因素,按吊车在使用期内要求的总工作循环次数和吊车荷载达到其额定起重值的频繁程度共同确定吊车的整机工作级别。其中,按吊车在使用期内要求的总工作循环次数分成 10 个利用等级,又按吊车荷载达到其额定值的频繁程度分成 4 个载荷状态(轻、中、重、特重)。根据要求的利用等级和荷载状态,共分 8 个级别(A1~A8)作为吊车设计时的整机工作级别(使用等级),成为吊车设计的依据。

《荷载规范》关于吊车荷载的规定采用了《起重机设计规范》的工作级别,现在采用的工作级别与以往采用的工作制等级之间的对应关系,见表 6.17。

表 6.17　吊车的工作制等级与工作级别的对应关系

工作制度等级	轻级	中级	重级	超重级
工作级别	A1~A3	A4、A5	A6、A7	A8

▶ 6.7.2　吊车竖向荷载和水平荷载

1)吊车竖向荷载标准值

桥式吊车由大车(桥架)和小车组成,大车在吊车梁的轨道上沿厂房纵向行驶,小车在大车的轨道上沿厂房横向运行,带有吊钩的起重卷扬机安装在小车上。

设计中采用的吊车竖向荷载标准值包括吊车的最大轮压和最小轮压。当小车吊有额定的最大起重量并开到大车的某一极限位置时(图 6.10),小车所在这一侧的每个大车轮压即为吊车的最大轮压标准值 $P_{max,k}$,另一侧的每个大车轮压即为吊车的最小轮压标准值 $P_{min,k}$。

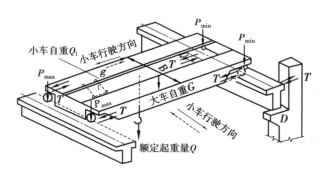

图 6.10　吊车荷载示意图

吊车的最大和最小轮压资料在吊车生产厂提供的各类型吊车技术规格中给出,一般由工艺提供,或可查阅产品手册得到。

吊车荷载是移动的,利用结构力学中影响线的概念,即可求出通过吊车梁作用于排架柱上的最大竖向荷载和最小竖向荷载,进而求得排架结构的内力。

2)吊车竖向荷载的动力系数

当计算吊车梁及其连接的承载力(强度)时,吊车竖向荷载应乘以动力系数,以考虑吊车在运行时对吊车梁及其连接的动力影响。动力系数可按表 6.18 取用。

表 6.18　吊车竖向荷载的动力系数

吊车工作级别	悬挂吊车(含电动葫芦)及工作级别为 A1～A5 的软钩吊车	工作级别为 A6～A8 的软钩吊车、硬钩吊车和其他特种吊车
动力系数	1.05	1.1

3)吊车水平荷载标准值

吊车水平荷载有纵向和横向两种。

(1)吊车纵向水平荷载标准值

吊车纵向水平荷载是由吊车的运行机构在启动或制动时引起的水平惯性力,如图 6.11(a)所示,惯性力为运行质量与运行加速度的乘积,此惯性力通过制动轮与钢轨间的摩擦传给厂房结构。吊车纵向水平荷载取决于制动轮的轮压和它与钢轨间的滑动摩擦系数。理论分析与现场测试表明,该摩擦系数一般可取 0.10。因此,吊车纵向水平荷载标准值应按作用在吊车一端轨道上所有刹车轮的最大轮压之和的 10% 采用。该荷载的作用点位于刹车轮与轨道的接触点,其方向与轨道方向一致,由厂房的纵向排架承受。

(2)吊车横向水平荷载标准值

吊车横向水平荷载是当小车吊有额定最大起重量时,小车运行机构启动或刹车时所引起的水平惯性力,如图 6.11(b)所示,该惯性力通过小车制动轮与桥架轨道之间的摩擦力传给大车,等分于桥架两端。吊车横向水平荷载一般按式(6.14)计算:

$$T = \alpha(Q + Q_1)g \qquad (6.14)$$

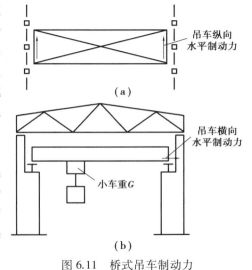

图 6.11　桥式吊车制动力

式中　T——吊车横向水平荷载标准值;

Q——吊车的额定起重质量;

Q_1——横行小车质量;

α——横向水平荷载系数(小车制动力系数),取值见表 6.19。

表 6.19　吊车横向水平荷载系数

项目	软钩吊车			硬钩吊车
额定起重量/t	≤10	16～50	≥75	
横向水平荷载系数 α	0.12	0.10	0.08	0.20

实测发现,横向水平荷载系数 α 随吊车起重量的增大而减小,主要是因为当起重量较大时,运行速度一般较慢。另外,软钩吊车采用钢索起吊重物,在小车制动时,起吊的重物可以自由摆动,通过柔性钢索传至小车的惯性力得到衰减;而硬钩吊车采用小车附设的悬臂结构

起吊重物,在小车制动时,起吊的重物产生的摆动通过硬钩钢臂传至小车,以致小车制动时产生较大的惯性力,因而硬钩吊车的横向水平荷载系数取值稍大。

如前所述,横向水平荷载等分于吊车桥架的两端,分别由轨道上的车轮平均传至轨道,其方向与轨道垂直,并考虑正反方向刹车的情况。该力最终由吊车梁与柱的连接钢板传给横向排架。

▶ 6.7.3 多台吊车的组合

在厂房内设有多台吊车的情况下,设计吊车梁和排架时应考虑多台吊车竖向荷载的组合。参与组合的吊车台数主要取决于柱距大小和厂房纵向的跨数,同时应考虑各吊车同时聚集在同一柱距范围内的可能性。

对于设有单层吊车的单跨厂房,同一跨度内2台吊车以邻近距离运行是常见的,3台吊车相邻运行则十分罕见,即使偶然发生,由于柱距所限,能对一榀排架产生的影响也只限于2台。因此,对单跨厂房设计时最多考虑2台吊车组合。

对于设有单层吊车的多跨厂房,在同一柱距内同时出现超过2台吊车的机会增加。但考虑到隔跨吊车对结构的影响减弱,为了计算上的方便,容许在计算吊车竖向荷载时,最多只考虑4台吊车的组合。

对于多层吊车的单跨或多跨厂房的每个排架,参与组合的吊车台数应按实际情况考虑。对设有双层吊车的单跨厂房,宜按上层和下层吊车分别不多于2台进行组合;对设有双层吊车的多跨厂房宜按上层和下层吊车分别不多于4台进行组合,且当下层吊车满载时,上层吊车应按空载计算,上层吊车满载时,下层吊车不应计入。

在计算吊车水平荷载时,由于同时启动或制动的机会很小,考虑多台吊车水平荷载组合时,不管是对单跨或多跨厂房的每个排架,参与组合的吊车台数不应多于2台。

按照以上组合方法,吊车荷载不论是由2台还是由4台吊车引起,各台吊车均按小车同时处于最不利位置,且同时满载的极端情况考虑,实际上这种最不利情况出现的概率是极小的。从概率观点来看,可将多台吊车共同作用时的吊车荷载予以折减,然后再进行效应组合。在实测调查和统计分析的基础上,可得到多台吊车的荷载折减系数,见表6.20。

表 6.20　多台吊车的荷载折减系数

参与组合的吊车台数	吊车工作级别	
	A1～A5	A6～A8
2	0.90	0.95
3	0.85	0.90
4	0.80	0.85

▶ 6.7.4 吊车荷载的组合值、频遇值及准永久值系数

吊车起吊重物处于工作状态时,一般很少持续地停留在某一个位置上,所以吊车荷载作用

的时间是短暂的。因此,设计厂房排架时,在荷载准永久组合中可以不考虑吊车荷载。但在吊车梁按正常使用极限状态设计时,可采用吊车荷载的准永久值计算吊车梁的长期荷载效应。

吊车荷载的组合值、频遇值及准永久值系数可按表 6.21 中的规定采用。

表 6.21　吊车荷载的组合值、频遇值及准永久值系数

吊车工作级别	组合值系数 ψ_c	频遇值系数 ψ_f	准永久值系数 ψ_q
软钩吊车工作级别 A1～A3	0.70	0.60	0.50
软钩吊车工作级别 A4、A5	0.70	0.70	0.60
软钩吊车工作级别 A6、A7	0.70	0.70	0.70
软钩吊车工作级别 A8 及硬钩吊车	0.95	0.95	0.95

思考题

6.1　结构自重如何计算? 设计中在什么情况下统计面荷载? 在什么情况下统计线荷载?

6.2　试根据题目给出的建筑中各部位的构造做法,计算该部位的自重荷载。

(1)抛光玻化砖楼面

做法	厚度/mm	容重/(kN·m⁻³)	重量/(kN·m⁻²)
铺地砖面层	13		
纯水泥浆一道	2		
1:2水泥砂浆结合层	20		
钢筋混凝土楼板	120		
板底20厚水泥砂浆粉刷抹平	20		
合计			

(2)卫生间楼面

做法	厚度/mm	容重/(kN·m⁻³)	重量/(kN·m⁻²)
铺地砖面层	13		
填料	400		
钢筋混凝土楼板	120		
板底轻钢龙骨石膏板吊顶	—	—	0.20
合计			

（3）上人屋面（含保温层）

做法	厚度/mm	容重/(kN·m⁻³)	重量/(kN·m⁻²)
C20 钢筋混凝土预制板	40		
1:3 水泥砂浆结合层	25		
油毡隔离层	4		
高分子卷材	4		
1:3 水泥砂浆找平层	20		
憎水珍珠岩保温层	60		
1:3 水泥砂浆找平层	20		
1:6 水泥焦渣找坡层	50		
钢筋混凝土楼板	120		
板底 20 厚粉刷抹平	20		
合计			

（4）外墙做法（含保温层）

做法	厚度/mm	容重/(kN·m⁻³)	重量/(kN·m⁻²)
砂浆抹灰及涂料饰面	20		
保温层（EPS 板）	90	0.2	
1:3 水泥砂浆找平层	20		
加气混凝土墙体	200		
墙体抹灰及乳胶漆	20		
合计			

6.3　土的重度和有效重度有何区别？

6.4　成层土的自重应力如何确定？

6.5　计算楼面活荷载效应时，为什么当梁的负荷面积超过一定数值时，可以对均布活荷载取值进行折减？按照我国《荷载规范》的规定，对梁、柱和基础分别如何折减？

6.6　屋面活荷载有哪些种类？如何取值？

6.7　什么是基本雪压？如何确定？

6.8　影响屋面雪压的主要因素有哪些？

6.9　公路桥涵汽车荷载的等级分为哪几种？汽车荷载分为哪两种？分别应用于什么设计情况？

6.10　绘制公路桥涵车道荷载的计算图式,简述其取值。

6.11　人群荷载主要用于什么设计？应如何取值？

6.12　简述吊车竖向荷载的来源、取值依据以及设计不同构件时的作用位置。

6.13　简述吊车水平荷载的来源、取值依据以及设计不同构件时的作用位置。

侧压力

【内容提要】

本章围绕工程结构所可能受到的侧向压力展开,包括土压力的大小和分布规律、水压力及流水压力、波浪荷载、冰压力和撞击力。

【学习目标】

(1)了解:冰压力和撞击力的确定方法;

(2)熟悉:土的侧向压力分类、计算理论及方法;

(3)掌握:水压力和波浪荷载的影响因素和计算方法。

7.1　土侧压力

在房屋建筑、水利、铁路以及公路工程中,挡土墙经常被用于防止土体坍塌,土侧压力(简称土压力)是挡土墙后的填土因自重和外荷载作用而对墙背产生的侧向压力,是挡土墙承受的主要荷载。因此,在设计挡土墙时应首先确定土侧压力的性质、大小、方向和作用点。

▶ 7.1.1　土压力的分类

一般来说,挡土墙的长度要远大于其宽度,并且其断面在相当长的范围内不会变化,所以在分析挡土墙的土压力时一般取单位长度的挡土墙以及土体,把土压力的分析计算转化为平面问题。

挡土墙的位移情况对墙后土体的应力状态有很大影响。根据挡土墙的位移情况以及相应的墙后土体应力平衡状态,土压力一般分为三类:静止土压力、主动土压力和被动土压力,如图 7.1 所示。

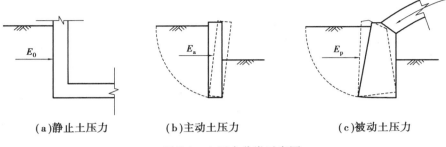

(a)静止土压力　　　　(b)主动土压力　　　　(c)被动土压力

图 7.1　土压力分类示意图

1)静止土压力

当挡土墙在土压力作用下保持静止状态,不产生任何位移或转动时[图 7.1(a)],墙后土体处于弹性平衡状态,此时挡土墙所承受的土压力称为静止土压力,一般用 E_0 表示。

2)主动土压力

当挡土墙由于土压力过大而产生背离土体方向的位移或转动时[图 7.1(b)],作用在墙背上的土压力从静止土压力值逐渐减小,直至墙后土体出现滑动面。滑动面以上的土体将沿这一滑动面向下向前滑动,在滑动楔体开始滑动的瞬间,墙背上的土压力减少到最小值,土体内应力处于主动极限平衡状态,此时挡土墙所承受的土压力称为主动土压力,一般用 E_a 表示。

3)被动土压力

当挡土墙由于外力或基础变形而产生朝向土体方向的位移或转动时[图 7.1(c)],作用在墙背上的土压力从静止土压力值逐渐增大,墙后土体也会出现滑动面。滑动面以上的土体将沿这一滑动面向上向后推出,在滑动楔体开始隆起的瞬间,墙背上的土压力增加到最大值,土体内应力处于被动极限平衡状态,此时挡土墙所承受的土压力称为被动土压力,一般用 E_p 表示。

一般来说,当墙高和填土强度相同的情况下,三种土压力的大小关系满足:

$$E_a < E_0 < E_p \tag{7.1}$$

对于不同的支撑条件和结构特点,在设计时需选用不同的土压力。比如住宅地下室的挡土墙,由于受楼板等结构的支撑作用,可视为无位移或转动,因此土压力取静止土压力 E_0。在基坑开挖时为了防止土体坍塌而修建的挡土墙,可取主动土压力 E_a 作为支护挡墙的土压力的下限值。而在设计拱桥结构时,为了使土体能够有效地提供水平支反力,应取被动土压力 E_p 作为桥台土压力的上限值。

▶　7.1.2　土压力计算的基本原理

土压力的计算是一个十分复杂的问题,它不仅和墙身的粗糙程度、填料的物理力学性质及其顶部的外荷载有关,还和挡土墙与地基的刚度、回填土时的施工方法等有关,很多问题还有待更深入的研究。一般土的侧向压力计算采用库仑土压力理论和朗金土压力理论,这两个理论概念明确、方法简单,目前工程实践中仍然广泛采用。

1)朗金土压力理论

朗金土压力理论假定填土为松散的介质,挡土墙墙背垂直且光滑,墙后土体的表面水平且无限延伸。

已知土体的重度为 γ,单位是 kN/m^3,取土体中的任一位置进行应力状态分析,该点与地表的距离为 z。易知竖直方向上的正应力 $\sigma_z = \gamma z$,水平方向的正应力设为 σ_x,在墙背边缘的位置 σ_x 即为墙体受到的侧向压应力。由假设可知,水平和竖直两个方向均无剪应力,故 σ_x、σ_z 为两个主应力,水平、竖直两个平面为主平面,可以应用摩尔应力圆进行直观的平衡状态分析,如图 7.2 所示。

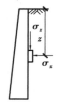
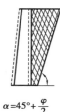
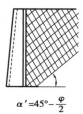
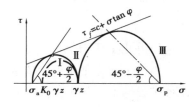

（a）z深度处应力状态　　（b）主动朗金状态　　（c）被动朗金状态　　（d）摩尔应力圆表示的朗金状态

图 7.2　摩尔应力圆表示朗金极限状态

图 7.2(d)中直线为应力强度包络线。其中 c 为黏性土的黏聚力,单位是 kPa,对于无黏性土,有 $c=0$;φ 是填土的内摩擦角。

当挡土墙保持静止状态,不产生任何位移或转动时,如图 7.2(a)所示,根据半无限弹性体在无侧移条件下侧压力与竖向应力之间的关系,土压力强度:

$$\sigma_0 = \sigma_x = \gamma z K_0 \tag{7.2}$$

式中,K_0 为静止土压力系数,又称土的侧压力系数,取决于土的性质、密实程度等,可由试验确定,或按 $K_0 = 1 - \sin\varphi$ 计算,对正常固结土可按表 7.1 取值。

表 7.1　正常固结土静止土压力系数 K_0 的取值

土的名称	K_0
砾石、卵石	0.20
砂土	0.25
粉土	0.35
粉质黏土	0.45
黏土	0.55

由于 $K_0 < 1$,有 $\sigma_x < \sigma_z$。此时应力莫尔圆在应力强度包络线以下,如图 7.2(d)中圆 I 所示,不会发生破坏,土体处于弹性静止状态。

当挡土墙由于土压力过大而产生背离土体方向的位移或转动的趋势时,如图 7.2(b)所示,竖向的正应力 σ_z 不变,而水平正应力即土压力 σ_x 不断减小,应力莫尔圆的半径不断增大,当应力圆与应力强度包络线相切时,如图 7.2(d)中圆 II 所示,土体达到极限平衡状态,称为塑性主动朗金状态。随着 σ_x 继续减小,土体将发生剪切破坏,沿滑动面滑动。在应力莫尔圆上做辅助线可知,滑动面与水平面的夹角 $\alpha=45°+\dfrac{\varphi}{2}$。塑性主动朗金状态下主动土压力强度:

$$\sigma_a=\sigma_x=\gamma z K_a(\text{无黏性土 } c=0) \tag{7.3}$$

$$\sigma_a=\sigma_x=\gamma z K_a-2c\sqrt{K_a}(\text{黏性土 } c>0) \tag{7.4}$$

式中　K_a——主动土压力系数,$K_a=\tan^2\left(45°-\dfrac{\varphi}{2}\right)$。

当挡土墙由于外力或基础变形而产生朝向土体方向的位移或转动的趋势时,如图7.2(c)所示,竖向的正应力 σ_z 仍旧不变,而水平正应力即土压力 σ_x 不断变大直至超过竖向正应力 σ_z,即 $\sigma_x>\sigma_z$,当应力莫尔圆的半径不断反向增大直至与应力强度包络线相切时,如图7.2(d)中圆Ⅲ所示,土体达到另一种极限平衡状态,称为塑性被动朗金状态。随着 σ_x 继续增大,土体也将发生剪切破坏,沿滑动面滑动。在应力莫尔圆上做辅助线可知,此时滑动面与水平面的夹角 $\alpha'=45°-\dfrac{\varphi}{2}$。塑性被动朗金状态下被动土压力强度:

$$\sigma_p=\sigma_x=\gamma z K_p \qquad (\text{无黏性土 } c=0) \tag{7.5}$$

$$\sigma_p=\sigma_x=\gamma z K_p+2c\sqrt{K_p} \qquad (\text{黏性土 } c>0) \tag{7.6}$$

式中　K_p——被动土压力系数,$K_p=\tan^2\left(45°+\dfrac{\varphi}{2}\right)$。

根据上述理论,我们可以得出按照朗金土压力理论计算土压力的方法。

静止土压力 E_0:静止土压力应力强度与深度成正比,沿墙高呈三角形分布,取单位长度挡土墙及土体,由图 7.3 可知:

$$E_0=\frac{1}{2}\gamma H^2 K_0 \tag{7.7}$$

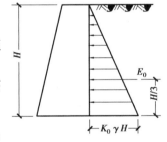

图 7.3　静止土压力

式(7.7)中,E_0 单位为 kN,H 为墙高,单位为 m,土压力作用点位于距离墙踵 $H/3$ 处。

主动土压力 E_a:对于无黏性土,主动土压力应力强度分布和静止土压力强度类似,与深度成正比,沿墙高呈三角形分布,取单位长度挡土墙及土体,由图 7.4 可知:

$$E_a=\frac{1}{2}\gamma H^2 K_a \tag{7.8}$$

主动土压力 E_a 作用点位于距离墙踵 $H/3$ 处。

对于黏性土,主动土压力包括土体自重产生的侧压力和黏聚力引起的负压力两部分叠加,由于挡土墙墙体和土体之间只能相互受压而不能相互受拉,因此挡土墙顶端有一段深度以上的墙体上无土侧压力,这个深度被称为临界深度,用 z_0 表示,在填土面无荷载的条件下,可令式(7.4)为零求得 z_0 值,即:

$$z_0=\frac{2c}{\gamma\sqrt{K_a}} \tag{7.9}$$

在临界点以下主动土压力应力强度与深度成正比,沿墙高呈三角形分布,取单位长度挡

土墙及土体,有:

$$E_a = \frac{1}{2}\gamma H^2 K_a - 2cH\sqrt{K_a} + \frac{2c^2}{\gamma}$$ (7.10)

土压力作用点位于距离墙踵$(H-z_0)/3$处。

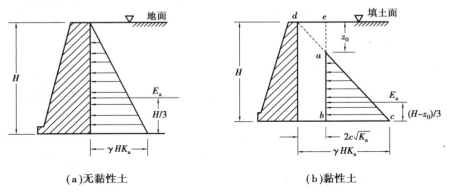

(a)无黏性土　　　　　　　　(b)黏性土

图7.4　朗金主动土压力

被动土压力E_p:对于无黏性土,被动土压力应力强度分布和静止土压力强度类似,与深度成正比,沿墙高呈三角形分布,取单位长度的挡土墙及土体,由图7.5可知:

$$E_p = \frac{1}{2}\gamma H^2 K_p$$ (7.11)

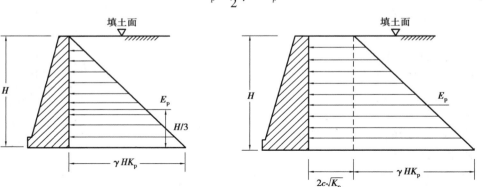

(a)无黏性土　　　　　　　　(b)黏性土

图7.5　朗金被动土压力

被动土压力E_p作用点位于距离墙踵$H/3$处。

对于黏性土,被动土压力由土体自重产生的侧压力和黏聚力引起的抵抗正压力两部分叠加,因此,被动土压力应力强度沿墙高成梯形分布,有:

$$E_p = \frac{1}{2}\gamma H^2 K_p + 2cH\sqrt{K_p}$$ (7.12)

土压力作用点通过梯形的形心,距离墙踵的高度z_p可通过求一次矩得到,即

$$z_p = \frac{\frac{1}{2}\gamma H^2 K_p \cdot \frac{1}{3}H + 2cH\sqrt{K_p} \cdot \frac{1}{2}H}{E_p}$$

2)库仑土压力理论

与朗金土压力理论应力状态分析的方法不同,库仑土压力理论根据滑动土楔处于极限平衡状态时的静力平衡条件来求解主动土压力和被动土压力。库仑土压力理论假设挡土墙后土体均为各向同性无黏性土,即 $c=0$,土体在主动土压力或被动土压力作用下墙后土体产生滑动土楔,将滑动土楔视为刚体,且其滑裂面为通过墙踵的平面。

主动土压力 E_a:设挡土墙高 H,墙背与垂线夹角为 α,土体上表面与水平线夹角为 β,填土的自摩擦角为 φ,土体与墙背之间的摩擦角为 δ。当挡土墙产生背离土体方向的位移或转动趋势时,滑动土楔会产生沿滑裂面向下滑动的趋势。假设滑裂面与水平面的夹角为 θ,取单位长度挡土墙及土体,对极限平衡状态下的三角形滑动土楔进行受力分析,如图7.6所示。

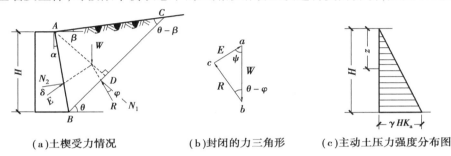

(a)土楔受力情况   (b)封闭的力三角形   (c)主动土压力强度分布图

图7.6 库仑主动土压力

首先是土体自重 $W=\gamma \cdot A_{\triangle ABC}$,其中 γ 为填土的重度,W 的作用方向垂直向下;其次是挡土墙墙背对滑动土楔的反力 E,即土压力的反作用力,由于土体有向下滑动的趋势,故反力 E 的作用方向和墙背 AB 的法线方向沿逆时针夹角为 δ;最后是滑裂面以下土体对滑动土楔的反力 R,由于土体有向下滑动的趋势,故反力 R 的作用方向和滑裂面 BC 的法线方向沿顺时针夹角为 φ,如图7.6(a)所示。

由滑动土楔的静力平衡条件可知,3个矢量 W、E、R 组成一个封闭的力三角形,如图7.6(b)所示,由三角形的正弦定理可知:

$$E = \frac{\sin(\theta-\varphi)}{\sin(\theta-\varphi+\psi)} W \tag{7.13}$$

式中,$\psi = \dfrac{\pi}{2} - \alpha - \delta$。

由土楔三角形 ABC 中的正弦定理可知:

$$\overline{BC} = \overline{AB} \cdot \frac{\sin\left(\dfrac{\pi}{2}-\alpha+\beta\right)}{\sin(\theta-\beta)} = H \cdot \frac{\cos(\alpha-\beta)}{\cos\alpha \cdot \sin(\theta-\beta)} \tag{7.14}$$

设 AD 为三角形 ABC 的垂线,由三角形 ABD 中的正弦定理可知:

$$\overline{AD} = \overline{AB} \cdot \cos(\theta-\alpha) = H \cdot \frac{\cos(\theta-\alpha)}{\cos\alpha} \tag{7.15}$$

由长度 $\overline{BC}$、$\overline{AD}$ 可知,土楔的自重为:

$$W = \gamma \cdot A_{\triangle ABC} = \gamma \cdot \frac{1}{2}\overline{BC} \cdot \overline{AD} = \frac{\gamma H^2}{2} \cdot \frac{\cos(\alpha-\beta) \cdot \cos(\theta-\alpha)}{\cos^2\alpha \cdot \sin(\theta-\beta)} \tag{7.16}$$

联立上式可知主动土压力为：

$$E_a = E = \frac{\gamma H^2}{2} \cdot \frac{\cos(\alpha-\beta) \cdot \cos(\theta-\alpha) \cdot \sin(\theta-\varphi)}{\cos^2\alpha \cdot \sin(\theta-\beta) \cdot \sin(\theta-\varphi+\psi)} \tag{7.17}$$

在式(7.17)中，除滑裂面与水平面的夹角 θ 外，其余各项均为已知项，所以 E_a 是 θ 的函数。因此，令 $\dfrac{\mathrm{d}E}{\mathrm{d}\theta}=0$，可求出最危险滑裂面与水平面的夹角 $\theta_0 = \dfrac{\pi}{4} + \dfrac{\varphi}{2}$，代入式(7.17)可得：

$$E_a = E = \frac{\gamma H^2}{2} \cdot \frac{\cos^2(\varphi-\alpha)}{\cos^2\alpha \cdot \cos(\alpha+\delta) \cdot \left[1 + \sqrt{\dfrac{\sin(\varphi+\delta) \cdot \sin(\varphi-\beta)}{\cos(\alpha+\delta) \cdot \cos(\alpha-\beta)}}\right]^2} \tag{7.18}$$

设库仑主动土压力系数为：

$$K_a = \frac{\cos^2(\varphi-\alpha)}{\cos^2\alpha \cdot \cos(\alpha+\delta) \cdot \left[1 + \sqrt{\dfrac{\sin(\varphi+\delta) \cdot \sin(\varphi-\beta)}{\cos(\alpha+\delta) \cdot \cos(\alpha-\beta)}}\right]^2} \tag{7.19}$$

则有库仑主动土压力为：

$$E_a = \frac{1}{2}\gamma H^2 K_a \tag{7.20}$$

由式(7.20)可知，库仑主动土压力 E_a 是墙高 H 的二次函数，故可推论土侧压力应力强度 $\sigma_a = \gamma H K_a$，其大小与深度成正比，沿墙背呈三角形分布，如图7.6(c)所示，土压力强度分布图只代表其强度大小，不代表其作用方向。因此，E_a 的作用点在距离墙踵 $H/3$ 处，方向和墙背 AB 的法线方向沿逆时针夹角为 δ，如图7.6(a)所示。

挡土墙墙体与土体之间的摩擦角 δ 由试验测定，也可由填土的自摩擦角 φ 根据表7.2计算确定。

表7.2 挡土墙墙体与土体之间的摩擦角 δ 取值

挡土情况	摩擦角 δ
墙背平滑、排水不良	$(0 \sim 0.33)\varphi$
墙背平滑、排水良好	$(0.33 \sim 0.5)\varphi$
墙背粗糙、排水良好	$(0.5 \sim 0.67)\varphi$
墙背与土体之间无相对滑动	$(0.67 \sim 1.0)\varphi$

另外，当墙背垂直且光滑、填土表面水平，即 α、δ、β 均为0时，有：

$$K_a = \tan^2\left(45° - \frac{\varphi}{2}\right) \tag{7.21}$$

此时，库仑主动土压力和朗金主动土压力计算式一致。

库仑被动土压力 E_p：库仑被动土压力的分析过程和上面的主动土压力类似。区别在于当挡土墙产生朝向土体方向的位移或转动趋势时，滑动土楔会产生沿滑裂面向上滑动的趋势，如图7.7所示。因此，反力 E 的作用方向和墙背 AB 的法线方向沿顺时针夹角为 δ，反力 R 的作用方向和滑裂面 BC 的法线方向沿逆时针夹角为 φ，如图7.7(a)、(b)所示。

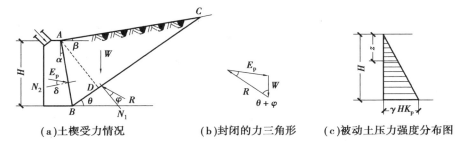

(a)土楔受力情况　　　　(b)封闭的力三角形　　(c)被动土压力强度分布图

图7.7　库仑被动土压力

按照库仑主动土压力的推导步骤,可以得到库仑被动土压力为:

$$E_\mathrm{p} = \frac{1}{2}\gamma H^2 K_\mathrm{p} \tag{7.22}$$

其中库仑被动土压力系数为:

$$K_\mathrm{p} = \frac{\cos^2(\varphi+\alpha)}{\cos^2\alpha \cdot \cos(\alpha-\delta) \cdot \left[1 - \sqrt{\dfrac{\sin(\varphi+\delta) \cdot \sin(\varphi+\beta)}{\cos(\alpha-\delta) \cdot \cos(\alpha-\beta)}}\right]^2} \tag{7.23}$$

与库仑主动土压力极限状态类似,被动土压力极限状态下土侧压力应力强度 $\sigma_\mathrm{p} = \gamma H K_\mathrm{p}$,其大小也与深度成正比,沿墙背呈三角形分布,如图7.7(c)所示。土压力强度分布图只代表其强度大小,不代表其作用方向。此时 E_p 的作用点也在距离墙踵 $H/3$ 处,而方向和墙背 AB 的法线方向沿顺时针夹角为 δ。

同样,当墙背垂直且光滑、填土表面水平,即 α、δ、β 均为 0 时,有:

$$K_\mathrm{p} = \tan^2\left(45° + \frac{\varphi}{2}\right) \tag{7.24}$$

此时库仑被动土压力和朗金被动土压力计算式一致。

一般认为,库仑土压力理论用于计算主动土压力时结果比较接近实际情况,但计算被动土压力时的误差较大;而朗金土压力理论计算主动土压力时结果偏于保守,但计算被动土压力时结果反而偏小。因此建议在实际应用中,用库仑土压力理论计算主动土压力,用朗金土压力理论计算被动土压力。

► 7.1.3　土侧压力计算在工程中的应用

1)土体表面受连续均布面荷载作用

当填土表面受到连续均布荷载作用时,可将均布荷载按照等效换算的原则换算成一定厚度的填土,即用假想的土重代替均布荷载。设挡土墙高 H,均布荷载大小为 q,填土重度为 γ,则换算出的增加填土厚度 $h = \dfrac{q}{\gamma}$。然后以 $(H+h)$ 为新的挡土墙高,按照无表面荷载的情况计算出土压力,然后只考虑真实挡土墙高 H 范围内的影响。一般土压力应力强度沿挡土墙高呈梯形分布,可根据土压力应力强度分布的形状计算土压力的大小和作用点,如图7.8所示。

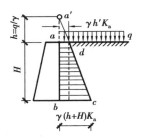

图7.8　土体表面受连续均布面荷载作用

2)土体表面受局部均布面荷载作用

当土体表面受局部均布荷载作用,可从均布荷载的起点和终点分别向挡土墙墙背做辅助线,辅助线和水平面的夹角为最危险滑裂面与水平面的夹角 $\theta = 45° + \dfrac{\varphi}{2}$,两条辅助线和挡土墙墙背分别相交于 c、d 两点。可以认为在这两点之间,土压力受均布荷载的影响;位于两点上下的其他墙段,土压力不受均布荷载的影响。按照此原则求出土压力应力强度的分布情况,仍按照其分布图形确定土压力的大小和作用点,如图 7.9 所示。

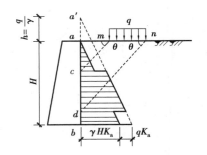

图 7.9　土体表面受局部均布面荷载作用

3)土体为成层土

当填土为成层土时,应从上到下分层计算土压力。当计算某一层的土压力时,应将上部所有的填土按照等效原则根据本层土的重度全部换算成一定厚度的本层填土,然后照单层填土的计算方式计算土压力应力强度分布,之后取本层土所在范围内的土压力应力强度,即为本段挡土墙上土压力强度的分布。在每层填土对应的每段挡土墙上土压力应力强度求解完毕后,将其分段相加,得到整片挡土墙上的土压力应力强度分布,然后根据结果,按照其图形确定土压力的大小和作用点,如图 7.10 所示。

4)土体中有地下水

当土体中有地下水时,应从地下水位处将填土分为上下两层,地下水位以下的填土重度取为浮重度 $\gamma' = \gamma - \gamma_w$,其中 γ 为填土原本的重度,γ_w 为水的重度。在分层计算土压力强度分布后,再叠加地下水对挡土墙产生的静水压力强度,即为挡土墙所受侧压力应力强度的总分布,最后根据总分布图形确定土压力的大小和作用点,如图 7.11 所示。

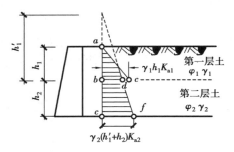

图 7.10　土体为成层土的土压力
应力强度分布图

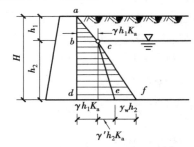

图 7.11　土体中有地下水的土压力
应力强度分布图

7.2　水压力

水对结构物的作用分为物理和化学两类。化学作用指水的腐蚀或侵蚀导致材料性能的降低,物理作用指水对结构物的力学作用,即水压力。

► 7.2.1 静水压力

静水压力指静止的水(或其他液体)对其接触面产生的压力。在建造水池、桥墩、围堰、堤坝、水闸和码头等结构物时,必须考虑结构表面的静水压力。

要计算静水压力,就要先了解静水压强的分布特征:一是静水压强指向作用面内部且垂直于作用面;二是在静止液体中任意一点处各方向的静水压强大小相等,而与作用面的方位无关。

静止的液体中任意一点处的压强由两部分叠加而成:第一部分是液体表面所受到的压强,第二部分则是液体内部对该点产生的压强。比如在重力作用下,静止液体中任意一点处的静水压强 p 即由液体表面受到的压强 p_0 和液体本身对该点产生的压强(大小为该点距液面以下深度 h 与液体重度 γ 的乘积)叠加而成。可以看出,静水压强的大小与该点距液面以下深度成正比,即任意一点处静水压强的计算公式为:

$$p = p_0 + \gamma h \tag{7.25}$$

在一般情况下,液体表面与空气接触,受到的压强 p_0 即为大气压强。然而由于一般液体的性质受大气的影响不大,且一般水面及其周围的挡水结构同时受到大气压力的作用,彼此之间处于相互平衡的状态,因此在工程中计算水压力作用时一般只考虑相对压强,即以大气压强为基准起算的液体内部压强。水压力的液体内部压强与计算点距液体表面的深度成正比,公式为:

$$p = \gamma h \tag{7.26}$$

式中　p——自由水面下作用在结构物上任意一点的压强;

　　　　h——结构物上水压力压强计算点到水面的距离;

　　　　γ——水的重度。

由式(7.26)可知,静水压力与水深呈正比,并且总是作用在结构物表面的法线方向,如图7.12(a)所示。其分布形式和受压表面的形状有关,图7.12列出了常见受压面的压强分布规律。

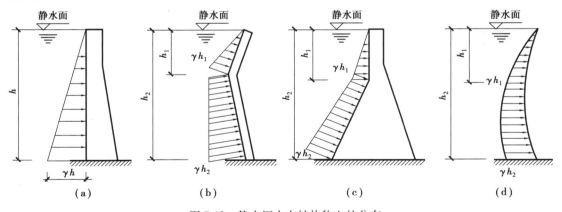

图 7.12　静水压力在结构物上的分布

► 7.2.2 流水压力

等速平面流场中,将流体视为一组相互平行的水平流线。对于在流体中的物体,以圆柱体为例,将其固定放置在流场中,则流线的流动会在接近圆柱体时受阻,流速将因此减小而圆柱体所受到的压强也会随之增大。边界层分离现象如图7.13所示,我们不妨在圆柱体的截面上设正面迎向原流线的点为a点(即驻点),与原流线相切处的点为b点,流线离开圆柱体处的点为c点。当流线达到圆柱体表面a点时,流线的流速因受阻而变为零,并在此处造成最大的压强;随后a点开始形成边界层内流动;在圆柱体表面的a点到b点之间,柱面的弯曲会导致该区段的流线密集,边界层内流动将处于加速减压的状态。而流线在经过b点之后开始扩散,边界层内流动处于减速加压的状态。在c点处流体脱离边界向前流动,出现边界层分离现象。边界层分离之后,c点更下游处水压较低,会有新的流体反向回流,产生回流漩涡区,简称涡流区。如图7.14所示,水流遇到河流、渠道截面突然改变或遇到桥墩、闸阀等有阻挡作用的结构物时,边界层分离现象和回流漩涡区的产生是经常出现的。

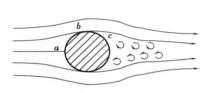

图7.13　边界层分离现象

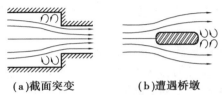

(a)截面突变　　(b)遭遇桥墩

图7.14　回流漩涡区的产生

　　绕流阻力是结构物在流场中受到流动方向上的流体阻力,由摩擦阻力和压强阻力两部分叠加组成。其中压强阻力是在边界层分离现象出现且分离漩涡区较大时,由迎水面的高压区与背水面的低压区的压力差产生的,其在绕流阻力中起主导作用。绕流阻力的计算公式如下:

$$P = C_{\mathrm{D}} \frac{\rho v^2}{2} A \tag{7.27}$$

式中　　A——绕流物体在垂直于来流方向上的投影面积;

　　　　P——绕流阻力;

　　　　C_{D}——绕流阻力系数,一般由结构物的形状确定;

　　　　ρ——流体密度;

　　　　v——来流流速。

　　绕流阻力是由流体在桥墩边界产生边界层分离现象而引起的。在实际工程中,为减小绕流阻力,常常将桥墩、闸墩等设计成流线型,以缩小边界分离区。

　　位于水流中的桥墩,其上游迎水面受到流水压力的作用,流水压力大小与桥墩平面形状、墩台表面粗糙度、水流速度以及水流形态等多种因素有关。桥墩迎水面上水流单元体受到的压强为:

$$p = \frac{\rho v^2}{2} = \frac{\gamma v^2}{2g} \tag{7.28}$$

式中　　p——水流单元体压强;

　　　　ρ——水流密度;

　　　　γ——水的重度,与水流密度的代换公式为$\rho = \gamma / g$。

　　由式(7.28)可以推出,桥墩上所受到的流水压力计算公式为:

$$P = KA \frac{\gamma v^2}{2g} \qquad\qquad (7.29)$$

式中　P——流水压力；

　　　K——桥墩形状系数，一般由试验确定；

　　　A——桥墩迎水面受阻面积，一般计算至冲刷线处；

　　　γ——水的重度；

　　　v——设计流速；

　　　g——重力加速度，一般取 9.8 m/s^2；

　　　k——桥墩形状系数，见表 7.3。

表 7.3　桥墩形状系数 K

桥墩形状	K
方形桥墩	1.5
矩形桥墩(长边与水流平行)	1.3
圆形桥墩	0.8
尖端形桥墩	0.7
圆端形桥墩	0.6

在实际情况中,水流流速随深度呈曲线变化,在河床底面处流速接近于零。在工程中为了简化计算,经常将流水压力沿高度的分布取为倒三角形,故其合力的作用点位置取在设计水位以下 1/3 水位处。

7.3　波浪荷载

波浪是液体自由表面在外力作用下所产生的周期性起伏波动,它是液体质点振动的传播现象。当风持续作用在水面上时,就会产生波浪,此时水对结构产生的附加应力称为波浪压力,又称为波浪荷载。

► 7.3.1　波浪的特性

1)波浪的分类

波浪性质受多重因素影响,且大小不一、形态各异。根据不同的分类原则,可以将波浪进行不同的分类。

不同性质的外力作用于液体表面所形成的波浪在形状和特性上存在一定的差异。对此,可以根据引起波浪的干扰力的不同,对波浪进行分类:由风力引起的波浪称为风成波;由太阳和月球引力引起的波浪称为潮汐波;由船舶航行引起的波浪称为船行波。

根据干扰因素来分类:干扰力连续作用下形成的波称为强迫波;当波动与干扰力无关只

受水质影响的波称为自由波。强迫波的传播既受干扰力的影响又受水质的影响。

波浪前进时伴随有流量的波称为输移波；波浪传播时没有流量产生的波称为振动波。前进时有水平方向运动的振动波称为推进波，前进时没有水平方向运动的波称为立波。

当水深大于半个波长时，波浪运动不受水域底部摩擦阻力的影响，底部水质点基本静止不动，这种波称为深水推进波；当水深小于半个波长时，水域底部对波浪运动产生摩阻作用，底部水域水质点前后摆动，这种波称为浅水推进波。

对港口建筑和水工结构来说，工程设计时主要考虑风成波的影响。

2）波浪的要素

描述波浪运动性质及形态的物理量称为波浪要素。如图 7.15 所示，影响波浪要素的因素有风速 v、风的持续时间 t、水深 d 和吹程 D（岸边到构筑物的直线距离）等，目前波浪的各个要素，主要由半经验公式求得。

①波峰：波浪在静水面以上的部分，其最高点称为波顶；

②波谷：波浪在静水面以下的部分，其最低点称为波底；

③波高（浪高）：波顶与波底之间的垂直距离，符号为 H；

④波长：相邻两个波顶（或波底）之间的水平距离，符号为 L；

⑤波陡：波高和波长的比值，即 H/L；

⑥波坦：波长和波高的比值，即 L/H；

⑦波周期：波顶向前推进一个波长所需的时间，符号为 T；

⑧超高：波浪中心线（平分波高的水平线）到静止水平面的垂直距离，符号为 H_0。

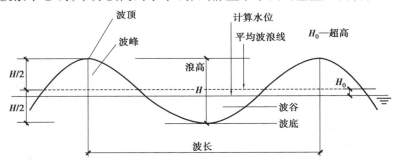

图 7.15　波浪的几何要素

3）波浪的推进过程

波浪形成后会沿着力的方向向岸边推进，随着水深的减小，深水波演变为浅水波。由于水域底部摩擦阻力的作用，浅水波的波长和波速都比深水波要小，而波高相对增加，波峰较为尖突，波陡也比深水波要大。当波陡随着水深的减小而增大到一定程度后，波峰将不能保持平衡而破碎，波峰破碎处的水深称为临界水深，用符号 d_c 表示。波浪的破碎会发生在一段相当长的水域范围内，这个区域称为波浪破碎带。浅水波破碎后，会组成新的波继续向前推进，但是由于波浪破碎时损耗了许多能量，故新的波浪的波长、波高等均比破碎前要小。而新的波浪仍含有较多的能量，因而行进到一定水深时会再度破碎，甚至波浪的整个推进过程会经历几度破碎。在波浪的整个推进过程中，水深逐渐变浅，波浪受水域底部摩擦阻力的影响增大,这时底部水域的波浪传播速度小于表层部分,导致波浪更为陡峭,波高增加,波谷变得坦长,逐渐形成一股水流向前推移,而底层则产生回流,形成击岸波。击岸波形成的冲击水流冲击岸滩,对岸边的建筑结构施加冲击作用,这就是波浪荷载的来源。波浪冲击岸滩或建筑结构后,水流顺着岸滩向上涌,波浪则不复存在。水流在上涌到一定高度后回流,这一区域称为上涌带。波浪的推进过程如图7.16所示。

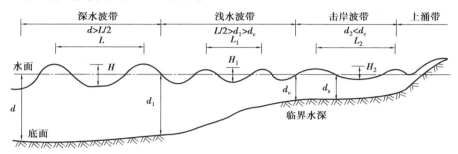

图 7.16　波浪的推进过程

7.3.2　波浪荷载的计算

波浪荷载不仅与波浪本身的特征有关,还与建筑物的形式和海底坡度有关。一般将作用在直墙式构筑物(图7.17)上的波浪荷载分为立波、远堤破碎波和近堤破碎波3种形态。

①立波:原始推进波冲击垂直墙面后与反射波叠加形成的一种干涉波,属于无水平方向运动、上下振动的波。

②远堤破碎波:在距直墙半个波长距离以外就发生破碎的波,简称远破波,它对直墙的作用力相当于一股水流冲击直墙时产生的波压力。

③近堤破碎波:在距直墙附近半个波长距离范围内发生破碎的波,简称近破波,它会对直墙产生一个瞬时的动压力。

《港口与航道水文规范》(JTS 145—2015)中规定,在工程设计中,应先根据基床类型(即抛石明基床或暗基床)、水底坡度 i、波高 H 以及水深 d 判别波浪的形态(表7.4),再进行相应的波浪作用力的计算,表中 $\overline{T}$ 为波浪平均周期(单位为s)。

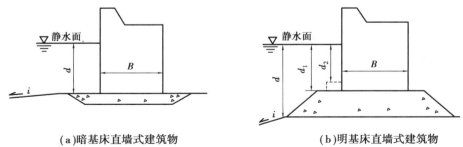

（a）暗基床直墙式建筑物　　　　　　　（b）明基床直墙式建筑物

图 7.17　直墙式建筑物

d—建筑物前水深(m);d_1—基床上水深(m);d_2—护肩上水深(m);

i—建筑物前水底坡度;B—直墙底宽(m)

表 7.4　直墙式构筑物前波态判别

基床类型	产生条件	波态
暗基床和低基床 $(d_1/d>2/3)$	$\overline{T}\sqrt{g/d}<8,d\geqslant2H$	立波
	$\overline{T}\sqrt{g/d}\geqslant8,d\geqslant1.8H$	
	$\overline{T}\sqrt{g/d}<8,d<2H,i\leqslant\dfrac{1}{10}$	远破波
	$\overline{T}\sqrt{g/d}\geqslant8,d<1.8H,i\leqslant\dfrac{1}{10}$	
中基床 $(2/3\geqslant d_1/d>1/3)$	$d_1\geqslant1.8H$	立波
	$d_1<1.8H$	近破波
高基床 $(d_1/d\leqslant1/3)$	$d_1\geqslant1.5H$	立波
	$d_1<1.5H$	近破波

不妨假设波浪的波高为 $2H$,波长为 L,波浪压力的压强沿水深呈直线分布,因此可以先求出转折点处的压强,然后以直线连接,最后根据直墙上波浪压力压强的分布图,求出波浪压力的大小以及合力作用点。

1)立波波浪压力

以 $\dfrac{H}{L}\geqslant1/30$ 且 $d/L=0.1\sim0.2$ 的情况为例,波峰作用和波谷作用时的立波波浪压力计算过程分别如下。

(1)波峰作用时[图 7.18(a)]

假设迎波面波压强、静水压强沿水深均按直线分布,进一步将图 7.18(b)所示的迎波面动压强减去图 7.18(c)所示的静水压强,得到图 7.18(d)所示的波浪压强。

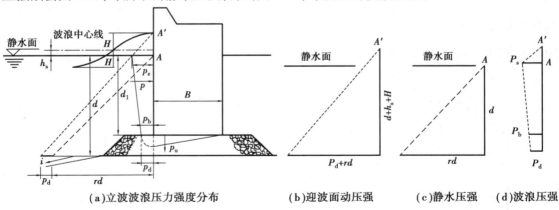

(a)立波波浪压力强度分布　　(b)迎波面动压强　　(c)静水压强　　(d)波浪压强

图 7.18　波峰作用时立波波浪压力强度分布图

波浪中线超出静水面的高度(即超高)为:

$$h_{s}=\frac{\pi H^{2}}{L}\mathrm{cth}\frac{2\pi d}{L} \tag{7.30}$$

静水面以上 h_s+H 高度处的波浪压力压强为零。

水底处波浪压力压强为：

$$p_d = \frac{\gamma H}{\text{ch}\dfrac{2\pi d}{L}} \tag{7.31}$$

静水面处波浪压力压强为：

$$p_s = (p_d + \gamma d)\frac{H+h_s}{d+H+h_s} \tag{7.32}$$

墙底处波浪压力压强为：

$$p_b = p_s - (p_s - p_d)\frac{d_1}{d} \tag{7.33}$$

静水面以上和以下的波浪压力压强均按直线分布。

根据压强分布图，单位长度墙身上的总波浪压力为：

$$P = \frac{(H+h_s+d_1)(p_b+\gamma d_1) - \gamma d_1^2}{2} \tag{7.34}$$

墙底面的波浪浮托力为：

$$p_u = \frac{Bp_b}{2} \tag{7.35}$$

式中　γ——水的重度；

B——直墙底宽。

（2）波谷作用时［图 7.19（a）］

将图 7.19（c）所示的静水压强减去图 7.19（b）所示的迎波面动压强，得到图 7.19（d）所示的波浪压强。

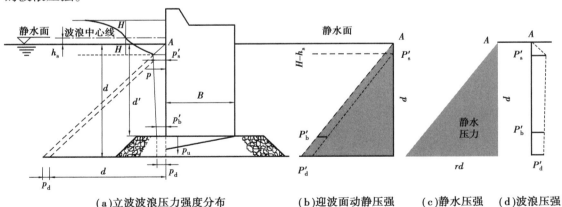

（a）立波波浪压力强度分布　　　（b）迎波面动静压强　　　（c）静水压强　　（d）波浪压强

图 7.19　波谷作用时立波波浪压力强度分布图

水底处波浪压力压强为：

$$p_d' = \frac{\gamma H}{\text{ch}\dfrac{2\pi d}{L}} \tag{7.36}$$

静水面处的波浪压力压强为零。

静水面以下 $H-h_s$ 处波浪压力压强为：

$$p'_s = \gamma(H-h_s) \tag{7.37}$$

墙底处波浪压力压强为：

$$p'_b = p'_s - (p'_s - p'_d)\frac{d_1+h_s-H}{d+h_s-H} \tag{7.38}$$

根据压强分布图,单位长度墙身上的总波浪压力为：

$$P' = \frac{\gamma d_1^2 - (d_1+h_s-H)(\gamma d_1 - p'_b)}{2} \tag{7.39}$$

墙底面的波浪浮托力为：

$$P'_u = \frac{Bp'_b}{2} \tag{7.40}$$

2)远堤破碎波波压力

以远破波正向作用于直墙式构筑物的情况为例,波峰作用和波谷作用时的远破波波浪压力计算过程分别如下：

(1)波峰作用时(图 7.20)

静水面以上高度 H 处的波浪压力压强为零。

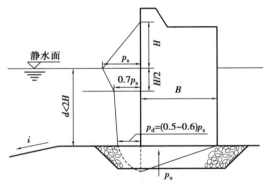

图 7.20　波峰作用时远破波波浪压力强度分布图

静水面处的波浪压力压强为：

$$p_s = \gamma K_1 K_2 H \tag{7.41}$$

式中,K_1 由海底坡度 i 决定,取值见表 7.5,坡度可取建筑物前一定距离内的平均值。

表 7.5　K_1 值表

底坡 i	1/10	1/25	1/40	1/50	1/60	1/70	$\leqslant$1/100
K_1	1.89	1.54	1.40	1.37	1.33	1.29	1.25

K_2 由波坦 L/H 决定,取值见表 7.6。

表 7.6　K_2 值表

波坦 L/H	14	15	16	17	18	19	20	21	22
K_2	1.01	1.06	1.12	1.17	1.21	1.26	1.30	1.34	1.37
波坦 L/H	23	24	25	26	27	28	29	30	
K_2	1.41	1.44	1.46	1.49	1.50	1.52	1.54	1.55	

静水面以下深度 $H/2$ 处的波浪压力压强为:

$$p_z = 0.7 p_s \qquad (7.42)$$

水底处波浪压力压强取值和水深与波长的比值 d/L 有关:

①当 $d/L \leqslant 1.7$ 时

$$p_d = 0.6 p_s \qquad (7.43)$$

②当 $d/L > 1.7$ 时

$$p_d = 0.5 p_s \qquad (7.44)$$

单位长度墙身上的总波浪压力可以根据相应的压强分布图求出。

墙底面波浪浮托力为:

$$p_u = (0.5 \sim 0.6) \frac{B p_s}{2} \qquad (7.45)$$

(2)波谷作用时(图 7.21)

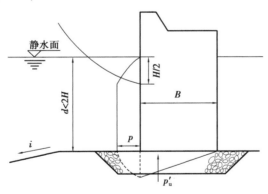

图 7.21　波谷作用时远破波波浪压力强度分布图

静水面处波浪压力压强为零。

静水面以下,从深度 $H/2$ 处至水底处的波浪压力压强为:

$$p = 0.5 \gamma H \qquad (7.46)$$

单位长度墙身上的总波浪压力可以根据相应的压强分布图求出。

墙底面波浪浮托力为:

$$P'_u = \frac{Bp}{2} \qquad (7.47)$$

当远破波斜向作用在直墙式构筑物上时,可以根据规范计算求出一折减系数,然后对按照正向波作用时的情况进行折减后得到波浪压力。

3)近堤破碎波波压力

当墙前水深 $d_1 \geq 0.6H$ 时,近破波波浪压力计算过程如下(图 7.22):

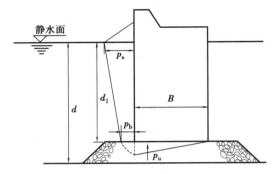

图 7.22　近破波波浪压力强度分布图

静水面以上一定高度 z 处波浪压力压强为零,此高度 z 按式(7.48)计算:

$$z = \left(0.27 + 0.53 \frac{d_1}{H}\right) H \tag{7.48}$$

静水面处波浪压力压强和 d_1/d 的比值有关:

①当 $\frac{1}{3} < \frac{d_1}{d} \leq \frac{2}{3}$ 时:

$$p_s = 1.25 \gamma H \left(1.8 \frac{H}{d_1} - 0.16\right)\left(1 - 0.13 \frac{H}{d_1}\right) \tag{7.49}$$

②当 $\frac{1}{4} \leq \frac{d_1}{d} \leq \frac{1}{3}$ 时:

$$p_s = 1.25 \gamma H \left[\left(13.9 - 36.4 \frac{d_1}{d}\right)\left(\frac{H}{d_1} - 0.67\right) + 1.03\right]\left(1 - 0.13 \frac{H}{d_1}\right) \tag{7.50}$$

墙底处的波浪压力压强为:

$$p_b = 0.6 p_s \tag{7.51}$$

单位长度墙身上的总波浪压力为:

①当 $\frac{1}{3} < \frac{d_1}{d} \leq \frac{2}{3}$ 时:

$$P = 1.25 \gamma H d_1 \left(1.9 \frac{H}{d_1} - 0.17\right) \tag{7.52}$$

②当 $\frac{1}{4} \leq \frac{d_1}{d} \leq \frac{1}{3}$ 时:

$$P = 1.25 \gamma H d_1 \left[\left(14.8 - 38.8 \frac{d_1}{d}\right)\left(\frac{H}{d_1} - 0.67\right) + 1.1\right] \tag{7.53}$$

墙底面的波浪浮托力为:

$$p_u = 0.6 \times \frac{Bp_s}{2} \tag{7.54}$$

相应的,当近破波斜向作用在直墙式构筑物上时,也需要根据规范计算求出一折减系数,然后对按照正向波作用时的情况进行折减后得到波浪压力。

7.4 冰压力

根据《公路桥涵设计通用规范》(JTG D60—2015),冰压力指位于冰凌河流和水库中的结构物(如桥墩等),由于冰层的作用而对结构产生的压力。冰压力按照其作用性质的不同,可分为静冰压力和动冰压力。

静冰压力包括:冰堆整体推移时产生的静压力、风和水流作用于大面积冰层时引起的静压力、冰覆盖层受温度影响膨胀时产生的静压力和冰层因水位升降时产生的竖向作用力。动冰压力主要指河流流冰所产生的冲击动压力。

▶ 7.4.1 冰堆整体推移时产生的静压力

当大面积冰层以缓慢的速度接触墩台等结构物时,冰层会因受阻而停滞在墩台前,形成冰层或冰堆的现象。墩台受到流冰挤压,并在冰层破碎前的瞬间对墩台产生最大压力。基于作用在墩台的冰压力不能大于冰的破坏力这一原理,考虑到冰的破坏力取决于结构物的形状、气温以及冰的抗压极限强度等因素,极限冰压力计算公式如下:

$$F_i = mC_t bt R_{ik} \tag{7.55}$$

式中 F_i——冰压力标准值,kN;

m——桩或墩迎冰面形状系数,可按表7.7取用;

C_t——冰温系数,气温在零上解冻时为1.0,气温在零下解冻且冰温为-10 ℃及以下者为2.0,其间用插值法取值;

R_{ik}——冰的抗压强度标准值,kN/m^2,可取当地冰温0°时的冰抗压强度,当缺乏试测资料时,对海冰可取 $R_{ik} = 750$ kN/m^2;对河冰,流冰开始时,$R_{ik} = 750$ kN/m^2,最高流冰水位时,$R_{ik} = 450$ kN/m^2。

b——桩或墩迎冰面投影宽度,m;

t——计算冰厚,m,可取实际调查的最大冰厚。

桩或墩迎冰面形状系数 m 的取值见表7.7。

表 7.7 桩或墩迎冰面形状系数 m

迎冰面形状	尖角形的迎冰面角度					圆弧形	平面
	45°	60°	75°	90°	120°		
形状系数 m	0.54	0.59	0.64	0.69	0.77	0.9	1.0

▶ **7.4.2　大面积冰层移动时产生的静压力**

大面积浮冰由于水流和风的推动作用从而对结构物产生静压力,如图7.23所示,可根据水流方向和风向,考虑冰层面积来计算静压力如下:

$$p = \Omega[(p_1 + p_2 + p_3)\sin\alpha + p_4\sin\beta] \tag{7.56}$$

式中　p——作用于结构物的正压力,N;

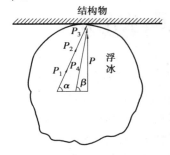

图7.23　大面积冰层静压力示意图

Ω——浮冰冰层面积,m^2,取历史记录的最大值;

p_1——水流对冰层下表面的摩擦阻力,Pa,可取值为$0.5v_s^2$,v_s为冰层下表面的水流速度,m/s;

p_2——水流对浮冰边缘的作用力,Pa,可取值为$50\dfrac{h}{l}v_s^2$,其中h为冰层厚度,m,l为冰层沿水流方向的长度,m,在河中不得大于2倍河宽;

p_3——水面坡降对冰层产生的作用力,Pa,取值为$920h_i$,i为水面坡降;

p_4——风对冰层上表面的摩擦阻力,Pa,取值为$(0.001\sim0.002)V_F$,V_F为风速(m/s),取历史记录中有冰时期与水流方向基本一致的最大风速;

α——结构物迎冰面与冰流方向的水平夹角;

β——结构物迎冰面与风向间的水平夹角。

▶ **7.4.3　冰覆盖层受到温度影响膨胀时产生的静压力**

温度升高会导致冰层膨胀,当冰场的自由膨胀受到坝体、桥墩等结构物的约束时,冰层会对约束体产生静压力。冰的膨胀压力和冰面温度、升温速率、冰盖厚度以及冰与结构物之间的距离等因素有关。

日照气温早晨回升傍晚下降,当冰层很厚时,日照升温对50 cm以下深度处的冰层影响很小,因为该处尚未达到升温所需时间,气温已经开始下降。因此取冰层计算厚度为h,当$h>50$ cm时,取值为50 cm,当$h<50$ cm时,按实际厚度取值。试验表明,产生最大冰压的厚度约为25 cm。冰压力沿冰厚方向基本上呈上大下小的倒三角形分布,因此可认为冰压力的合力作用点在冰面以下1/3冰厚处。

确定冰与结构物接触面的静压力时,要考虑冰面初始温度、冰温上升速率、冰覆盖层厚度及冰盖约束体之间的距离等因素,计算公式如下:

$$p = 3.1\frac{(t_0+1)^{1.67}}{t_0^{0.881}}\eta^{0.33}hb\varphi \tag{7.57}$$

式中　p——冰覆盖层升温时,冰与结构物接触面产生的静压力压强,Pa;

t_0——冰层初始温度,℃,取冰层内温度的平均值,或取为$0.4t$,t为升温开始时的气温;

h——冰盖层计算厚度,m,采用实际冰层厚度,但不大于0.5 m;

b——墩台宽度,m;

φ——由冰盖层长度 L 决定的系数,系数 φ 的取值可以参考表7.8;

η——冰层温度上升速率,℃/h,采用冰层厚度内的平均值。$\eta = t_1/s = 0.4t_2/s$,其中 t_1 为冰层升温平均值,t_2 为气温上升平均值,s 为温度变化的时间,h。

表7.8 系数 φ 的取值

L/m	<50	50~75	75~100	100~150	>150
φ	1.0	0.9	0.8	0.7	0.6

▶ 7.4.4 冰层因水温升降时产生的竖向作用力

当冰覆盖层与结构物冻结在一起时,若水位升高,则水会通过冻结在桥墩、桩群等结构物上的冰盖对结构物产生向上的拔力。桥墩四周的冰层有效直径可按照50倍冰层厚度的平板应力来计算,计算公式如下:

$$V = \frac{300h^2}{\ln\dfrac{50h}{d}} \tag{7.58}$$

式中　V——上拔力,N;

　　　h——冰层厚度,m;

　　　d——当桩柱或桩群周围有半径不小于20倍冰层厚度的连续冰层,且桩群中各桩距离在1 m 以内时的桩柱或桩群直径,m,若桩群或承台为矩形,则取 $d = \sqrt{ab}$,其中 a、b 为矩形的边长,m。

▶ 7.4.5 流冰冲击力

当冰块运动时,对结构物前沿的作用力与冰块的抗压强度、冰层厚度、冰块尺寸、冰块运动速度及方向等因素有关。在不同的条件下,冰块碰到结构物时可能发生破碎,也可能只有撞击而不破碎。

①当冰块的运动方向大致垂直于结构物的正面,即冰块运动方向与结构物正面的夹角 φ 为80°~90°时,有:

$$p = kvh\sqrt{\Omega} \tag{7.59}$$

②当冰块的运动方向与结构物正面所成夹角 $\varphi < 80°$ 时,作用于结构物正面的冲击力按下式计算:

$$P = C \cdot v \cdot h^2 \sqrt{\frac{\Omega}{\mu \cdot \Omega + \lambda \cdot h^2}} \sin\varphi \tag{7.60}$$

式中　p——流冰冲击力,N;

　　　k、λ——与冰的计算极限抗压强度 F_y 有关的系数;

　　　v——冰块流动速度,m/s,宜按资料确定,对于河流可采用水流速度,对于水库可采用历年冰块运动期内最大风速的3%,但不应大于0.6 m/s;

　　　h——流冰厚度,m,可采用当地最大冰厚的0.7~0.8倍,在流冰初期取最大值;

Ω——冰块面积,m^2,可由当地或邻近地点的实测或调查资料确定;

C——系数,$s \cdot kN/m^3$,一般取 136;

μ——取决于 φ 角的系数。

系数 k、λ 的取值可按表 7.9 确定。

表 7.9　系数 k、λ 的取值

F_y/kPa	411	735	980	1 225	1 471
$k/[s \cdot (kN \cdot m^{-3})]$	2.9	3.7	4.3	4.8	5.2
λ	2 220	1 333	1 000	800	667

系数 μ 取值可按表 7.10 确定。

表 7.10　系数 μ 取值

φ	20°	30°	45°	55°	60°	65°	70°	75°
μ	6.70	2.25	0.50	0.16	0.08	0.04	0.016	0.005

7.5　撞击力

▶ 7.5.1　汽车撞击力

按照《建筑结构荷载规范》(GB 50009—2012)规定,汽车的撞击力可按式(7.61)取值:

$$P_k = \frac{mv}{t} \tag{7.61}$$

式中　P_k——汽车撞击力标准值,kN;

m——汽车质量,t,包括自重和载重,无数据时可取 15 t;

v——车速,m/s,无数据时可取 22.2 m/s;

t——撞击时间,s,无数据时可取 1.0 s。

小型车和大型车的撞击力荷载作用点位置可分别取位于路面以上 0.5 m 和 1.5 m 处。垂直行车方向的撞击力标准值可取顺行方向撞击力标准值的 0.5 倍,不考虑二者同时作用。

根据《公路桥涵设计通用规范》(JTG D60—2015)规定,桥梁结构必要时可考虑汽车的撞击作用。汽车撞击力设计值在车辆行驶方向应取 1 000 kN,在车辆行驶垂直方向应取 500 kN,两个方向的撞击力不同时考虑。撞击力应作用于行车道以上 1.2 m 处,直接分布于撞击时所涉及的构件上。

设有防撞设施的结构构件,可视防撞设施的防撞能力,对汽车撞击力设计值予以折减,但折减后的汽车撞击力设计值不应低于上述规定值的 1/6。

► 7.5.2　船舶撞击力

撞击力的大小与撞击速度、撞击方位、撞击时间、船只吨位、漂流物重量、船只撞击部位形状、桥墩尺寸及强度等诸多因素有关。因此,确定船只及漂流物的撞击作用是一个复杂问题,一般均根据能量相等原理采用等效静力荷载来表示撞击作用。我国《公路桥涵设计通用规范》(JTG D60—2015)假定船只或排筏作用于墩台上有效动能全部转化为撞击力所做的功,按等效静力导出撞击力 F 的近似计算公式。

设船只或排筏的质量为 m,驶近墩台的速度为 v,撞击时船只或排筏的纵轴线与墩台面的夹角为 α,如图 7.24 所示,其动能为:

$$\frac{1}{2}mv^2 = \frac{1}{2}m(v\sin\alpha)^2 + \frac{1}{2}m(v\cos\alpha)^2 \tag{7.62}$$

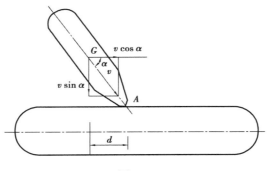

图 7.24

船只顺墩台面可以自由滑动,侧面动能不能传递到桥墩,动能由正面撞击产生,动能仅有前一项,即:

$$E_0 = \frac{1}{2}m(v\sin\alpha)^2 \tag{7.63}$$

在碰撞瞬间,船身以一角速度绕撞击点 A 旋转,消耗部分能量,撞击部位塑性变形吸收部分能量,其动能应予折减:

$$E = E_0\rho \tag{7.64}$$

能量折减系数按下式计算:

$$\rho = \frac{1}{1+\left(\dfrac{d}{R}\right)^2} \tag{7.65}$$

式中　R——水平面上船只对其质心 G 的回转半径,m;

　　　　d——质心 G 与撞击点 A 在平行墩台面方向的距离,m。

碰撞过程中,通过船只把传递给墩台的有效动能 E 全部转化为碰撞力 F 所做的静力功。设撞击点的总变位为 Δ,材料弹性变形系数为 C(单位力所产生的变形),则有:

$$\Delta = FC \tag{7.66}$$

所做静力功:

$$E = \frac{1}{2}F\Delta = C\frac{F^2}{2} \tag{7.67}$$

此静力功等于船只碰撞前的动能:

$$E = \frac{1}{2}m(v\sin\alpha)^2\rho \tag{7.68}$$

根据功的互等定理,有:

$$\rho\frac{W(v\sin\alpha)^2}{2g} = C\frac{F^2}{2} \tag{7.69}$$

因此,$F = \sqrt{\dfrac{\rho W(v\sin\alpha)^2}{gC}}$

令 $\gamma^2 = \rho$,及 $m = \dfrac{W}{g}$ 代入上式,得:

$$F = \gamma v\sin\alpha\sqrt{\frac{m}{c}} \tag{7.70}$$

式中 F——船只或排筏撞击力,kN;

g——动能折减系数;

v——船只或排筏撞击墩台速度,m/s;

a——船只或排筏撞击方向与墩台撞击点切线的夹角;

m——船只或排筏质量,t;

C——弹性变形系数,包括撞击物及墩台的综合弹性变形在内,一般顺桥轴方向取 0.000 5,横桥轴方向取 0.000 3。

根据《公路桥涵设计通用规范》(JTG D60—2015)的规定,通航水域中的桥梁墩台,设计时应考虑船舶的撞击作用。对于一至三级航道,船舶的撞击作用设计值宜按专题研究确定。对于四至七级内河航道,当缺乏实际调查资料时,船舶撞击作用的设计值可按表 7.11 取用,航道内的钢筋混凝土桩墩,顺桥向撞击作用则按表 7.11 中数值的 50% 取值。

当缺乏实际调查资料时,海轮撞击作用的设计值可按表 7.12 取用。

内河船舶的撞击作用点,假定为计算通航水位线以上 2 m 处的桥墩宽度或长度的中点,海轮船舶撞击作用点需视实际情况而定。

规划航道内可能遭受大型船舶撞击作用的桥墩,应根据桥墩自身的抗撞击能力、桥墩的位置和外形、水流流速、水位变化、通航船舶类型和碰撞速度等因素作桥墩防撞设施的设计。当设有与墩台分开的防撞击的防护结构时,桥墩可不计船舶的撞击作用。

表 7.11 内河航道船舶撞击作用设计值

内河航道等级	船舶吨级 DWT/t	横桥向撞击作用/kN	顺桥向撞击作用/kN
四	500	550	450
五	300	400	350

内河航道等级	船舶吨级 DWT/t	横桥向撞击作用/kN	顺桥向撞击作用/kN
六	100	250	200
七	50	150	125

表 7.12　海轮撞击作用的设计值

船舶吨级 DWT/t	3 000	5 000	7 500	10 000	20 000	30 000	40 000	50 000
横桥向撞击作用/kN	19 600	25 400	31 000	35 800	50 700	62 100	71 700	80 200
顺桥向撞击作用/kN	9 800	12 700	15 500	17 900	25 350	31 050	35 850	40 100

▶ 7.5.3　漂流物撞击力

根据《公路桥涵设计通用规范》(JTG D60—2015)的规定,有漂流物的水域中的桥梁墩台,设计时应考虑漂流物的撞击作用,撞击作用点假定在计算通航水位线上桥墩宽度的中点,漂流物对墩台的撞击力可由动量定理确定。撞击过程中,漂流物主要的外力就是其撞击力 F,假设撞击时间为 T。系统所受外力的冲量等于漂流物撞击前后动量的改变量,可导出横桥向撞击力设计值计算公式。

$$F = \frac{Wv}{gT} \tag{7.71}$$

式中　F——横桥向撞击力设计值,kN;

　　　W——漂流物重力,kN,应根据河流中漂流物的情况,按实际调查确定;

　　　v——水流速度,m/s;

　　　g——重力加速度,m/s²;

　　　T——撞击时间,s,应根据实际资料估计,无数据时可取 1.0 s。

思考题

7.1　土压力有哪几种类别? 土压力的大小及分布与哪些因素有关?

7.2　简述静止土压力、主动土压力和被动土压力的形成机理。

7.3　试述 3 种土压力在实际工程中的应用。

7.4　试述朗肯与库仑土压力理论存在的主要问题。

7.5　试述填土表面有连续均布荷载或局部均布荷载时土压力的计算。

7.6　静水压强有哪些特征? 如何确定静水压强?

7.7　试述等速平面流场中,流体受阻时边界层分离现象及绕流阻力的产生。

7.8 实际工程中为什么常将桥墩、闸墩设计成流线型?

7.9 试述波浪的传播特征及推进过程。

7.10 如何对直立式防波堤进行立波波压力、远破波波压力和近破波波压力的计算?

7.11 冰压力有哪些类型?

7.12 河流流冰产生的动冰压力与哪些因素有关?

7.13 简述桥梁结构如何考虑汽车的撞击作用。

7.14 航道内桥墩防撞设施设计时需要考虑哪些因素?

7.15 如何根据能量原理导出船只撞击力近似计算公式?

8

风荷载

【内容提要】

本章主要介绍了自然界风形成的原因及分类、风速与风压的关系、基本风压的定义以及基本风压的取值原则,叙述了结构物上的风荷载分类及分布特征、中国规范风荷载计算公式、风压高度变化系数以及风荷载体型系数,给出了结构在脉动风作用下的顺风向风振振动响应计算方法、等效静力风荷载及顺风向总风效应计算方法,讨论了结构在脉动风作用下的横风向风振产生的原因及分类、顺风向与横风向荷载的组合方法。

【学习目标】

(1)掌握基本风压的定义和取值原则;

(2)理解并掌握中国规范风荷载计算公式;

(3)理解并掌握结构顺风向风效应计算方法;

(4)熟悉结构横风向风振产生的原因及分类。

8.1 自然界的风

风,即空气相对于地球表面的运动,主要是太阳对地球大气的加热导致温度上升的不均匀所引起的。直观地说,风是由于大气中热力和动力现象的时空的不均匀性,使相同高度上两点之间产生气压差所造成的。

下面主要从气象的角度介绍自然界中常见的几种风,即季风、热带气旋、局部极端强风等。

1)季风

由于海洋的热容量较陆地的大,夏季时,海洋加热缓慢,温度低气压高,而大陆加热快,形成暖低压,风由冷的高压洋面吹向暖的低压大陆;冬季时则正好相反,由冷的大陆吹向暖的海洋。这种由于大陆和海洋之间存在的温度差异而形成的大范围盛行且风向随季节显著变化的风称为季风。季风影响范围广,可达数千米,且在其影响区内风力较均匀,可以近似当作平稳随机过程来考虑,由其产生的强风称为大尺度稳态强风。由于亚洲大陆幅员辽阔,所以受季风的影响非常强烈,呈现出季节性气候变化特征。

2)热带气旋

在热带或副热带海洋上产生的强烈空气旋涡称为热带气旋,其直径通常为几百到几千米,厚度为几十千米。热带气旋的能量来源于海洋表面水汽冷凝所释放的潜热,通常发生在纬度 5°~20° 的热带洋面上。最初,若某处洋面温度较高,温热空气上升会使得洋面处气压变低,形成低压中心,从而导致其周围空气向洋面低压中心处运动。同时,受地球自转产生的科氏力的影响,向该处运动的气流同样不会沿径向直达低压中心,而是盘旋着靠近中心,于是会在海洋面上形成小规模涡旋(在北半球为逆时针旋转,在南半球则为顺时针旋转)。如果海洋潜热能够持续为气旋提供能量,热带气旋的能量就会逐渐增强,中心风速超过 12 级而形成所谓的台风或者飓风。成熟的热带气旋具有三维旋涡结构,如图 8.1 所示。热带气旋的水平尺寸小于温带气旋或低压,但它们的影响可以绵延数百千米。其环流的径向分量指向"风眼",其外部是随气流向上螺旋运动的强热对流区。风眼内是一个相对平静的区域,里面的空气缓慢下沉,风眼直径从 8 km 到 80 km 不等,风眼中常常可以看到晴空。最强的风发生在靠近风眼外沿的区域。一般称西北太平洋及其沿岸的中国、韩国、日本、越南、菲律宾等地的热带气旋为"台风",而发生在大西洋、加勒比海和北太平洋东部的强烈热带气旋则被称为"飓风"。

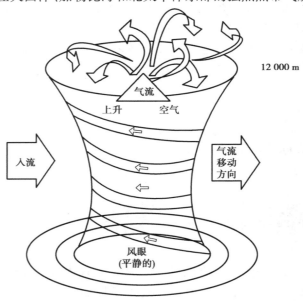

图 8.1　热带气旋的三维结构示意图

3)局部极端强风

除了前面所述的季风和热带气旋,局部温差效应、湿度差异等还会形成影响范围小但强度大的局部极端强风。由于形成机理不同,局部极端强风特性各异,下面对两种典型的局部极端强风——龙卷风和下击暴流进行简要介绍。

（1）龙卷风

龙卷风是一种出现在强对流云内的漏斗状小尺度旋涡,具有活动范围小、时间过程短、风速高、破坏性强的特点。龙卷风的直径很小,一般为几米到几百米,持续时间一般为几分钟到几十分钟,但是其最大切向风速可达到 $100\sim200$ m/s,在急速旋转的同时伴有直线型水平运动,平均移动速度约 15 m/s,移动距离一般为几百米到几千米。

龙卷风是雷暴天气过程中部分能量在局地范围内的集中释放,同时,由在强烈的不稳定的天气状况下产生强烈的上升气流,对急流中的最大过境气流进一步加强形成。由于与在竖向上速度和方向均有切变风相互作用,上升气流在对流层的中部开始旋转,形成气旋,并向地面发展和向上伸展,其逐渐变细并增强。同时,一个小面积的增强辐合,即初生的龙卷在气旋内部形成,成龙卷核心。龙卷核心中的旋转与气旋中的不同,其强度足以使龙卷一直伸展到地面。当龙卷核心的涡旋到达地面高度时,近地区域气压急剧下降,风速急剧上升,形成龙卷风,如图 8.2 所示。

（2）下击暴流

下击暴流为一种在地面或近地面附近引起灾害性强风的下沉气流。下击暴流通常出现在雷暴过程中,下沉气流有时会在到达地面前消散,有时到达地面的速度较低,但当下沉气流抵达地面时速度较大并会产生风速不小于 18 m/s 的强辐散流场,此时这种突发性、局地性、小概率、强对流天气现象被称为下击暴流,如图 8.3 所示。下击暴流的水平尺度一般为 $1\sim10$ km,生命期在 $10\sim60$ 分钟,最大近地面风速可达 50 m/s。下击暴流的形成和雷暴上升气流及云顶积雨云的崩溃联系紧密,气流上升后动能变为势能（表现为冷、重的云顶）而被储存起来,一旦云顶迅速崩溃,势能又转化为下降气流的动能。

图 8.2　发生于美国得克萨斯州的一次龙卷风

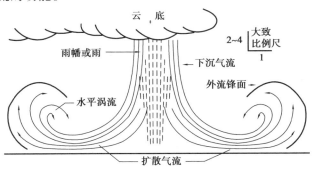

图 8.3　下击暴流示意图

8.2　大气边界层风特性

第 8.1 节介绍了自然界常见的风类型,但与工程结构直接相关的风荷载则取决于近地区域的风场特性,因此对大气边界层内风场特性的研究是结构风工程的重要内容之一。

▶ **8.2.1 大气边界层**

当风吹过地球表面时,由于受到地面上各种粗糙表面(如草地、树林、建筑物等)的阻碍作用,会使近地面的风速减小,这种影响随离地高度的增加而逐渐减弱,直至达到某一高度后消失。通常将受地表摩阻影响的近地大气层称为"大气边界层",其顶部(即忽略地表摩阻影响的高度)到地面的距离称为大气边界层高度或边界层厚度。在大气边界层内,风以不规则的、随机的湍流形式运动,平均风速随高度增加而增加,至大气边界层顶部达到最大,相应风速称为梯度风速 v_{zG},相应高度称为梯度风高度 z_G。在大气边界层外,风以层流形式运动,不再随高度的增加而增加,如图 8.4 所示。

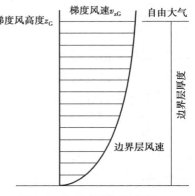

图 8.4　大气边界层示意图

大量实测资料表明,在一定的时距范围内,风速可以被近似地视为随空间和时间变化的平稳随机过程。在自然坐标系下,观测点的瞬时风速大小和方向是随时间不断变化的。对其求时间平均,得到平均风速及其对应的平均风向,称为风向或顺风向。由于大尺度稳态强风的竖向平均风速一般为零,如图 8.5(a)所示,即顺风向为水平向,与顺风向垂直的水平方向称为横风向。在风速时程曲线中,瞬时风速主要包含两种部分:一种是长周期部分,其周期常在 10 min 以上;另一种是短周期部分,常有几秒至几十秒。由于长周期成分的周期远大于工程结构的自振周期,因此对其结构的作用可近似认为是静力的。而短周期成分的周期与工程结构的自振周期较为接近,因此对结构具有动力作用。在实际工程应用中,瞬时风速可以看作平均风速和脉动风速的叠加,如图 8.5(b)所示。

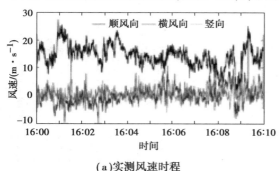

(a)实测风速时程

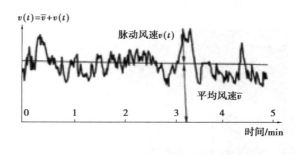

(b)瞬时风速分解

图 8.5　实测风速的分解

▶ **8.2.2 平均风特性**

描述平均风速随高度变化规律的曲线为平均风剖面。平均风剖面一般采用对数律或指数律来描述。

(1)对数律

对数律的表达式为

$$\bar{v}(z) = \frac{1}{k} v_* \ln\left(\frac{z'}{z_0}\right) \tag{8.1}$$

式中　$\bar{v}(z)$——大气边界层内 z 高度处的平均风速；

　　　v_*——摩擦速度或者流动剪切速度；

　　　k——卡曼（karman）常数，$k \approx 0.40$；

　　　z_0——地面粗糙长度，m；

　　　z'——有效高度，m，$z' = z - z_d$。其中 z 为离地高度，m；z_d 为零平面位移，m。

　　流动参数 z_0 和 z_d 是由经验给定的。其中，地面粗糙长度 z_0 是地面上旋涡尺寸的量度，由于局部气流的不均一性，不同测试中 z_0 的结果相差很大，故 z_0 的大小一般由经验确定，表 8.1 中所列的值可供参考采用。

表 8.1　不同粗糙地面的 z_0 值

地面类型	z_0/m	地面类型	z_0/m
砂地	0.000 1~0.001	矮棕榈	0.10~0.30
雪地	0.001~0.006	松树林	0.30~1.00
修剪后草地	0.001~0.01	稀疏建筑物的市郊	0.20~0.40
矮草地、空旷草原	0.01~0.04	密集建筑物的市郊、郊区	0.80~1.20
休耕地	0.02~0.03	大城市中心	2.00~3.00
高草地	0.04~0.10		

注：①文献 Chamberlain A.C.，"Roughness Length of Sea，Sand and Snow"，Bound. Layer Meteorol.，25（1983），405-409.
　　②所用的 z_0 值要结合假设 $z_d = 0$。

（2）指数律

　　由 G.Hellman 提出，并由 A.G.Davenport 根据多次观测资料整理出不同场地下的风剖面图（图 8.6），提出了平均风速沿高度变化的指数律模型，其表达式为

$$\frac{\bar{v}(z)}{\bar{v}_r} = \left(\frac{z}{z_r}\right)^\alpha \tag{8.2}$$

式中　z_r、$\bar{v}_r$——标准参考高度和其对应的平均风速；

　　　z、$\bar{v}(z)$——任一高度和任一高度处的平均风速；

　　　α——地面粗糙度指数，随不同粗糙地形类型而变化。

　　指数律描述风剖面时，假定地面粗糙度指数 α 在梯度风高度内为常数，且梯度风高度 z_G 仅为指数 α 的函数。我国规范规定了按四类地面粗糙度类别，并用梯度风高度 z_G 和指数 α 确定用于工程结构抗风设计的风剖面，见表 8.2。

表 8.2　我国地面粗糙度类别和对应的 z_G，α 值

地面粗糙度类别	描述	z_G/m	α
A	近海海面和海岛、海岸、湖岸及沙漠地区	300	0.12

续表

地面粗糙度类别	描述	z_G/m	α
B	田野、乡村、丛林、丘陵以及房屋比较稀疏的乡镇和城市郊区	350	0.15
C	有密集建筑群的城市市区	450	0.22
D	有密集建筑群且有大量高层建筑的大城市市区	550	0.30

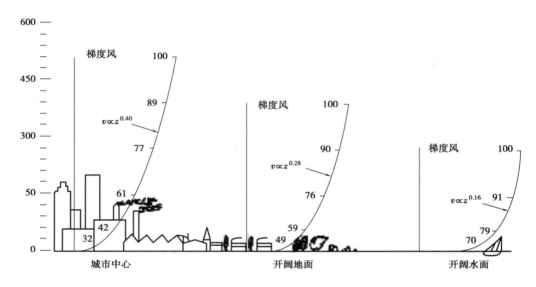

图 8.6　不同地面粗糙度类别的平均风剖面

▶ 8.2.3　脉动风特性

脉动风的统计特性包括湍流强度、湍流积分尺度、脉动风速功率谱和空间相关性。

（1）湍流强度

湍流强度主要用于反映风的脉动强度,是描述大气湍流特性的重要参数之一,也是确定结构脉动风荷载的关键参数。湍流强度可在 3 个正交方向的瞬时风速分量上被分别定义,但一般大气边界中的顺风向分量要比其他两个分量大,本文只介绍顺风向的湍流强度,而其他两个方向的湍流强度的定义是类似的。

某一高度 z 处的顺风向湍流强度 $I(z)$ 的定义式为:

$$I(z) = \frac{\sigma_v(z)}{\bar{v}(z)} \tag{8.3}$$

式中　$\bar{v}(z)$——高度 z 处的平均风速;

　　　$\sigma_v(z)$——顺风向脉动风速均方根值。

顺风向湍流强度 $I(z)$ 是地面粗糙度类别和离地高度 z 的函数,但它与风的长周期变化无关。$\sigma_v(z)$ 一般随高度 z 的增加而相应减少,而平均风速则随高度 z 的增加而增加,故 $I(z)$ 随高度的增加而降低。

我国荷载规范给出 $I(z)$ 的计算公式为

$$I(z) = I_{10}\left(\frac{z}{10}\right)^{-\alpha} \tag{8.4}$$

式中　α——地面粗糙度指数;

　　　I_{10}——10 m 高度处的名义湍流强度,对于 A、B、C 和 D 类地貌,分别取 0.12、0.14、0.23 和 0.39。

（2）湍流积分尺度

湍流积分尺度,又称为湍流长度尺度。某一点的速度脉动可以认为是由平均风所输运的一系列大小不同的涡旋叠加引起的,各涡旋的尺度可以用其波长来量度,而湍流涡旋的平均尺度则可用湍流积分尺度来量度。湍流积分尺度可以反映脉动速度的空间相关性,其值越大,脉动速度的空间相关性越强。如果结构上两点的距离远远超过湍流积分尺度,则这两点的脉动速度可以认为是不相关的,则对结构总响应的影响较小。但如果湍流积分尺度很大,涡旋将包围整个结构,其对结构总响应的影响就十分明显。

在结构风工程中一般仅关注顺风向平均湍流积分尺度,可得顺风向湍流积分尺度 L_u^x 为

$$L_v^x = \frac{1}{\sigma^2(v)}\int_0^\infty R_{v_1v_2}(x)\,\mathrm{d}x \tag{8.5}$$

式中　$R_{v_1v_2}(x)$——同一时刻空间上不同两点的顺风向脉动风速,当 $v_1 = v(x_1, t)$ 和 $v_2 = v(x_1+x, t)$ 互为相关函数且当 $x=0$ 时, $R(0) = \sigma^2(v)$;当 $x \to \infty$ 时, $R(\infty) = 0$ 。

（3）脉动风速功率谱

脉动风速功率谱描述了脉动风在频域内的分布规律,反映了脉动风的不同频率成分对湍流脉动总动能的贡献。大气运动中包含了一系列大小不同的旋涡运动,每个旋涡的尺度与其作用频率存在反比关系,以及大旋涡的脉动频率较低,而小旋涡的脉动频率较高。一般来说,结构风工程中通常关心的都是顺风向湍流功率谱。

我国规范采用 Davenport 谱,表达式如下:

$$\frac{nS_v(n)}{\overline{v}_{10}^2} = \frac{4f^2}{(1+f^2)^{4/3}} \tag{8.6}$$

式中　$S_v(n)$——顺风向脉动风速功率谱;

　　　n——脉动风频率;

　　　$\overline{v}_{10}$——标准高度为 10 m 处的平均风速;

　　　f——无量纲频率, $f = \dfrac{nL_v}{v_{10}}$,其中, L_v 为湍流积分尺度,我国规范中取为常数 1 200 m, $\overline{v}_{10}$ 为 10 m 高度处的平均风速。

（4）空间相关性

强风观测表明,空间各点的风速风向并不是完全相关的,甚至可能是完全无关的。当结构上一点的风压达到最大值时,在一定范围内离该点越远处的风荷载同时达到最大值的可能性比较小,这种性质称为脉动风的空间相关性,一般采用相干函数来描述。

8.3 基本风速和基本风压

▶ 8.3.1 基本风速

基本风速是根据不同地区气象站的大量实测资料,并按照我国规定的标准条件下的记录数据进行统计分析进而得到该地的最大平均风速。标准条件是指标准的地面粗糙度类别、标准高度及重现期、平均风时距和最大风速样本等。

(1)标准高度

在同一地点,越靠近地面,障碍物越多,风能量损失越大,但离地距离越高,地面障碍物对风的影响越小,因此风速随着离地面高度的增加而变大。我国规范规定离地 10 m 高为标准高度。

(2)标准地面粗糙度类别

风经过粗糙的地面,能量损失多,风速减小快;反之亦然。为了考虑地表粗糙的影响,我国规范中规定标准地面粗糙度类别为比较空旷平坦的地面,即 B 类地面的粗糙度类别,意指田野、乡村、丛林、丘陵及房屋比较稀疏的乡镇和城市郊区。

(3)平均风标准时距

平均风时距是为确定最大风速而规定的时间间隔。平均时距越短,所得的最大平均风速越大。如果平均时距能够包含若干个周期的风速脉动,则所得的最大平均风速会较为稳定。由于阵风的卓越周期为 1 min,故通常取平均时距为 10 min 至 1 h。我国规范规定平均风的时距为 10 min。

(4)最大风速样本

由于气候的重复性,风有它的自然周期。我国规范取一年中的最大平均风速,即年最大平均风速作为一个数理统计的样本。

(5)最大风速重现期

在工程中,不能直接选取每年最大平均风速的平均值进行设计,而应该取大于平均值的某一风速作为设计的依据。从概率的角度分析,在一定间隔期之后,会出现大于某一风速的年最大平均风速(称为设计风速),我们称这个间隔期为重现期。我国规范规定基本风速(或设计风速)的重现期为 50 年。

重现期为 T 的基本风速,在任一年中超越该风速的概率为 $\dfrac{1}{T}$,因此,不超过该基本风速的概率或保证率为

$$p_0 = \frac{T-1}{T} \tag{8.7}$$

重现期越长,保证率越高。我国规范规定:对于一般结构,基本风压应按 50 年重现期的风压采用;对于高层结构、高耸结构及对风荷载比较敏感的结构或者重要的建筑结构,重现期应适当提高。

▶ 8.3.2 基本风压

在实测中一般记录的是风速,但工程设计中则采用风压计算,则涉及将风速转化为风压的问题。风压和风压之间的关系可由伯努利方程得到,自由来流的风速在单位面积上产生的风力(风压)为:

$$w = \frac{1}{2}\rho v^2 \tag{8.8}$$

式中　w——单位面积上的风压,kN/m²;

　　　ρ——空气密度,取 1.25 kg/m³;

　　　v——自由来流风速,m/s。

我国不同城市和地区的基本风压直接查用《建筑结构荷载规范》(GB 50009—2012)附录表 E.5。当城市或建设地点的基本风压不能查用时,基本风压值可根据当地年度最大风速资料,按基本风压定义,通过统计分析确定。

▶ 8.3.3 非标准情况的换算

由于客观条件的限制,实际问题中存在实测风速的高度、时距、重现期等不符合基本风速标准条件的情况,因此必须将非标准条件下实测风速资料换算为标准条件下的风速资料,再进行分析。

(1)非标准高度换算

我国规范采用指数律来描述平均风速剖面,当测点高度不在 10 m 而在距地面高度 z 处测得其风速 v,则在 10 m 高度处的基本风速 v_{10} 应为

$$v_{10} = v\left(\frac{z}{10}\right)^{-\alpha} \tag{8.9}$$

式中　$\left(\dfrac{z}{10}\right)^{-\alpha}$——高度换算系数。

(2)非标准地面粗糙度类别换算

标准地面粗糙度条件下的基本风速、梯度风高度、标准参考高度和地面粗糙度指数分别为 v_0,z_{G0},z_0 和 α_0;任意地面粗糙度类别的对应值为 v_a,z_{Ga},z_a 和 α_a。

由标准地面粗糙度求得梯度风高度处的风速为

$$v(z_{G0}) = v_0\left(\frac{z_{G0}}{z_0}\right)^{\alpha_0} \tag{8.10}$$

由任意地面粗糙度求得梯度风高度处的风速为

$$v(z_{Ga}) = v_a\left(\frac{z_{Ga}}{z_a}\right)^{\alpha} \tag{8.11}$$

由于任一地面粗糙度类别在梯度风高度处的风速均相等,故有

$$v_0\left(\frac{z_{G0}}{z_0}\right)^{\alpha_0} = v_a\left(\frac{z_{Ga}}{z_a}\right)^{\alpha} \tag{8.12}$$

即

$$v_a = v_0 \left(\frac{z_{G0}}{z_0}\right)^{\alpha_0} \left(\frac{z_{Ga}}{z_a}\right)^{-\alpha} \tag{8.13}$$

我国荷载规范规定 B 类地貌的 $z_{G0} = 350$ m，$z_0 = 10$ m，$\alpha_0 = 0.15$，将以上数据代入式 (8.13)，可得任意地面粗糙度类别情况下距地面高度 z 处的基本风速为

$$v_a = v_0 \left(\frac{350}{10}\right)^{0.15} \left(\frac{z_{Ga}}{z_a}\right)^{-\alpha} = 1.705 v_0 \left(\frac{z_{Ga}}{z_a}\right)^{-\alpha} \tag{8.14}$$

（3）不同时距换算

我国和世界上绝大多数国家均采用 10 min 作为实测风速平均时距的标准。但有时天气变化剧烈，气象台（站）瞬时风速记录时距小于 10 min，因此在某些情况下需要进行不同时距之间的平均风速换算。实测结果表明，各种不同时距间平均风速的值受到多种因素影响，具有很大的变异性，不同时距与 10 min 时距风速换算系数可近似按表 8.3 取值。

表 8.3　不同时距与 10 min 时距风速换算系数

风速时距	60 min	10 min	5 min	2 min	1 min	0.5 min	20 s	10 s	5 s	瞬时
换算系数	0.94	1	1.07	1.16	1.20	1.26	1.28	1.35	1.39	1.50

（4）不同重现期换算

重现期不同，保证率也不同，影响最大风速的统计数值。由于结构的重要性不同，重现期规定也可不同。我国规范分别给出了重现期为 10 年、50 年和 100 年的各地区基本风压值（可换算成不同重现期的基本风速值），其他重现期 T 的基本风速按下式计算，即

$$v_T = v_{10} + (v_{100} - v_{10})(\ln T / \ln 10 - 1) \tag{8.15}$$

【例 8.1】我国《建筑结构荷载规范》（GB 50009—2012）将地面粗糙度分为 A、B、C、D 四类，对地面粗糙度指数 α 按（GB 50009—2012）中 B 类地貌取 0.15，B 类地貌的梯度风高度为 350 m，标准参考高度为 10 m。假设某地区地貌接近 B 类地貌，10 m 处的基本风速为 $v_s = 5.6$ m/s。试求：

①B 类地貌下 50 m 高度处的风速；

②C 类地貌下 10 m 高度处的风速；

③B 类地貌下换算时距为 1 h 时的 10 m 处的风速；

④B 类地貌下重现期为 100 年时的 10 m 处的风速。

【解】①利用不同高度处的换算公式，得：

$$v = v_s \left(\frac{z}{10}\right)^{\alpha} = 5.6 \times \left(\frac{50}{10}\right)^{0.15} = 7.129 (\text{m/s})$$

②利用非标准地貌下的基本风速换算公式，得：

$$v_a = v_0 \left(\frac{z_{G0}}{z_0}\right)^{\alpha_0} \left(\frac{z_{Ga}}{z_a}\right)^{-\alpha}$$

$$v_a = v_0 \left(\frac{350}{10}\right)^{0.15} \left(\frac{450}{10}\right)^{-0.22} = 1.705 \times 5.6 \times \left(\frac{450}{10}\right)^{-0.22} = 4.132 (\text{m/s})$$

③利用不同时距的换算系数表知，1 h 时距的风速换算系数为 0.940，因此得：

$$v_{60\,min} = 0.940 \times 5.6 = 5.264\,(\text{m/s})$$

④利用不同重现期的换算系数表知,100年重现期的风速换算系数为1.05,因此得:

$$v_{100} = 1.05 \times 5.6 = 5.88\,(\text{m/s})$$

8.4 结构上的风荷载

由于自然界的湍流特性,风对结构的作用包含了静力作用和动力作用两个方面,相应的风荷载通常也分为平均风荷载和脉动风荷载。前者由自由来流中的平均风成分引起,后者由脉动风成分引起。

▶ 8.4.1 平均风荷载

建筑结构上的平均风压分布主要取决于结构的几何外形,也就是说,如果建筑的几何外形不相似,那么它们的风压分布也会显著不同。反过来,当两个尺寸不同的建筑物具有相似的几何外形时,只要尺寸的差别不会显著改变其周边的绕流流场特性(如雷诺数效应),那么它们的压力分布特性也是相似的。这里所谓的几何相似是指一个建筑物的尺寸由另一个建筑物的尺寸按比例缩小或放大而得来。下面以屋面结构为例,介绍其风压分布规律。

屋面结构的风荷载受到屋面的几何形状、建筑物的高度、迎风面宽度和顺风向深度以及来流特性等多个因素的综合影响,而且这些因素之间又存在相互作用从而使得其绕流特征和风压形成机制非常复杂,很难由归纳而得到广泛普适的气动载荷特性。

如图8.7所示,当风以垂直于屋脊或屋檐的方向吹向建筑物时,受迎风墙的阻挡效应使部分气流向上偏转,从而发生流线的向上弯曲。对于图8.7中的平屋顶情况,气流在迎风面的屋檐处产生分离,设在分离点处流线与水平面的夹角为流线分离角 α [图8.7(a)],则对于倾角 θ 小于 α 的缓坡人字形屋顶[图8.7(b)],其迎风坡和背风坡都将处于分离区中,从而使整个屋顶都处于负压状态,并伴有强烈的负压脉动。对于如图8.7(c)所示的陡坡人字形屋顶($\theta > \alpha$),受迎风墙弯曲的流线将受迎风坡的阻挡而再度向上弯曲,导致气流对迎风坡产生正风压而不是吸力。在此情况下,分离点将由屋檐移到下游的屋脊处,从而使整个背风坡位于分离区中从而受到吸力。

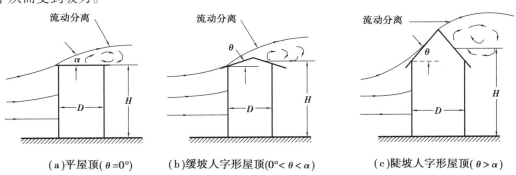

(a)平屋顶($\theta = 0°$)　　(b)缓坡人字形屋顶($0° < \theta < \alpha$)　　(c)陡坡人字形屋顶($\theta > \alpha$)

图8.7 平屋顶和人字形屋顶上方的绕流形态

需要注意的是,流线分离角 α 不是固定不变的,它将受到建筑物的几何尺寸(高度、迎风宽度、顺风深度)和来流速度的影响。建筑物越高,受迎风墙阻挡而弯曲的流线就越陡,其分离角也就越大,从而使迎风坡开始受到正风压的对应坡度也随之变大。当风向与屋脊或屋檐平行时,屋顶上方的绕流形态与如图 8.7(a)所示的绕流形态相似,屋顶上的风压始终为负,且越靠近屋面迎风前缘位置的平均压力系数绝对值越大,即吸力越大。

当来流与建筑物正面存在某一斜向角度时,沿屋面边缘会产生锥形涡,如图 8.8(a)所示,因为它极类似于三角形机翼形成的涡,故也称为"三角翼涡"或"锥形涡"。三角翼涡一般成对出现,在每个涡的中心会产生很高的负压区,如图 8.8(b)所示。在这种高负压作用下易导致屋面围护结构的损坏。

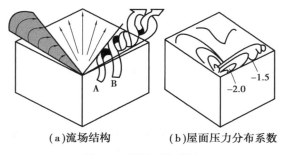

(a)流场结构   (b)屋面压力分布系数

图 8.8 平屋面锥形涡

对于无封闭墙体、只有立柱支承的敞开式建筑物屋顶(简称"敞开式屋顶或自立屋顶"),气流可从其上下两侧流过而无迎风墙使气流向上或下的两侧弯曲。因此,敞开式屋顶与封闭式屋顶在绕流形态及风压分布特性方面有很大差别。如图 8.9(a)所示,对于一个敞开式平屋顶,由于其上下两侧的绕流是对称的,因此作用在其上的升力几乎为零;但另一方面,当气流流过敞开式平屋顶时,在其上下两个表面都会形成湍流边界层,因此其上下面都将受到脉动风压的作用,从而在屋顶较柔或与下面支柱连接不牢的情况下可能会引起显著的风致振动。对于图 8.9(b)所示的迎风端上翘的敞开式斜屋顶,气流在屋面上缘(或迎背风两端)都将产生分离,并在屋顶的下游产生湍流尾流。在这种情况下,斜屋顶的上表面因处在分离区中而受到向上的吸力,斜屋顶的下表面受到气流的直接作用而受到向上的正压力,因此屋顶将受到向上的净升力(有竖向和顺风向的分量)。而对于背风侧上翘的敞开式斜屋顶[图 8.9(c)],绕流和风压情况正好与图 8.9(b)相反,此时斜屋顶下表面处于分离区而受到向下的吸力,上表面受到向下的正风压,屋顶所受的净升力向下。对于敞开式人字形屋顶[图 8.9(d)],部分气流将在迎风坡的下表面边缘产生分离,并在迎风坡和背风坡之间的三角形区域形成强度较弱的分离区(滞止区);向下游流动的气流在背风坡的下表面边缘再次产生分离,并在屋顶下游产生湍流尾流;另一部分气流直接作用在迎风坡的上表面,并且由于迎风坡的阻挡作用而转向沿迎风坡向上流动,在屋顶脊线处发生分离,从而在背风坡的上方形成分离区,并与在背风坡下边缘所产生的分离流叠加而使湍流尾流得到加强。这种流动形态在迎风坡的上下表面分别产生了正压和负压,在背风坡的上下表面分别产生了较强的负压和较弱的负压,结果使迎风坡和背风坡分别受到向下的升力和向上的升力,这两个方向相反的升力将对整个屋顶产生向迎风侧的倾覆力矩。

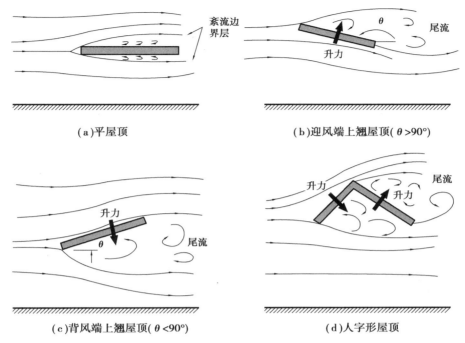

图 8.9　敞开式屋顶绕流形态

（a）平屋顶　　（b）迎风端上翘屋顶（$\theta > 90°$）

（c）背风端上翘屋顶（$\theta < 90°$）　　（d）人字形屋顶

▶　8.4.2　脉动风荷载

一般地，在气流的三维流动中，在 3 个相互垂直的方向有 3 个风速分量。与平均风速方向（或顺风向）一致的还包括脉动风速分量，而在与平均风速垂直的水平方向（横风向）和竖向仅有脉动风速分量。此节主要讨论与平均风速（顺风向）一致的脉动风作用。

顺风向的来流风速由两部分组成，t 时刻的风速可写作

$$v(z,t) = \bar{v}(z) + v(z,t) \tag{8.16}$$

式中　$\bar{u}(z)$——z 高度处的平均风速，m/s；

　　　$u(z,t)$——z 高度处的脉动风速，m/s。

脉动风荷载可通过假定作用在物体表面的脉动风压与来流风速具有相同的变化规律（风速、风向）来确定。即建筑物表面上的风压特性与来流风变化特性一致时，建筑物表面上 t 时刻的风压 $P(t)$ 可用下式表达：

$$P(t) = C_{p0} \frac{1}{2}\rho v^2(z,t) = C_{p0} \frac{1}{2}\rho [\bar{v}^2(z) + 2\bar{v}(z)u(z,t) + v^2(z,t)]$$
$$= C_{p0} \frac{1}{2}\rho [\bar{v}^2(z) + \sigma_v^2] \tag{8.17}$$

式中　C_{p0}——准定常风压系数。

$$\sigma_v^2 = 2\bar{v}(z)v(z,t) + v^2(z,t) \tag{8.18}$$

对于湍流序号度较小的情况，$\sigma_v^2 \ll \bar{v}^2(z)$，准定常风压系数 C_{p0} 近似等于平均压力系数 $\bar{C}_p$，结构所受的平均风荷载可表示为

$$\overline{P} = C_{p0} \frac{1}{2} \rho \, \overline{v}^2(z) \cong \overline{C}_p \frac{1}{2} \rho \, \overline{v}^2(z) \tag{8.19}$$

相应的脉动风荷载 $p(t)$ 可表示为

$$p(t) = C_{p0} \frac{1}{2} \rho \left[2\overline{v}(z) v(z,t) + v^2(z,t) \right] \tag{8.20}$$

由于平均风速 $\overline{v}$ 远大于脉动风速 $v(z,t)$，因此 $v^2(z,t)$ 可忽略不计，故

$$p(t) \cong C_{p0} \, \rho \, \overline{v}(z) v(z,t) \tag{8.21}$$

式(8.21)即为经常采用的建筑物上脉动风压与来流顺向脉动风速之间的准定常假定。

脉动风压方差可以写为

$$\sigma_p = C_{p0} \, \rho \, \overline{v}(z) \sigma_v \tag{8.22}$$

脉动风压系数可以定义为

$$\widetilde{C}_p = \frac{\sigma_p}{\frac{1}{2} \rho \, \overline{v}^2(z)} = \frac{C_{p0} \, \rho \, \overline{v}(z) \sigma_u}{\frac{1}{2} \rho \, \overline{v}^2(z)} = 2C_{p0} \frac{\sigma_v}{\overline{v}(z)} = 2C_{p0} I_v \tag{8.23}$$

式中 I_v ——顺风向湍流强度。

需要说明的是，准定常假定并非在所有情况下都适用。一般认为，其对建筑物迎风面脉动风压的预测与实验结果吻合较好，但对于建筑物侧面及背风面的脉动风压预测则与实验结果存在较大偏差，这主要是由于这些部位的流动产生了分离，其风压形成机制与迎风面不同所致。因此，对于以受迎风面风荷载为主的高层结构，准定常假定可认为适用；而对于以受气流分离作用为主的大跨度屋盖结构，准定常假定不适用。此时，需通过风洞试验来确定其脉动风压。

图8.10、图8.11显示了低矮房屋在典型风向下建筑表面的平均风压系数与脉动风压系数分布图。可以看出，建筑表面的平均风压分布与脉动风压分布规律较一致，平均风压大的位置，其脉动风压也相对较大，由式(8.23)也可得到相同的结论，即脉动风压系数与平均风压系数成正比，比例系数为 $2I_v$。

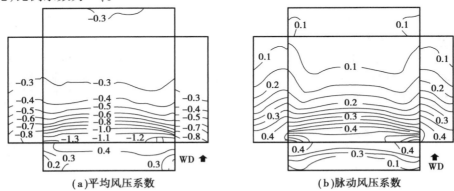

（a）平均风压系数 　　　　　　　　（b）脉动风压系数

图 8.10　低矮平屋顶房屋在气流与迎风面垂直时的平均风压系数与脉动风压系数分布

▶ 8.4.3　我国规范中的风荷载计算公式

对于主要受力结构，垂直于建筑物表面上的风荷载标准值应按下式计算：

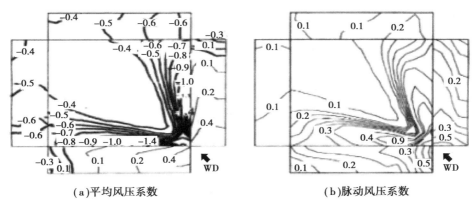

（a）平均风压系数   （b）脉动风压系数

图8.11　低矮平屋顶房屋在气流与建筑物斜交时的平均风压系数与脉动风压系数分布

$$w_k = \beta_z \mu_s \mu_z w_0 \tag{8.24}$$

式中　w_k——风荷载标准值；

　　　β_z——高度z处的风振系数；

　　　μ_s——风荷载体型系数；

　　　μ_z——风压高度变化系数；

　　　w_0——基本风压。

对于高度大于30 m且高宽比大于1.5的房屋、基本自振周期T大于0.25 s的各种高耸结构，以及跨度大于36 m的柔性屋盖结构，应考虑风振的影响。

计算围护结构时，应按下式计算：

$$w_k = \beta_{zg} \mu_{s1} \mu_z w_0 \tag{8.25}$$

式中　β_{zg}——高度z处的阵风系数，阵风系数按《建筑结构荷载规范》（GB 50009—2012）表

　　　8.6.1或表8.4 $\beta_{zg} = 1 + 2g I_{10}\left(\dfrac{z}{10}\right)^{-\alpha}$ 确定；

　　　μ_{s1}——风荷载局部体型系数。

表8.4　阵风系数 β_{zg}

离地面高度 /m	地面粗糙度类别			
	A	B	C	D
5	1.65	1.78	2.05	2.40
10	1.60	1.70	2.05	2.40
15	1.57	1.66	2.05	2.40
20	1.55	1.63	1.99	2.40
30	1.53	1.59	1.90	2.40
40	1.51	1.57	1.85	2.29
50	1.49	1.55	1.81	2.20

续表

离地面高度/m	地面粗糙度类别			
	A	B	C	D
60	1.48	1.54	1.78	2.14
70	1.48	1.52	1.75	2.09
80	1.47	1.51	1.73	2.04
90	1.46	1.50	1.71	2.01
100	1.46	1.50	1.69	1.98
150	1.43	1.47	1.63	1.87
200	1.42	1.45	1.59	1.79
250	1.41	1.43	1.57	1.74
300	1.40	1.42	1.54	1.70
350	1.40	1.41	1.53	1.67
400	1.40	1.41	1.51	1.64
450	1.40	1.41	1.50	1.62
500	1.40	1.41	1.50	1.60
550	1.40	1.41	1.50	1.59

▶ 8.4.4 风压高度变化系数

风压高度变化系数 μ_z 考虑了地面粗糙程度、地形和离地高度对风荷载的影响。我国规范将风压高度变化系数 μ_z 定义为任意地貌、任意高度处的平均风压与 B 类地貌 10 m 高度处的基本风压之比,即

$$\mu_z(z) = \frac{w_a(z)}{w_0} = \frac{v_a^2(z)}{v_0^2} \tag{8.26}$$

式中　$v_a(z)$——任意地貌粗糙类别、任意高度 z 处的基本风速。

根据非标准地貌下的风速换算方法,可以得到不同地貌下的风压高度变化系数分别为

$$\mu_z^A(z) = 1.284\left(\frac{z}{10}\right)^{0.24} \tag{8.27}$$

$$\mu_z^B(z) = 1.000\left(\frac{z}{10}\right)^{0.3} \tag{8.28}$$

$$\mu_z^C(z) = 0.544\left(\frac{z}{10}\right)^{0.44} \tag{8.29}$$

$$\mu_z^D(z) = 0.262 \left(\frac{z}{10} \right)^{0.60} \tag{8.30}$$

根据式 8.27—8.30 可求得各类粗糙度下的风压高度变化系数，具体取值可参考《建筑结构荷载规范》(GB 50009—2012) 表 8.2.1 或表 8.5。

表 8.5　风压高度变化系数 μ_z

离地面或海平面高度/m	地面粗糙度类别			
	A	B	C	D
5	1.09	1.00	0.65	0.51
10	1.28	1.00	0.65	0.51
15	1.42	1.13	0.65	0.51
20	1.52	1.23	0.74	0.51
30	1.67	1.39	0.88	0.51
40	1.79	1.52	1.00	0.60
50	1.89	1.62	1.10	0.69
60	1.97	1.71	1.20	0.77
70	2.05	1.79	1.28	0.84
80	2.12	1.87	1.36	0.91
90	2.18	1.93	1.43	0.98
100	2.23	2.00	1.50	1.04
150	2.46	2.25	1.79	1.33
200	2.64	2.46	2.03	1.58
250	2.78	2.63	2.24	1.81
300	2.91	2.77	2.43	2.02
350	2.91	2.91	2.60	2.22
400	2.91	2.91	2.76	2.40
450	2.91	2.91	2.91	2.58
500	2.91	2.91	2.91	2.74
≥550	2.91	2.91	2.91	2.91

针对四类地貌，风压高度变化系数分别规定了各自的截断高度，对应 A、B、C、D 类分别取为 5 m、10 m、15 m 和 30 m，即高度变化系数取值分别不小于 1.09、1.00、0.65 和 0.51。

在确定城区的地面粗糙度类别时，若无 a 的实测，可按下述原则近似确定：

①以拟建结构半径为 2 km 的迎风半圆影响范围内的房屋高度和密度来区分粗糙度类别,风向原则上应以该地区最大风速的风向为准,但也可取其主导风或盛行风风向。

②以半圆影响范围内建筑物的平均高度 $\bar{h}$ 来划分地面粗糙度类别,当 $\bar{h} \geqslant 18$ m 为 D 类,9 m$<\bar{h}<$18 m,为 C 类,$\bar{h}<$9 m,为 B 类。

③影响范围内不同高度的面域可按下述原则确定,即以每座建筑物为圆心向外延伸半径为其高度的面域内均为该高度,当不同高度的面域相交时,交叠部分的高度取大者。

④平均高度 h 取各面域面积为权数进行加权计算。

▶ 8.4.5　风压调整

山区地势起伏多变,对风速影响较为显著,因而山区的基本风压与邻近平坦地区的基本风压有所不同,通过对比观测和调查分析,山区风速有如下特点:

①山间盆地、谷地等闭塞地形,由于四周高山对风的屏障作用,一般比空旷平坦地面风速减小 10%~25%,相应风压要减小 20%~40%。

②谷口、山口等开敞地形,当风向与谷口或山口趋于一致时,气流由开敞区流入两边为高山的狭窄区,流动区域缩小,风速随之增大,比一般空旷平坦地面的风速增大 10%~20%。

③山顶、山坡等弧尖地形,由于风速随高度增加和气流越过山峰时的抬升作用,山顶和山坡的风速比山麓要大。

对于山区的建筑物可根据不同地形条件给出风荷载地形修正系数,在一般情况下,山区的基本风压可由相邻平坦地区基本风压乘以下列修正系数后采用。

①对于山峰和山坡,其顶部 B 处的修正系数按下述公式计算:

$$\eta_{B} = \left[1 + \kappa \tan \alpha \left(1 - \frac{z}{2.5H} \right) \right]^{2} \tag{8.31}$$

式中　$\tan \alpha$——山峰或山坡在迎风面一次的坡度,当 $\tan \alpha > 0.3$ 时,取 $\tan \alpha = 0.3$;

　　　　κ——系数,对山峰取 2.2,对山坡取 1.4;

　　　　H——山顶或山坡全高;

　　　　z——建筑物计算位置离地面的高度(m),当 $z > 2.5H$ 时,取 $z = 2.5H$。

对于山坡和山峰的其他部位,可按图 8.12 所示,取 A、C 处的修正系数为 $\eta_{A} = \eta_{C} = 1$,AB 间和 BC 间的修正系数 η 按线性插值确定。

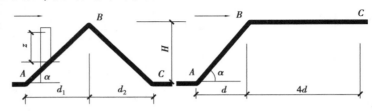

图 8.12　山区和山坡示意图

②对于山间盆地、谷地等闭塞地形,η 可在 0.75~0.85 选取;

③谷口和山口是指在山高大于 1.5 倍谷宽的情况下,当风向与谷口或山口走向基本一致时,η 可在 1.20~1.50 选取。具体取值可根据风向与谷口、山口的对准程度以及谷口、山口前

屏障距离的远近而选定。

海面对风的摩擦力小于陆地对风的摩擦力,所以海上的风速通常比陆地要大。另外,沿海地带存在一定的海陆温差,其产生的空气对流使近海风速进一步增大。基于上述原因,远海海面和海岛的基本风压值大于陆地平坦地区的基本风压值,并随海面或海岛距海岸距离的增大而增大。对比分析沿海陆地与海面海岛上的同期风速观测资料,可得距海岸不同距离处的风速和对应的陆上风速的比值,并可以进一步得出远海海面和海岛的基本风压修正系数,见表8.6。

表 8.6 远海海面和海岛的基本风压修正系数

距海岸距离/km	<40	40~60	60~100
修正系数	1.0	1.0~1.1	1.1~1.2

▶ 8.4.6 风荷载体型系数

风荷载体型系数是指风作用在建筑物表面一定面积范围内所引起的平均压力(或吸力)与来流风的速度压的比值,它主要与建筑物的体型和尺度有关,也与周围环境和地面粗糙度有关。

1)单体房屋和构筑物风荷载体型系数

风荷载体型系数一般均通过风洞试验方法确定。试验时,首先测得建筑物表面上任一点沿顺风向的净风压力,再将此压力除以建筑物前方来流风压,即得该测点的风压力系数。由于同一面上各测点的风压分布是不均匀的,通常采用受风面各测点的加权平均风压系数。

对于建筑物表面某点 i 处的风荷载体型系数 μ_{si} 可按式(8.32)计算:

$$\mu_{si} = \frac{w_i}{\rho \, \overline{v_i^2}/2} \tag{8.32}$$

式中　w_i——风作用在 i 点处引起的实际压力;

　　　$\overline{v_i}$——i 点高度处的来流平均风速。

由于建筑物表面的风压分布是不均匀的,工程上为了简化,通常采用各面上所有测点的风荷载体型系数的加权平均值来表示该面上的体型系数 μ_s,即

$$\mu_s = \frac{\sum_i \mu_{si} A_i}{A} \tag{8.33}$$

式中　A_i——测点 i 所对应的面积。

如图 8.13 所示为封闭式双坡屋面风荷载体型系数在各个面上的分布,设计时可以直接取用。图中体型系数为正值时,代表风对建筑物产生风压力作用;体型系数为负值时,代表产生吸力作用,其方向为离开建筑物表面的方向。

我国《建筑结构荷载规范》(GB 50009—2012)列出 39 项不同类型的建筑物和各类结构体型及其体型系数(附录 E 列出其中常见类型)。同时,还规定了不同情况下的风荷载体型系数的确定原则:

①当房屋和构筑物与规范所给的体型类同时,可按规范规定采用。

②当房屋和构筑物与规范所给的体型不同时,可参考有关资料确定;当无资料时,宜做风

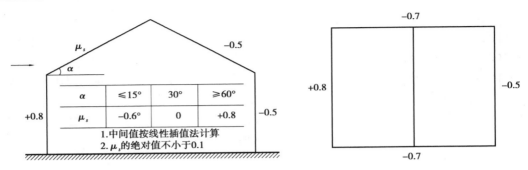

图 8.13　封闭式双坡屋面风荷载体型系数

洞实验来确定。

③对于重要且体型复杂的房屋和构筑物,应由风洞试验确定。

2)群体建筑体型系数

当建筑群,尤其是高层建筑群,房屋相互间距较近时,由于旋涡的相互干扰,房屋某些部位的局部风压会显著增大,设计时应予注意。故多个建筑物(特别是群体高层建筑)相互间距较近时,宜考虑相互干扰的群体效应;一般可将单体建筑物的体型系数 μ_s 乘以相互干扰系数。相互干扰系数定义为受扰后的结构风荷载和单体结构风荷载的比值。相互干扰系数可按下列规定确定:

①建筑高度相同的单个施扰建筑的顺风向和横风向风荷载相互干扰系数的研究结果分别见图 8.14(a)和图 8.14(b)。图中假定风向是由左向右吹,b 为受扰建筑的迎风面宽度,x 和

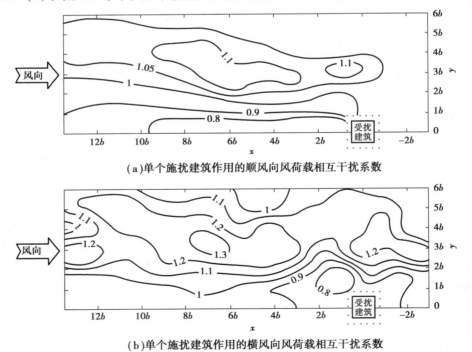

(a)单个施扰建筑作用的顺风向风荷载相互干扰系数

(b)单个施扰建筑作用的横风向风荷载相互干扰系数

图 8.14　建筑高度相同的单个施扰建筑的顺风向和横风向风荷载相互干扰系数

y 分别为施扰建筑离受扰建筑的纵向和横向距离。由图可知,对矩形平面高层建筑,当单个施扰建筑与受扰建筑高度相近时,根据施扰建筑的位置,对顺风向风荷载可在 1.00~1.10 的范围内选取,对横风向风荷载可在 1.00~1.20 的范围内选取。

②对比较重要的高层建筑或布置不规则的群体建筑,宜按照周围建筑物的类似条件通过风洞试验确定其相互干扰系数。

3) 局部体型系数

风力作用在结构物表面分布很不均匀,房屋及构筑物风载体型系数是根据结构物受风面上各测点风压平均值计算得来的,因此不适用于计算局部范围的风压。在建筑物的角隅、檐口和阳台等部位,局部风压会超过受风面平均风压,当计算局部围护构件及其连接的承载力时,应考虑风压分布的不均匀性。

①局部体型系数是考虑建筑物表面风压不均匀而导致局部部位的风压超过全表面平均风压的实际情况作出的调整。可按下列规定采用局部体型系数 μ_{s1}:

a.封闭式矩形平面房屋的墙面及屋面,规范考虑了建筑物高宽比和屋面坡度对局部体型系数的影响,规定了墙面及屋面的分区域局部体型系数(附录 F)。

b.檐口、雨篷、遮阳板、边棱处的装饰条等突出构件,取−2.0。

c.其他房屋和构筑物可按规范规定体型系数的 1.25 倍取值。

②计算非直接承受风荷载的围护构件风荷载时,如檩条、幕墙骨架等所受到的风荷载时,宜考虑从属面积对局部体型的影响,局部体型系数 μ_{s1} 可按构件的从属面积折减,折减系数按下列规定采用:

a.当从属面积不大于 1 m^2 时,折减系数取 1.0。

b.当从属面积大于或等于 25 m^2 时,对墙面折减系数取 0.8,对局部体型系数绝对值大于 1.0 的屋面区域折减系数取 0.6,对其他屋面区域折减系数取 1.0。

c.当从属面积大于 1 m^2 小于 25 m^2 时,墙面和绝对值大于 1.0 的屋面局部体型系数可采用对数插值,即按下式计算局部体型系数:

$$\mu_{s1}(A) = \mu_{s1}(1) + [\mu_{s1}(25) + \mu_{s1}(1)] \log \frac{A}{1.4} \qquad (8.34)$$

③计算围护构件风荷载时,建筑物内部压力的局部体型系数可按下列规定采用:

a.对封闭式建筑物,考虑到建筑物内实际存在的个别孔口和缝隙,以及机械通风等因素,室内可能存在正负不同的气压,按其外表面风压的正负情况取−0.2 或 0.2。

b.仅一面墙有主导洞口的建筑物,当开洞率大于 0.02 且小于或等于 0.10 时,取 $0.4\mu_{s1}$;当开洞率大于 0.10 且小于或等于 0.30 时,取 $0.6\mu_{s1}$;当开洞率大于 0.30 时,取 $0.8\mu_{s1}$。主导洞口的开洞率是指单个主导洞口面积与该墙面全部面积之比,μ_{s1} 应取主导洞口对应位置的值。

c.其他情况,应按开放式建筑物的 μ_{s1} 取值。开放式建筑是指主导洞口面积过大或不止一面墙存在大洞口的建筑物。

8.5　结构上的顺风向脉动风效应

脉动风是一种随机的动力作用,对于高度大于 30 m 且高宽比大于 1.5 的房屋,以及基本自振周期 T_1 大于 0.25 s 的各种高耸结构,由风引起的结构振动比较明显,而且随着结构自振周期的增长,风振也随之增强,应考虑风压脉动对结构产生顺风向风振的影响,其对结构产生的响应(或效应)应按结构随机振动理论进行分析;对于风敏感的或跨度大于 36 m 的柔性屋盖结构,应考虑风压脉动对结构产生风振的影响,而且原则上还应考虑多个振型的影响,其风振响应宜依据风洞试验结果按随机振动理论进行计算确定。

对于一般竖向悬臂形结构,例如高层建筑和构架、塔架、烟囱等高耸结构,为了说明顺风向脉动风效应,以下内容均以一维连续弹性结构体系为例。由于在高层建筑和高耸结构等悬臂型结构的风振计算中,往往是第一阶振型起主要作用,因而均可仅考虑结构第一阶振型的影响。结构对称时,结构在风作用下的位移反应一般只随高度 z 方向变化。

▶　8.5.1　脉动风作用下结构顺风向位移响应

图 8.15 表示一维连续弹性体系,在水平脉动风(设为 y 方向)作用下,该体系的弯曲运动方程为:

$$m(z)\frac{\partial^2 y}{\partial t^2}+c(z)\frac{\partial y}{\partial t}+\frac{\partial^2}{\partial z^2}\left[EI(z)\frac{\partial^2 y}{\partial z^2}\right]=P(z)f(z) \quad (8.35)$$

式中　$m(z)$、$c(z)$、$I(z)$、$P(z)$——高度 z 处单位长度(沿 z 向)上的质量、阻尼系数、惯性矩和水平脉动风力幅值;

$f(t)$——幅值为 1 的随机运动函数。

可采用振型分解法求解方程式(8.35),为此将体系位移响应用振型表达为:

$$y(z,t)=\sum_{j=1}^{\infty}\phi_j(z)q_j(t) \quad (8.36)$$

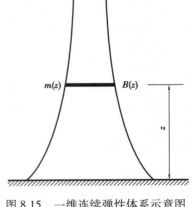

图 8.15　一维连续弹性体系示意图

式中　$\phi_j(z)$——体系 j 振型在高度 z 处的值;

$q_j(t)$——j 振型的正则坐标。

将式(8.36)代入式(8.35),注意到振型关于质量和刚度的正交性,同时假定阻尼为比例阻尼,则可得到互不耦联的正则坐标方程为:

$$\ddot{q}_j(t)+2\xi_j\omega_j\dot{q}_j(t)+\omega_j^2 q_j(t)=f_j(t) \quad (8.37)$$

$$q_j(t)=\frac{\int_0^H P(z,t)\phi_j(z)\,\mathrm{d}z}{\int_0^H m(z)\phi_j^2(z)\,\mathrm{d}z} \quad (8.38)$$

式中　ω_j——体系第 j 阶自振圆频率；

ξ_j——第 j 阶自振阻尼比；

H——体系总高。

由于脉动风 $P(z,t)$ 是一种随机振动，则 $q_j(t)$ 将包含 $P(z,t)$ 的随机性，因此需采用随机振动理论求解方程(8.37)。得 $q_j(t)$ 后，代入式(8.36)，即得结构的位移响应。

因脉动风周期较长，对于一般的工程结构（周期较短），第一阶振型响应将起决定作用，故

$$y(z,t) \approx \phi_j(z)q_1(t) \tag{8.39}$$

▶ 8.5.2　等效静风荷载

由于结构在脉动风作用下的动力响应求解涉及随机振动理论，不易被工程设计人员掌握，因此人们自然想到，能否通过某种等效方式将复杂的动力分析问题转化为易于被设计人员理解和接受的静力分析问题。于是，提出了等效静风荷载的概念。其基本思想是，将脉动风的动力效应用与其等效的静力形式表达出来。这里的"等效"是指针对某一设计关心的结构响应指标（如最大位移），使结构在某种假定的荷载模式作用下的静力响应与实际风荷载产生的最大动响应相等。

等效静风荷载是联系风工程师和结构工程师的纽带，是结构抗风设计理论的核心问题之一。在这方面，国内外学者进行了大量研究，提出了多种方法。以下介绍两种较为常用的等效静风荷载确定方法。

阵风荷载因子法(Gust Loading Factor, GLF)是 20 世纪 60 年代 A.G.Davenport 率先针对高层结构提出的一种等效静风荷载分析方法。该方法是用结构最大位移（通常位于顶点）与平均响应的比值（阵风荷载因子）来反映结构对脉动风的动力放大作用，并假定等效静风荷载的分布与平均风荷载相同。由此得到结构的等效静风荷载表达式为

$$\tilde{p}(z) = G_x \bar{p}(z) \tag{8.40a}$$

式中　$\tilde{p}(z)$——平均风荷载；

G_x——阵风荷载因子，可由下式确定

$$G_x = \frac{x_{\max}}{\bar{x}} = 1 + g\frac{\sigma_x}{\bar{x}} \tag{8.40b}$$

式中　$x_{\max},\bar{x},\sigma_x$——结构风振最大响应、平均效应和脉动响应根方差；

g——结构响应的峰值因子，理论上可由平稳随机过程的极值穿越理论确定，一般可取 3.5。

阵风荷载因子法推导过程包含了如下假定：

①结构风响应为平稳随机过程。

②结构风振响应以一阶模态振动为主。

③结构风振响应符合线弹性假定，即响应与荷载之间成正比关系。

④等效静风荷载的分布与平均风荷载相同。

针对上述假定的合理性，国内外学者进行了大量探讨，并提出了多种改进方法。由于阵风荷载因子法的形式简单、概念清晰，目前已被绝大多数国家（如美国、加拿大、日本等）的荷载规范采用。

惯性力法(Inertial Wind Load ,IWL)是我国规范采用的方法。其基本思路是,从结构动力方程出发,用结构的一阶振型惯性力来表示等效静风荷载。

求得脉动风下结构位移响应后,可由此计算脉动风所产生的等效风作用力。

由结构动力学的理论知,如结构体系按振型 $\phi_j(z)$ 自由振动,与此相应的惯性力为 $m(z)\omega_j^2\phi_j(z)$。由上面的讨论可知,在脉动风作用下,结构主要按第 1 阶振型振动,振型位移由式(8.39)确定,则相应的最大惯性力(或等效风作用力)为:

$$P_d(z) = m(z)\omega_1^2\phi_j(z)\,|\,q_1(t)\,|_{\max} \tag{8.41}$$

为方便工程上计算脉动风作用力,将脉动风下等效风作用力 $P_d(z)$ 的表达式(8.41)改写为:

$$P_d(z) = g\omega_1^2 m(z)\phi_1(z)\sigma_{q_1} \tag{8.42}$$

式中　g——峰值因子,取 2.5;

　　　ω_1——结构顺风向第一阶自振圆频率;

　　　$\phi_1(z)$——第一阶振型函数;

　　　σ_{q_1}——顺风向一阶广义位移均方根,可按式(8.43)计算:

$$\sigma_{q_1} = \frac{2\omega_0 I_{10}B(z)\mu_s}{\omega_1^2 m}\times\frac{B_z\mu_z(z)}{\phi_1(z)}\sqrt{1+R^2} \tag{8.43}$$

式中　I_{10}——10 m 高度名义湍流强度,对应 A、B、C 和 D 类地面粗糙度,可分别取 0.12、0.14、0.23、0.39;

　　　$B(z)$——结构迎风面宽度,m,$B(z)\leqslant 2H$;

　　　R——脉动风荷载的共振分量因子;

　　　B_z——脉动风荷载的背景分量因子。

将式(8.43)代入式(8.42),可得:

$$P_d(z) = 2gI_{10}B_z\sqrt{1+R^2}\mu_s\mu_z(z)\omega_0 B(z) \tag{8.44}$$

脉动风荷载的共振分量因子可按式 8.45 计算:

$$R = \sqrt{\frac{\pi}{6\xi_1}\times\frac{x_1^2}{(1+x_1^2)^{4/3}}} \tag{8.45}$$

$$x_1 = \frac{30f_1}{\sqrt{k_w\omega_0}}\;\text{且}\;x_1>5 \tag{8.46}$$

式中　f_1——结构顺风向第 1 阶自振频率;

　　　k_w——地面粗糙度修正系数,对应于 A、B、C 和 D 类地面粗糙度,可分别取 1.28、1.0、0.54和0.26;

　　　ξ_1——结构阻尼比,对钢结构可取 0.01,有填充墙的钢结构房屋可取 0.02,钢筋混凝土及砌体结构可取 0.05,对其他结构可根据工程经验确定。

脉动风荷载的背景分量因子可按下列规定确定:

①对体型和质量沿高度均匀分布的高层建筑和高耸结构,可按下式计算:

$$B_z = kH^{\alpha_1}\rho_x\rho_z\frac{\phi_1(z)}{\mu_z(z)} \tag{8.47}$$

式中　$\phi_1(z)$——结构第 1 阶振型系数；

　　　　H——结构总高度，m，对 A、B、C 和 D 类地面粗糙度，H 的取值分别不应大于 300 m、

　　　　　　350 m、450 m 和 550 m；

　　　　ρ_x——脉动风荷载水平方向相关系数；

　　　　ρ_z——脉动风荷载竖直方向相关系数；

　　　　k,α_1——系数，按表 8.7 取值。

表 8.7　系数 k 与 α_1

粗糙度类别		A	B	C	D
高层建筑	k	0.944	0.670	0.295	0.112
	α_1	0.155	0.187	0.261	0.346
高耸结构	k	1.276	0.910	0.404	0.155
	α_1	0.186	0.218	0.292	0.376

　　②对迎风面和侧风面的宽度沿高度按直线或接近直线变化，而质量沿高度按连续规律变化的高耸结构，式(8.47)计算的背景分量因子 B_z 应乘以修正系数 θ_B 和 θ_v。θ_B 为构筑物在 z 高度处的迎风面宽度 $B(z)$ 与底部宽度 $B(0)$ 的比值；θ_v 可按表 8.8 确定。

表 8.8　修正系数

$B(z)/B(0)$	1	0.9	0.8	0.7	0.6	0.5	0.4	0.3	0.2	$\leqslant 0.1$
θ_v	1.00	1.10	1.20	1.32	1.50	1.75	2.08	2.53	3.30	5.60

　　脉动风荷载的空间相关系数可按下列规定确定：

　　①竖直方向的相关系数可按下式计算：

$$\rho_z = \frac{10\sqrt{H+60e^{-H/60}-60}}{H} \tag{8.48}$$

式中　H——结构总高度，m，对 A、B、C 和 D 类地面粗糙度，H 的取值分别不应大于 300 m、

　　　　　350 m、450 m 和 550 m。

　　②水平方向的相关系数可按下式计算：

$$\rho_x = \frac{10\sqrt{B(z)+50e^{-B(z)/50}-50}}{B(z)} \tag{8.49}$$

式中　$B(z)$——结构迎风面宽度，m，$B(z)\leqslant 2H$。

　　③对迎风面宽度较小的高耸结构，水平方向相关系数可取 $\rho_x=1$。

▶ 8.5.3　第一阶振型函数 $\phi_1(z)$ 的确定

　　结构的第一阶振型函数 $\phi_1(z)$ 可按结构力学原理计算得出。为便于工程应用，$\phi_1(z)$ 也可根据结构的类型，采用近似公式，例如：

　　对于低层建筑结构(剪切型结构)，取

$$\phi_1(z) = \sin \frac{\pi z}{2H} \tag{8.50a}$$

对于高层建筑结构(弯剪型结构),取

$$\phi_1(z) = \tan \left[\frac{\pi}{4} \left(\frac{z}{H} \right)^{0.7} \right] \tag{8.50b}$$

对于高耸结构(弯曲型结构),取

$$\phi_1(z) = 2\left(\frac{z}{H}\right)^2 - \frac{4}{3}\left(\frac{z}{H}\right)^3 + \frac{1}{3}\left(\frac{z}{H}\right)^4 \tag{8.50c}$$

当悬臂型高耸结构的外形由下向上逐渐收近,截面沿高度按连续规律变化时阵型计算公式十分复杂。此时可跟据结构迎风面顶部宽度 B_H 与底部宽度 B_H 的比值,按表8.9确定第一阵型系数。

表8.9 截面沿高度规律变化的高耸结构第一阵型系数

相对高度 z/H	高耸结构 B_H/B_H				
	1.0	0.8	0.6	0.4	0.2
0.1	0.02	0.02	0.01	0.01	0.01
0.2	0.06	0.06	0.05	0.04	0.03
0.3	0.14	0.12	0.11	0.09	0.07
0.4	0.23	0.21	0.19	0.16	0.13
0.5	0.34	0.32	0.29	0.26	0.21
0.6	0.46	0.44	0.41	0.37	0.31
0.7	0.5	0.57	0.55	0.51	0.45
0.8	0.79	0.71	0.69	0.66	0.61
0.9	0.86	0.86	0.85	0.83	0.80
1.0	1.00	1.00	1.00	1.00	1.00

▶ 8.5.4 顺风向总风效应

因结构为线弹性体系,顺风向的总风效应为顺风向平均风效应与脉动风效应的线性组合,或将顺风向平均风压(静风压) $\overline{\omega}(z)$ 与脉动风压(动风压) $\omega_d(z)$ 之和表达为顺风向总风效应,即

$$\omega(z) = \overline{\omega}(z) + \omega_d(z) = \overline{\omega}(z) + \frac{P_d(z)}{B(z)} \tag{8.51}$$

将前面的平均风压与脉动风压代入式(8.51)得:

$$\omega(z) = (1 + 2gI_{10}B_z\sqrt{1+R^2})\mu_s\mu_z(z)\omega_0 = \beta(z)\mu_s(z)\mu_z(z)\omega_0 \tag{8.52}$$

式中 $\beta(z)$——风振系数,按式(8.53)计算:

$$\beta(z) = 1 + 2gI_{10}B_z\sqrt{1+R^2} \tag{8.53}$$

【例8.2】已知钢筋混凝土高层建筑,建筑平面为矩形,采用框架-剪力墙结构体系。平面沿高度保持不变。建于 C 类地区。$H = 100\ \text{m}$,$B = 30\ \text{m}$,地面粗糙度指数 $\alpha_a = 0.22$,基本风压按粗糙度指数为 $\alpha_a = 0.15$ 的地貌上离地面高度 $z_s = 10\ \text{m}$ 处的风速确定,基本风压值为 $\omega_0 = 0.50\ \text{kN/m}^2$。结构的基本自振周期 $T_1 = 2.5\ \text{s}$。求风荷载作用下建筑底部的剪力和弯矩。

【解】①为了简化计算,将建筑沿高度划分为 5 个计算区段,每个区段 20 m 高,取其中点位置的风载值作为该区段的平均风载值。如图 8.17 所示,各段中点的高度分别为:$z_1 = 10\ \text{m}$,$z_2 = 30\ \text{m}$,$z_3 = 50\ \text{m}$,$z_4 = 70\ \text{m}$,$z_5 = 90\ \text{m}$。

②体型系数 $\mu_s = 1.3$。

③风压高度变化系数为:

$$\mu_z(z) = 0.544\left(\frac{z}{10}\right)^{0.44}$$

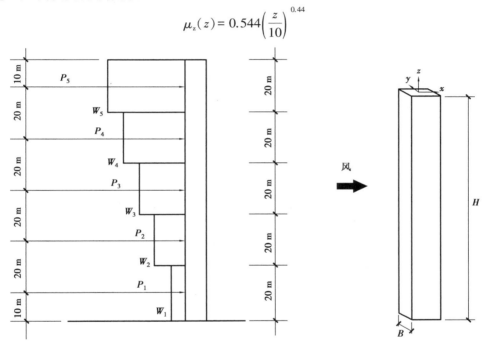

图 8.16　风荷载计算简图　　　　　图 8.17　高层受风示意图

在各区段中点高度处的风压高度变化系数值分别为:

$$\mu_z(z_1) = 0.65, \mu_z(z_2) = 0.882, \mu_z(z_3) = 1.104$$
$$\mu_z(z_4) = 1.281, \mu_z(z_5) = 1.430$$

④按照高层建筑结构(剪弯型结构)计算各区段中点高度处的第 1 振型系数为:

$$\phi_1(z_1) = 0.16, \phi_1(z_2) = 0.35, \phi_1(z_3) = 0.53$$
$$\phi_1(z_4) = 0.70, \phi_1(z_5) = 0.89$$

脉动风荷载竖直方向相关系数:

$$\rho_z = \frac{10\sqrt{H + 60\text{e}^{-H/60} - 60}}{H} = 0.716$$

脉动风荷载水平方向相关系数：

$$\rho_x = \frac{10\sqrt{B+50e^{-B/50}-50}}{B} = 0.910$$

体型和质量沿高度均匀分布的高层建筑,按下式计算 β_z:

$$B_z(z) = kH^{\alpha_1}\rho_x\rho_z\frac{\phi_1(z)}{\mu_z(z)} = 0.295 \times 100^{0.261} \times 0.910 \times 0.716 \times \frac{\phi_1(z)}{\mu_z(z)}$$

$$B_z(z_1) = 0.157, B_z(z_2) = 0.254, B_z(z_3) = 0.307, B_z(z_4) = 0.349, B_z(z_5) = 0.398$$

$$f = \frac{1}{T_1} = \frac{1}{2.5} = 0.4$$

$$x_1 = \frac{30f_1}{\sqrt{k_w\omega_0}} = \frac{30 \times 0.4}{\sqrt{0.54 \times 0.50}} = 23.094 > 5$$

$$R = \sqrt{\frac{\pi}{6\xi_1} \times \frac{x_1^2}{(1+x_1^2)^{\frac{4}{3}}}} = \sqrt{\frac{\pi}{6 \times 0.05} \times \frac{23.094^2}{(1+23.094^2)^{\frac{4}{3}}}} = 1.135$$

将上列数据代入式(8.53),得各区段中点高度处的风振系数:

$\beta_z(z_1) = 1.273, \beta_z(z_2) = 1.442, \beta_z(z_3) = 1.534, \beta_z(z_4) = 1.607, \beta_z(z_5) = 1.692$

⑤按式(8.52)计算各区段中点高度处的风压值为:

$$\omega_1 = 1.273 \times 1.3 \times 0.65 \times 0.50 = 0.538 (kN/m^2)$$

$$\omega_2 = 1.442 \times 1.3 \times 0.882 \times 0.50 = 0.827 (kN/m^2)$$

$$\omega_3 = 1.534 \times 1.3 \times 1.104 \times 0.50 = 1.101 (kN/m^2)$$

$$\omega_4 = 1.607 \times 1.3 \times 1.281 \times 0.50 = 1.338 (kN/m^2)$$

$$\omega_5 = 1.692 \times 1.3 \times 1.430 \times 0.50 = 1.573 (kN/m^2)$$

⑥根据图8.16所示的计算简图,由风产生的建筑底部剪力和弯矩分别为:

$$v = (0.538+0.827+1.101+1.338+1.573) \times 20 \times 30 = 3\ 226.2(kN)$$

$$M = (0.538 \times 10 + 0.827 \times 30 + 1.101 \times 50 + 1.338 \times 70 + 1.573 \times 90) \times 20 \times 30$$
$$= 1.923 \times 10^5 (kN \cdot m)$$

8.6 结构上的横风向脉动风效应

结构横风向风振的机理比较复杂,影响的因素很多,本节主要讨论工程结构抗风设计中常见且机理相对清楚的横风向风振问题,包括涡激振动(vortex-induced vibration),驰振(galloping)等。

▶ 8.6.1 涡激振动

建筑物或构筑物受到风力作用时,不但顺风向可以发生风振,而且在一定条件下,横风向也能发生风振。对于高层建筑、高耸塔架、烟囱等结构物,横风向风作用引起的结构共振会产生很大的动力效应,甚至对工程设计起控制作用。横风向风振是由不稳定的空气动力作用造成的,它与结构的截面形状及雷诺数有关,现以圆柱体结构为例,导出雷诺数的定义。

空气在流动中影响最大的两个作用力是惯性力和黏性力。空气流动时自身质量产生的惯性力等于单位面积上的压力$\frac{1}{2}\rho v^2$乘以面积,其量纲为$\rho v^2 D^2$(D为圆柱体直径)。黏性力反映流体抵抗剪切变形的能力,流体黏性可用黏性系数μ来度量,黏性应力为黏性系数μ乘以速度梯度$\mathrm{d}v/\mathrm{d}y$,而流体黏性力等于黏性应力乘以面积,其量纲为$\left(\mu\dfrac{v}{D}\right)D^2$。

雷诺数定义为惯性力与黏性力之比,雷诺数相同则流体动力相似。雷诺数Re可表示为:

$$Re = \frac{\rho v^2 D^2}{\left(\mu\dfrac{v}{D}\right)D^2} = \frac{\rho v D}{\mu} = \frac{vD}{\omega} \tag{8.54}$$

式中 ρ——空气密度,kg/m^3;

$\quad\quad v$——计算高度处风速,m/s;

$\quad\quad D$——结构截面的直径,m,或其他形状物体表面特征尺寸;

$\quad\quad \mu$——空气黏性系数;

$\quad\quad \omega$——运动黏性系数,$\omega = \mu/\rho$。

在式(8.54)中代入空气运动黏性系数$\omega = 1.45\times10^{-5} m^2/s$,则雷诺数$Re$可按下式确定:

$$Re = 69\,000vD \tag{8.55}$$

雷诺数与风速的大小成比例,风速改变时雷诺数发生变化。当雷诺数很小,如$Re<1$时,流体将附着在圆柱体整个表面上,即流动不分离。当雷诺数较小,处于$5\leqslant Re<40$时,出现流动分离,分离点靠截面中心前缘[图8.18(a)],分离流线内有两个稳定的旋涡。当雷诺数增加,但$Re<3.0\times10^5$时,流体从圆柱体后分离出的旋涡将交替脱落,向下游流动形成涡列[图8.18(b)],若旋涡脱落频率接近结构横向自振频率时则引起结构涡激共振,即产生横向风振。当雷诺数继续增加,处于$3.0\times10^5\leqslant Re<3.5\times10^6$范围时,圆柱体尾流在分离后十分紊乱,出现比较随机的旋涡脱落,没有明显的周期。当雷诺数增加到$Re\geqslant3.5\times10^6$时,又呈现了有规律的旋涡脱落,若旋涡脱落频率与结构自振频率接近,结构将发生强风共振。由于卡门

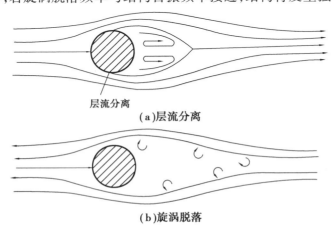

层流分离

(a)层流分离

(b)旋涡脱落

图8.18 层流分离及其旋涡脱落

（Karman）对涡激共振现象进行了深入的分析,圆柱体后的涡列又称卡门涡列。

速度为 v 的风流经任意截面流体,都将产生 3 个力;物体单位长度上的顺风向力 P_D、横风向力 P_L 以及扭力矩 P_M。根据风速与风压的关系公式,上述 3 个力可表达为:

$$P_D = \mu_D \frac{1}{2}\rho v^2 B \tag{8.56a}$$

$$P_L = \mu_L \frac{1}{2}\rho v^2 B \tag{8.56b}$$

$$P_M = \mu_M \frac{1}{2}\rho v^2 B \tag{8.56c}$$

式中　B——结构的截面尺寸,取垂直于风向的最大尺寸;

　　　μ_D——顺风向的风力系数,为迎风面和背风面体型系数的总和;

　　　μ_L,μ_M——横风向和扭转力系数。

横风向风力系数与雷诺数 Re 有关。当结构为圆柱体时,在亚临界范围（$3\times10^2 \leqslant Re < 3\times10^5$）内,圆形平面结构横风向风力系数 μ_L 在 $0.2\sim0.6$ 变化;在超临界范围（$3\times10^5 \leqslant Re < 3.5\times10^6$）内,由于圆形平面结构横风向作用具有随机性,不能准确确定 μ_L 值;而在跨临界（$Re \geqslant 3.5\times10^6$）范围内,结构横风向风力系数 μ_L 又稳定在 $0.15\sim0.2$。以上这些系数对于其他平面形式结构也可供参考。

前述的尾流现象最显著的规律性是由斯托罗哈（Strouhal）最先提出的,他指出旋涡脱落现象可以用一个量纲为 1 的参数即斯托罗哈数（Strouhal number）S_t 来描述:

$$S_t = \frac{D}{T_s \bar{v}} = \frac{f_s D}{\bar{v}} \tag{8.57}$$

式中　T_s——旋涡脱落的一个完整的周期,s;

　　　f_s——旋涡脱落的一个完整的频率,Hz;

　　　D——物体在垂直于平均流速的平面上的投影特征尺寸,对圆柱体而言为其直径,m;

　　　$\bar{v}$——来流的平均速度,m/s。

由于亚临界范围和跨临界范围的结构横风向风荷载具有周期性,则可将此范围内结构横风向风作用力与时间的关系表达成:

$$P_L(z,t) = \frac{1}{2}\rho v^2(z) B(z)\mu_L \sin \omega_s t \tag{8.58}$$

$$\omega_s = 2\pi f_s = \frac{2\pi S_t v(z)}{B(z)} \tag{8.59}$$

式中　$P_L(z,t)$——z 高度处 t 时刻结构横风向风力;

　　　$v(z),B(z)$——z 高度处风速和结构的迎风最大宽度;

　　　ω_s——风旋涡脱落圆频率,可根据 Strouhal 数确定。

实验研究表明,一旦结构产生涡激共振,结构的自振频率就控制了旋涡脱落频率。由式（8.57）可知,旋涡脱落频率随风速而发生变化,在结构产生横向共振反应时,若风速增大,旋涡脱落频率仍维持不变,与结构自振频率保持一致,这一现象称为锁定。在锁定区内,旋涡脱落频率是不变的,锁定对旋涡脱落的影响如图 8.19 所示。只有当风速大于结构共振风速约

1.3倍时,旋涡脱落才重新按新的频率激振。

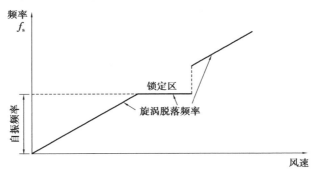

图 8.19　锁定现象

结构横风向风力系数 μ_L 一般小于 0.4,比结构顺风向风力系数 μ_D(一般为 1.3)小 3 倍以上,且结构顺风向风效应最大时,结构横风向风效应不一定最大,因此一般情况下,与结构顺风向风效应相比,横风向风效应可以忽略,在结构抗风设计时不予考虑。

但是,当横风向风作用引起结构共振时,结构横风向风效应则不能忽略,有时甚至对设计还起控制作用。为此,应按下列规定对不同雷诺数 Re 的情况进行横风向风振校核:

①当 $Re<3.0×10^5$ 且结构顶部风速 v_H 大于共振风速 v_{cr} 时,可发生亚临界的微风共振。此时可在构造上采取防振措施,或控制结构的临界风速 v_{cr} 不小于 15 m/s。

②当 $Re\geqslant3.5×10^6$ 且结构顶部风速 v_H 的 1.2 倍大于共振风速 v_{cr} 时,可发生跨临界的强风共振。此时应考虑横风向风振的等效风荷载。

③当 $3×10^5\leqslant Re<3.5×10^6$ 时,则发生超临界范围的风振,可不作处理。

为简化结构横风向共振风效应计算过程,可只考虑锁定区域的周期性风作用力,计算简图如图 8.14 所示。

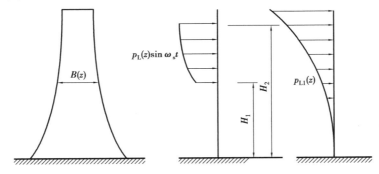

图 8.20　结构横风向共振计算简图及等效共振风力

根据图 8.20,按结构动力学振型分解分析法,考虑到结构动力风效应以第一振型反应为主,可得出结构横风向共振位移反应幅值为:

$$y_1(z)=\frac{\int_{H_1}^{H_2}\frac{1}{2}\rho v^2(z)B(z)\mu_L\phi_1(z)\,\mathrm{d}z}{2\xi_1\omega_1^2\int_0^H m(z)\phi_1^2(z)\,\mathrm{d}z} \tag{8.60}$$

式中 $m(z)$——结构单位长度的质量分布；

        ω_1、ξ_1、$\phi_1(z)$——结构横风向第一阶频率、阻尼比和振型；

        H_1、H_2——锁定区域的下界和上界高度，H_1 可取为共振风速高度，H_2 可取为 1.3 倍共振风速高度，若 $H_2 > H$，应取 $H_2 = H$。

共振风速 v_c 可按式（8.61）确定，即（注意共振时 $f_s = f_1$）

$$v_{cr} = \frac{B(z)f_s}{S_t} = 5B(z)f_1 \tag{8.61}$$

由结构动力学原理，结构等效横风向共振风力为

$$P_{L1}(z) = m(z)\omega_1^2 y_1(z)$$

$$= m(z)\frac{\int_{H_1}^{H_2} \frac{1}{2}\rho v^2(z)B(z)\mu_L\phi_1(z)\,\mathrm{d}z}{2\xi_1\int_0^H m(z)\phi_1^2(z)\,\mathrm{d}z} \tag{8.62}$$

将 $P_{L1}(z)$ 作用在结构上，进行结构静力分析，即可得到结构横风向共振风效应。

《荷载规范》规定了圆形和矩形截面结构横风向跨临界强风共振引起的在 Z 高度处 j 振型的等效风荷载，详见附录 G 和附录 H。

【例 8.3】钢筋混凝土烟囱 $H = 100$ m，顶端直径 5 m，底部直径 10 m，顶端壁厚 0.2 m，底部壁厚 0.4 m。基本频率 $f_1 = 1$ Hz，阻尼比 $\xi_1 = 0.05$。地貌粗糙度指数 $\alpha = 0.15$，空气密度 $\rho = 1.2$ kg/m³，10 m 高处基本风速 $v_0 = 25$ m/s。问烟囱是否发生横风向共振，并求烟囱顶端横风向最大位移。

【解】①横风向共振校核。

烟囱顶点风速为：

$$v_H = v_{10}\left(\frac{H}{10}\right)^{0.15} = 25 \times \left(\frac{100}{10}\right)^{0.15} = 35.3 \text{（m/s）}$$

烟囱顶点共振风速为：

$$v_{H_c} = 5B(H)f_1 = 5 \times 5 \times 1 = 25 \text{（m/s）} < 1.2v_H$$

共振风速下烟囱顶点处雷诺数为：

$$Re = 69\,000v_{H_c}B(H) = 69\,000 \times 25 \times 5 = 8.63 \times 10^6 > 3.5 \times 10^6$$

属跨临界范围，故横风向会发生共振。

②锁定高度的确定。

H_1 按该高度处的风速等于式（8.61）确定的临界风速而确定。为此先确定烟囱直径与高度 z 的关系

$$D(z) = 5\left(2 - \frac{z}{H}\right)$$

则

$$25 \times \left(\frac{H_1}{10}\right)^{0.15} = 5 \times 5 \times \left(2 - \frac{H_1}{H}\right)$$

或

$$H_1 = H\left[2 - \left(\frac{H_1}{10}\right)^{0.15}\right]$$

上式可作为迭代公式求解 H_1。如可先令 $H_1 = 50$ m,代入迭代公式,得 $H_1 = 72.7$ m。

取 $H_1 = 0.5 \times (50 + 72.7) = 61.3$ m 代入迭代公式,得 $H_1 = 68.7$ m。

取 $H_1 = 0.5 \times (61.3 + 68.7) = 65.0$ m 代入迭代公式,得 $H_1 = 67.6$ m。

基本收敛,最后取 $H_1 = 0.5 \times (65.0 + 67.6) = 66.3$ m。

同样可求解 H_2,得 $H_2 = 92.6$ m。

③求烟囱顶端横风向最大位移

为简化计算,近似值为:

$$\phi_1(z) = \frac{z}{H}$$

另烟囱内径与高度的关系为:

$$d(z) = 4.6 \times \left(2 - \frac{z}{H}\right)$$

任意高度烟囱截面面积与高度的关系为:

$$A(z) = \frac{\pi}{4}\left[D^2(z) - d^2(z)\right] = 3.02\left(2 - \frac{z}{H}\right)^2$$

则任意高度烟囱质量分布为:

$$m(z) = 2\,400 A(z) = 7\,248\left(2 - \frac{z}{H}\right)^2$$

最后由式(8.60)计算烟囱横风向顶点位移为:

$$y_1(H) = \frac{\displaystyle\int_{66.3}^{92.6} \frac{1.2}{2} \times 25^2 \times \left(\frac{z}{10}\right)^{0.3} \times 5 \times \left(2 - \frac{z}{100}\right) \times 0.2 \times \left(\frac{z}{100}\right) \mathrm{d}z}{\displaystyle 2 \times 0.05 \times (2\pi)^2 \times \int_0^{100} 7\,248\left(2 - \frac{z}{100}\right)^2\left(\frac{z}{100}\right)^2 \mathrm{d}z}$$

$$= 0.011\,46 \text{ m}$$

▶ 8.6.2 横风向驰振

一般情况下,由于阻尼的存在,结构的振动(即使共振)是稳定的。但在某些情况下,外界激励可能产生负阻尼成分,当负阻尼大于正阻尼时,结构振动将不断地加剧,直到达到极限幅值而产生结构破坏,这种风致不稳定振动现象称为驰振。

设风向与一等截面细长物体的主轴方向不一致,有一微小夹角 α,如图 8.21 所示。

显然,此时顺风向风力和横风向风力与风向有关,即

$$P_{\mathrm{D}}(\alpha) = \frac{1}{2}\rho v_{\mathrm{r}}^2 B \mu_{\mathrm{D}}(\alpha) \tag{8.63a}$$

$$P_{\mathrm{L}}(\alpha) = \frac{1}{2}\rho v_{\mathrm{r}}^2 B \mu_{\mathrm{L}}(\alpha) \tag{8.63b}$$

则结构主轴横风向 z 的运动方程为:

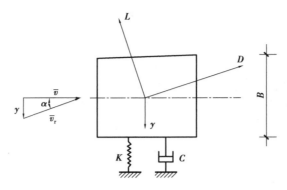

图 8.21　单自由度驰振模型

$$m\ddot{z} + c\dot{z} + kz = P_z(\alpha) \tag{8.64}$$

式中

$$P_z(\alpha) = -P_D(\alpha)\sin\alpha - P_L(\alpha)\cos\alpha = \frac{1}{2}\rho v^2 B\mu_{DL}(\alpha) \tag{8.65}$$

式中

$$v = v_r\cos\alpha \tag{8.66}$$

$$\mu_{DL}(\alpha) = -\left[\mu_D(\alpha)\frac{\sin\alpha}{(\cos\alpha)^2} + \mu_L(\alpha)\frac{1}{\cos\alpha}\right] \tag{8.67}$$

设 α、z 均很小,则 $P_z(\alpha)$ 可在 $\alpha = 0$ 附近展开,仅保留线性项为:

$$P_z(\alpha) = P_z(0) + P_z'(0)\alpha = P_z(0) + \frac{1}{2}\rho v^2 B\mu_{DL}'(0)\alpha \tag{8.68}$$

由图 8.15 可知

$$\alpha = \frac{\dot{z}}{v} \tag{8.69}$$

由式(8.64)、式(8.65)、式(8.66)得

$$m\ddot{z} + c'\dot{z} + kz = P_z(0) \tag{8.70}$$

式中

$$c' = c - \frac{1}{2}\rho vB\mu_{DL}'(0) \tag{8.71}$$

上式第一项为结构阻尼系数,第二项为气动阻尼系数。由结构动力学知,$c' > 0$ 时,振动随时间而衰减,因而是稳定的;而当 $c' < 0$ 时,振动将随时间而增大,出现不稳定的驰振现象。因此,$c' = 0$ 是判定是否发生驰振的临界值。此时,由式(8.71)确定的临界风速为:

$$v_c = \frac{2c}{\rho B\mu_{DL}'(0)} \tag{8.72}$$

因为 c 通常为正值,如要发生驰振,则式(8.68)第 2 项需大于零,即

$$\mu_{DL}' > 0$$

由式(8.70)可得

$$\mu'_{DL} = -[\mu_D(0) + \mu'_L(0)]$$ (8.73)

故

$$\mu_D(0) + \mu'_L(0) < 0$$ (8.74)

可用于判别是否发生驰振,称为 Glauert-Den Hartog 判别式。应注意的是,该式仅是必要条件,充分条件应为 $c' < 0$。

对于圆形截面物体,因为对称性,$\mu'_L(\alpha) = 0$,而 $\mu_D > 0$,式(8.74)不满足,即不会发生驰振。只有非圆形截面或圆形截面上再附加其他形式的截面,才可能发生驰振。

当物体截面的旋转中心与风荷载作用中心不重合时,将产生截面的平移和扭转耦合振动,对于这种振动形式,也会发生不稳定的振动现象,称其为颤振。

► **8.6.3　荷载组合**

在规范中,风荷载的组合值系数、频遇值系数和准永久值系数可分别取 0.6、0.4 和 0.0。因为结构同时受到顺风向风,横风向风以及扭转风的作用,因此计算结构总风效应时,应将结构横风向风效应、顺风向风效应和扭转风效应进行叠加。

对于结构某一确定的效应(如某一结构的内力或某一位置的位移等),由于顺风向动力作用效应(脉动效应)、横风向动力作用效应(风振效应)和扭转动力作用效应(扭转风振)不一定在同一时刻发生,一般情况下顺风向风振响应与横风向风振响应的相关性较小,对于顺风向荷载为主的情况,横风向风荷载不参与组合,结构风效应 S_1 取顺风向风效应 S_D,对于横风向风荷载为主的情况,顺风向风荷载仅静力部分参与组合,简化取顺风向风荷载的 0.6 倍,结构风效应 S_2 按式(8.75)进行计算,而扭转风虽然与顺风向及横风向风振效应之间存在相关性,但由于影响因素较多,在目前研究尚不成熟的情况下,暂不考虑扭转风振效应与另外两个方向风效应的组合,结构风效应 S_3 仅取扭转风效应 S_T。最后结构总风效应取上述 3 种组合情况结构风效应 S_1、S_2 和 S_3 的最大值,如表 8.10 所示。

$$S_2 = 0.6S_D + S_L$$ (8.75)

式中　S_2——横风向风荷载为主的情况下结构的风效应;

　　　S_D——结构顺风向风效应;

　　　S_L——结构横风向风效应。

表 8.10　风荷载组合工况

工况	顺风向风荷载	横风向风振等效风荷载	扭转风振等效风荷载
S_1	S_D	—	—
S_2	$0.6S_D$	S_L	—
S_3	—	—	S_T

思考题

8.1　风的形成原理是什么?

8.2 自然界常见的风的分类有哪些？

8.3 热带气旋结构是什么？

8.4 基本风压的定义是什么？

8.5 影响基本风压的参数有哪些？

8.6 风对结构的作用包括些什么？

8.7 我国规范中风荷载标准值计算公式是什么？说明风荷载体形系数 μ_s，风压高度变化系数 μ_z，风振系数 β_z 的意义。

8.8 解释结构涡激共振和风致驰振现象。

8.9 说明如何确定结构是否需要考虑横风向共振。

8.10 我国《建筑结构荷载规范》（GB 50009—2012）将地面粗糙度分为 A、B、C、D 四类，对于 A 类地貌，地面粗糙度指数 α 取 0.12，梯度风高度为 300 m，假设某地区地貌接近 A 类地貌，测得 50 m 处的风速为 $v_s = 13.75$ m/s。试求：

①求 A 类地貌下 10 m 高度处的风速；

②求 B 类地貌下 10 m 高度处的风速；

③求 B 类地貌下换算时距为 1 min 时的 10 m 处的风速。

8.11 已知一矩形平面钢筋混凝土高层建筑，建筑平面沿高度保持不变，质量和刚度沿竖向均匀分布。$H = 100$ m，$B = 33$ m，地面粗糙度为 A 类，基本风压 $\omega_0 = 0.44$ kN/m²。结构的基本自振周期 $T_1 = 2.5$ s。求风产生的建筑底部弯矩标准值。

8.12 钢筋混凝土烟囱 $H = 100$ m，顶端直径 5 m，底部直径 10 m，顶端壁厚 0.2 m，底部壁厚 0.4 m。基本频率 $f_1 = 1.2$ Hz，阻尼比 $\xi_1 = 0.10$。地貌粗糙度指数 $\alpha = 0.22$，空气密度 $\rho = 1.2$ kg/m³。10 m 高处基本风速 $v_0 = 25$ m/s。问烟囱是否会发生横风向共振，并求烟囱顶端横风向的最大位移。

9

地震作用

【内容提要】

本章主要介绍地震基础知识和结构地震作用计算方法。

【学习目标】

（1）了解：地震基础知识。

（2）熟悉：抗震设防思想、结构地震作用计算方法。

9.1 地震基础知识与抗震设防

地震是一种自然现象，指地球断层突然发生破裂，所产生的能量以波的形式在地球内部传播，传达到地表及其附近会造成地表的剧烈震动。统计表明，全球平均每年发生的地震数量约为：3 级地震 100 000 次，4 级地震 12 000 次，5 级地震 2 000 次，6 级地震 200 次，7 级地震 20 次，8 级及以上地震 3 次。

地壳岩层因受力达到一定程度而发生破裂，并沿破裂面形成有明显相对移动的构造，这一构造称为断层。地震时，地球内部断层发生破裂的位置称为震源（图 9.1）。震源在地表面的垂直投影称为震中，有时人们也称破坏最严重的区域的几何中心为震中。由仪器测定的震中称为仪器震中或微观震中，根据现场破坏情况确定的震中称为宏观震中或现场震中，二者常有一定差别。震源到震中的距离称为震源深度，地面上某点至震中的地表距离称为震中距。地面破坏程度相似的点连接起来的曲线称为等震线。

在一定时间内（一般是几十天至数月）相继发生在同一震源区的一系列大小不同的地震，且其发震机制具有某种内在联系或有共同的发震构造的一组地震总称为地震序列。在某一地震序列中,最大的一次地震称为主震。主震之前发生的地震称为前震,主震之后发生的地震称为余震。

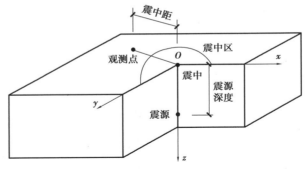

图 9.1　地震名词示意图

▶ 9.1.1　地震的成因

从地震的定义可以看出,理解地震的成因,应把握两个层面:一是地球内部存在断层,二是断层破裂存在动力或诱因。

为便于理解以上两个层面的含义,首先需了解地球的内部构造。众所周知,地球是一个椭球体,长轴半径约 6 370 km,短轴半径约 6 340 km,二者相差约 5‰。地球内部被距地表约 60 km 的莫霍面(又称 M 面)和距地表约 2 900 km 的古登堡面(又称 G 面)分为三大圈层:

①地壳:地表至 M 面之间,厚几十千米,主要由岩石构成(表层土和水所占比重很小)。

②地幔:M 面至 G 面之间,厚约 2 900 km,又分为上地幔(M 面至 1 000 km 深处)和下地幔。上地幔中接近地壳的部分仍为岩石,这部分和地壳称为地球岩石圈。之下是厚度几十至几百千米的软流层,岩石以黏塑、软流状存在。

③地核:G 面以下。就物理性质而言,距地表越深,构成物质的比重越大,压力越大,温度越高。

板块构造运动学说是目前被广泛认可的学说,有许多证据可以印证该学说。该学说认为,地球岩石圈可以分为六大板块,即欧亚大陆板块、太平洋板块、美洲板块、非洲板块、印澳板块、南极板块。这些板块位于地球的软流层之上,软流层内的物质在大洋中脊涌出至洋底,在大洋板块和大陆板块边缘的海沟处插入软流层,形成"对流"并构成海底的扩张从而产生板块运动。这是大多数地震形成的宏观背景。

事实上,岩石圈不仅只有六大板块,在板块内部也并非均匀,而是存在很多大小不同的断裂面,大的断裂面即是断层。目前已经探明了不少断层,但还有很多是没有认识到的断层。

其次,看断层破裂的动因。断层的破裂其实也是结果,是地震发生的局部机制,诱发断层发生破裂的原因则可以理解为地震发生的宏观背景。

就大多数地震而言,地球本身的运动特点、内部构造和物理性质(如温度、压力等),形成了地幔软流层物质的对流,从而构成板块的构造运动,导致不同板块间的冲撞挤压摩擦或是板块内部不均匀变形积累应变能,当能量达到或超过断层岩体的承载能力时,岩体突然发生破裂,短时间内释放出大量的能量。这些能量以地震波的形式向四周传播,其中大部分以热能的形式在地球介质内部耗散,而一部分形成动能,造成地表的剧烈振动。

当然,不仅板块构造运动可以诱发地震,一些人类的活动(如大规模的地下开采和水库建设等)也可能导致断层岩体应力的变化,从而诱发地震。

▶ 9.1.2 地震的类型

对于非常复杂的地震来讲,根据不同的角度存在多种分类方法。

按照成因,地震可以分为构造地震、火山地震、陷落地震和诱发地震等。由于地球构造运动引起的地震,称为构造地震,这类地震发生次数最多,约占全球地震总数的90%,是地震工程的主要研究对象。由于火山爆发,岩浆猛烈冲出地表或气体爆炸而引起的地震称为火山地震,这类地震约占全球地震总数的7%,在我国很少见。由于地表或地下岩层较大的溶洞或古旧矿坑等的突然大规模陷落和崩塌而导致的地面振动称为陷落地震,这种地震级别不大、很少造成破坏。由于地下核爆炸、水库蓄水、油田抽水、深井注水、矿山开采等活动引起的地震称为诱发地震,这类地震一般不强烈,仅个别情况会造成灾害。

按照震源深度,地震可分为浅源地震(震源深度≤70 km)、中源地震(70 km<震源深度<300 km)和深源地震(震源深度≥300 km)。震源越深,对地表造成的影响越小,灾害也越小。多数地震属于浅源地震。

按照发震位置,地震可分为板边地震和板内地震。板边地震发生在板块边缘附近,地点集中、发生频率高,约占全球地震总数的75%,但由于与人类活动不直接相关,危害性通常较小。板内地震则发生地点零散,危害性通常较大。

按强度大小,地震又可分为弱震、有感地震、中强震和强震等。弱震指震级小于3级的地震,如果震源不是很浅,这种地震人们一般不易觉察。有感地震的震级在3到4.5级之间,这种地震人们能够感觉到,但一般不会造成破坏。中强震指震级大于4.5级而小于6级的地震,属于可造成破坏的地震,但破坏轻重还与震源深度、震中距等多种因素有关。强震是指震级大于等于6级的地震,其中震级大于等于8级的又称为巨大地震。

▶ 9.1.3 震级和烈度

地震的大小通常用震级表示,是一次地震释放能量多少的度量。震级有多种定义,通常用规定仪器所测定的、地震所造成的规定震中距地表上的最大水平位移来标定,当测定仪器和震中距不是规定值时,需要换算成规定值。较常用的震级是里氏震级,记为 M。根据我国现用仪器,近震(震中距小于1 000 km)震级 M 按式(9.1)计算:

$$M = \lg A + R(\Delta) \tag{9.1}$$

式中 A——地震记录图上量得的以 μm 为单位的最大水平位移;

$R(\Delta)$——依震中距 Δ 而变化的起算函数。

震级 M 与震源释放能量 E(单位为 erg,1 erg $= 10^{-7}$ J)之间的关系为:

$$\lg E = 1.5M + 11.8 \tag{9.2}$$

上式表示的震级通常采用里氏震级。震级与地震能量的对数呈线性关系,表明震级每提高一级,能量增加约32倍。

显然,一次地震客观上只有一个能量释放水平,那么只可能有一个震级。至于一次地震可能不同部门给出不同的震级水平,只能反映出观测误差、人们对地震认识水平等的不足。

地震烈度是指地震对地表和工程结构影响的强弱程度。由于同一次地震对不同地点的影响不一样，随着距离震中的远近变化，会出现多种不同的地震烈度。一般来说，距离震中越近，地震烈度越高；距离震中越远，地震烈度也越低。由于一个地区遭受地震影响的强弱程度是一个宏观的概念，没有一个专门的物理量来度量这种程度，所以烈度是一个综合的指标，对烈度进行非常细致的划分是没有实质意义的。鉴于烈度的综合性、宏观性等特点，烈度只能是分等级的，不存在小数。为评定地震烈度而建立起来的标准称为地震烈度表，不同国家所规定的地震烈度表往往是不同的，多数国家采用 12 个等级（MMI 烈度表）。我国的地震烈度也采用 12 个等级。

▶ **9.1.4 抗震设防**

抗震设防，是指在工程结构时对建筑物进行抗震设计并采取抗震设施，以达到预期的抗震能力。我国规范规定，对于抗震设防烈度在 6 度及以上地区的各类新建、扩建、改建建筑，必须进行抗震设防。由于地震的不确定性、偶然性和地震灾害的毁灭性，工程结构的抗震设防是一个复杂的科学决策问题。

我国遵循的工程结构抗震设防目标可以概括为三水准要求，即：

第一水准：当遭受低于本地区抗震设防烈度的多遇地震影响（或称小震）时，各类工程的主体结构和市政管网系统不受损坏或不需修理仍可继续使用，即"小震不坏"。

第二水准：当遭受相当于本地区抗震设防烈度的地震影响（或称中震）时，各类工程中的建筑物、构筑物、桥梁结构、地下工程结构等可能损坏，但经一般修理即可恢复正常使用，市政管网的损坏应控制在局部范围内，不应造成次生灾害，即"中震可修"。

第三水准：当遭受高于本地区抗震设防烈度的罕遇地震影响（或称大震）时，各类工程中的建筑物、构筑物、桥梁结构、地下工程结构等不致倒塌或发生危及生命安全的严重破坏，市政管网的损坏不致引发严重次生灾害，经抢修可快速恢复使用，即"大震不倒"。

上述抗震设防目标实质上规定了用于抗震设计的 3 个地震作用水准，以及在相应地震水准下结构所应该满足的目标性态。3 个地震作用水准需要根据国家规定的抗震设防依据来确定。

（1）抗震设防依据

简言之，抗震设防依据就是一个地区进行抗震设防所遵守的地震动指标，用以反映该地区所可能遭受到的地震影响的水平。显然，震级是不适合用作抗震设防依据的。应予明确的是，抗震设防依据是在综合考虑地震影响水平、经济承受能力和社会发展水平等因素的基础上给出的，并不单纯是该地区的地震影响水平。

我国目前的抗震设防依据采取双轨制，即可以采用抗震设防烈度或者设计地震动参数作为抗震设防的依据。多数情况下，可以采用抗震设防烈度；对于已经编制抗震设防区划并经主管部门批准的城市，可以采用批准的设计地震动参数（包括地震动 PGA、加速度反应谱、时程曲线等）。

所谓抗震设防烈度，是指按国家规定的权限批准作为一个地区抗震设防依据的地震烈度。一般情况下，采用中国地震动参数区划图的地震基本烈度；对已经编制抗震设防区划并经主管部门批准的城市，也可采取批准后的烈度值（如上海市）。

为了衡量一个地区遭受的地震影响程度，我国规定了一个统一的尺度，即地震基本烈度。

它是指该地区一般场地条件下 50 年内超越概率为 10% 的地震烈度值,由地震危险性分析得到。根据统计分析,我国多数地区地震烈度的概率结构基本符合极值Ⅲ型分布,其概率密度曲线如图 9.2 所示。图中的阴影部分面积表示该地区发生超过该烈度值的概率,简称超越概率。烈度越高,超越概率越小。根据极值Ⅲ型分布的特点可以计算出,50 年超越概率 10% 的烈度值相当于重现期为 475 年的地震影响水平。即是说,我国按照重现期为 475 年的烈度值来标定全国各地的地震影响水平,并以此作为抗震设防的依据。

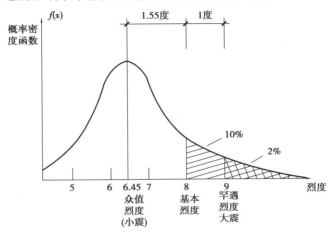

图 9.2　3 种烈度含义及其关系

《建筑抗震设计规范》(GB 50011—2010,以下简称"抗震规范")对我国主要城镇中心地区的抗震设防烈度、设计地震加速度值给出了具体规定。抗震规范规定,6 度及以上地区必须进行抗震设防。

(2)3 个地震水准

上述的 3 个地震水准(即小震、中震、大震)用以反映同一个地区可能遭受的地震影响的强度和频度水平。规范规定,多遇地震(小震)为 50 年超越概率为 63.2% 的地震影响水平,相当于重现期为 50 年;设防烈度地震(中震)为 50 年超越概率为 10% 的地震影响水平,相当于重现期为 475 年;罕遇地震(大震)为 50 年超越概率为 2% 的地震影响水平,相当于重现期为 2 475 年。其中,多遇地震对应于概率密度最大的峰值点,又称众值烈度。

统计表明,就平均意义而言,按照烈度对应关系,设防烈度比多遇地震烈度高约 1.55 度,罕遇地震烈度比设防烈度高约 1 度;按照加速度对应关系,多遇地震约为设防烈度地震的 1/3,罕遇地震为多遇地震的 4~6 倍。

9.2　单自由度体系地震作用

由地震动引起的惯性力导致结构产生地震反应,因此地震作用属于间接作用。地震作用与一般荷载的区别在于:地震作用不仅与地震动本身有关,而且与结构自身的动力特性(如自振周期、阻尼等)有关。这里先从最简单的单自由度体系的地震作用开始讲述。

▶ **9.2.1 单自由度弹性体系的运动方程及求解**

图9.3为单自由度弹性体系在地震作用下的计算简

图。在地面运动 $\ddot{x}_g(t)$ 作用下,结构发生振动,产生相对

地面的位移 $x(t)$、速度 $\dot{x}(t)$ 和加速度 $\ddot{x}(t)$。取质点为

隔离体,由结构动力学可知,该质点上的作用力有:惯性

力、阻尼力和弹性恢复力。

根据牛顿运动定律,惯性力大小等于质点的质量 m

与绝对加速度 $[\ddot{x}_g(t)+\ddot{x}(t)]$ 的乘积,其方向与质点绝

对运动加速度的方向相反,即

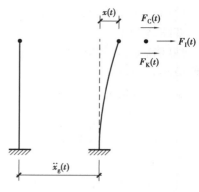

图9.3 单自由度弹性体系
在地震作用下的计算简图

$$F_I(t) = -m[\ddot{x}_g(t) + \ddot{x}(t)] \qquad (9.3)$$

阻尼力是由结构内摩擦、结构构件连接处的摩擦、结构周围介质(如空气、水等)的阻力以

及地基变形对结构运动的阻碍造成的。通常采用黏滞阻尼理论,即假定阻尼力的大小一般与

结构运动速度成正比,而力的方向与质点相对运动速度相反,即

$$F_C(t) = -c\,\dot{x}(t) \qquad (9.4)$$

式中 c——阻尼系数。

弹性恢复力是使质点从振动位置恢复到平衡位置的力,根据虎克(Hooke)定理,该力的大小

与质点偏离平衡位置的位移和体系的抗侧刚度成正比,但方向与质点相对地面的位移相反,即

$$F_K(t) = -kx(t) \qquad (9.5)$$

式中 k——体系抗侧刚度,即使质点产生水平单位位移,需在质点上施加的力。

根据达朗贝尔(D'Alembert)原理,质点在上述3个力作用下处于平衡,即单自由度弹性

体系的运动方程可表示为:

$$F_I(t) + F_C(t) + F_K(t) = 0 \qquad (9.6)$$

将式(9.1)、式(9.2)、式(9.3)代入式(9.4),得

$$m[\ddot{x}_g(t) + \ddot{x}(t)] + c\,\dot{x}(t) + kx(t) = 0 \qquad (9.7)$$

设

$$\omega^2 = \frac{k}{m}, \zeta = \frac{c}{2\sqrt{km}} = \frac{c}{2\omega m} \qquad (9.8)$$

式中 ω——无阻尼单自由度弹性体系的圆频率;

ζ——体系的阻尼比。

则式(9.8)可写成:

$$\ddot{x}(t) + 2\zeta\omega\,\dot{x}(t) + \omega^2 x(t) = -\ddot{x}_g(t) \qquad (9.9)$$

式(9.9)为常系数二阶非齐次线性微分方程,其通解为齐次通解与非齐次特解之和,实质

上分别对应体系的自由振动与强迫振动反应。

(1)齐次方程的通解

体系自由振动运动方程为:

$$\ddot{x}(t)+2\zeta\omega\,\dot{x}(t)+\omega^2 x(t)=0 \tag{9.10}$$

其通解为：

$$x(t)=e^{-\zeta\omega t}\left[x(0)\cos\omega't+\frac{\dot{x}(0)+\zeta\omega x(0)}{\omega'}\sin\omega't\right] \tag{9.11}$$

式中 ω',ω——有阻尼、无阻尼单自由度弹性体系的圆频率。

$$\omega'=\sqrt{1-\zeta^2}\,\omega \tag{9.12}$$

由式(9.12)可见,体系的振动可有 3 种情况:$\zeta>1$ 时,$\omega'<0$,即体系不振动,称为过阻尼状态;$\zeta<1$ 时,$\omega'>0$,即体系产生振动,称为欠阻尼状态;而 $\zeta=1$ 时,$\omega'=0$,体系介于上述两种状态之间,称为临界阻尼状态,此时体系也不振动,如图9.4所示。

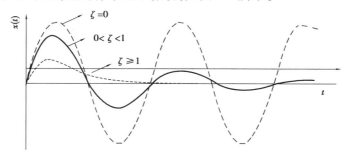

图 9.4 不同阻尼下单自由度体系的自由振动

对于钢筋混凝土结构体系,其阻尼比 ζ 为 0.05,则

$$\omega'=0.998\,7\omega\approx\omega \tag{9.13}$$

因此,在计算体系的自振频率时通常可不考虑阻尼的影响,从而简化计算过程。由于地震发生前体系处于静止状态,即体系的初位移 $x(0)$ 和初速度 $\dot{x}(0)$ 均为零,也就是式(9.11)等于零,则地震作用下体系齐次方程的通解为零。

(2)非齐次方程的特解

体系强迫振动运动方程为:

$$\ddot{x}(t)+2\zeta\omega\,\dot{x}(t)+\omega^2 x(t)=-\ddot{x}_{g}(t) \tag{9.14}$$

非齐次方程的特解即杜哈梅(Duhamel)积分,表达式为:

$$x(t)=-\frac{1}{\omega'}\int_0^t\ddot{x}_{g}(\tau)e^{-\zeta\omega(t-\tau)}\sin\omega'(t-\tau)d\tau \tag{9.15}$$

(3)单自由度弹性体系的运动方程的通解

单自由度弹性体系的运动方程的通解为齐次通解与非齐次特解之和,即:

$$x(t)=e^{-\zeta\omega t}\left[x(0)\cos\omega't+\frac{\dot{x}(0)+\zeta\omega x(0)}{\omega'}\sin\omega't\right]-$$

$$\frac{1}{\omega'}\int_0^t\ddot{x}_{g}(\tau)e^{-\zeta\omega(t-\tau)}\sin\omega'(t-\tau)d\tau \tag{9.16}$$

由于地震发生前体系处于静止状态,即体系的初位移 $x(0)$ 和初速度 $\dot{x}(0)$ 均为零,也就是

式(9.16)的第一项等于零,则地震作用下体系齐次方程的通解为零。于是有:

$$x(t) = -\frac{1}{\omega'}\int_0^t \ddot{x}_g(\tau)e^{-\zeta\omega(t-\tau)}\sin\omega'(t-\tau)d\tau \tag{9.17}$$

将式(9.17)对时间求导。可求得单自由度弹性体系在水平地震作用下相对于地面的速度反应为:

$$\dot{x}(t) = \frac{dx(t)}{dt} = -\int_0^t \ddot{x}_g(\tau)e^{-\zeta\omega(t-\tau)}\cos\omega'(t-\tau)d\tau +$$

$$\frac{\zeta\omega}{\omega'}\int_0^t \ddot{x}_g(\tau)e^{-\zeta\omega(t-\tau)}\sin\omega'(t-\tau)d\tau \tag{9.18}$$

将式(9.17)和式(9.18)代入体系的运动方程式(9.14)中,可求得单自由度弹性体系在水平地震作用下的绝对加速度为:

$$\ddot{x}(t) + \ddot{x}_g(t) = -2\zeta\omega\dot{x}(t) - \omega^2 x(t)$$

$$= 2\zeta\omega\int_0^t \ddot{x}_g(\tau)e^{-\zeta\omega(t-\tau)}\cos\omega'(t-\tau)d\tau -$$

$$\frac{2\zeta^2\omega^2}{\omega'}\int_0^t \ddot{x}_g(\tau)e^{-\zeta\omega(t-\tau)}\sin\omega'(t-\tau)d\tau + \tag{9.19}$$

$$\frac{\omega^2}{\omega'}\int_0^t \ddot{x}_g(\tau)e^{-\zeta\omega(t-\tau)}\sin\omega'(t-\tau)d\tau$$

▶ 9.2.2 地震反应谱

由上节可知,可通过式(9.17)、式(9.18)和式(9.19)计算单自由度弹性体系在水平地震作用下的相对位移、速度和绝对加速度。由于地震地面运动加速度时程曲线 $\ddot{x}_g(t)$ 是随机过程,不能用确定的函数来表达,上述公式中的积分只能用数值积分来完成。

对于结构抗震设计来说,设计者感兴趣的是结构最大地震反应,为此,将单自由度弹性体系的最大绝对加速度、最大相对速度和最大相对位移定义为 S_a、S_v 和 S_d,且作以下简化处理:

①由于一般结构的阻尼比 ζ 很小,范围大致为 $0.01 \sim 0.1$,因此忽略上述公式中带有 ζ 和 ζ^2 的项;

②取 $\omega' = \omega$;

③用 $\sin\omega(t-\tau)$ 取代 $\cos\omega(t-\tau)$,作这样处理并不影响公式的最大值,只是在相位上相差 $\pi/2$。

于是有:

$$S_a = |\ddot{x}(t) + \ddot{x}_g(t)|_{max} = \omega\left|\int_0^t \ddot{x}_g(\tau)e^{-\zeta\omega(t-\tau)}\sin\omega'(t-\tau)d\tau\right|_{max} \tag{9.20}$$

$$S_v = |\dot{x}(t)|_{max} = \left|\int_0^t \ddot{x}_g(\tau)e^{-\zeta\omega(t-\tau)}\sin\omega'(t-\tau)d\tau\right|_{max} \tag{9.21}$$

$$S_d = |x(t)|_{max} = \frac{1}{\omega}\left|\int_0^t \ddot{x}_g(\tau)e^{-\zeta\omega(t-\tau)}\sin\omega'(t-\tau)d\tau\right|_{max} \tag{9.22}$$

可以看出:当地震地面运动加速度时程曲线 $\ddot{x}_g(t)$ 和阻尼比 ζ 已知时,体系的最大地震反

应 S_a、S_v 和 S_d 仅仅是体系自振周期 T（或圆频率 ω）的函数。于是，我们对反应谱定义为：单自由度弹性体系在给定的地震作用下某个最大的反应量（如 S_a、S_v、S_d 等）与结构自振周期的关系曲线。目前地震反应谱通常采用数值积分来确定，计算思路如图 9.5 所示。

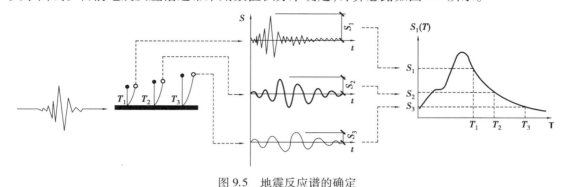

图 9.5 地震反应谱的确定

▶ 9.2.3 单自由度体系地震作用

由于地震动的随机性，一条地震波的反应谱不能反映该地区地震的普遍特性，因此需要考虑该地区可能发生地震动的共性，即应综合考虑多条地震波的特性；另一方面，一条地震波的反应谱由于不够光滑，且对周期的变化较敏感，在设计时难以直接应用。因此，在结构抗震设计时，必须首先确定设计反应谱。

同一类场地上的地震动分别计算其反应谱，然后对这些谱曲线进行统计分析，求出其中最有代表性的平滑的平均反应谱，称为设计反应谱。设计反应谱的主要影响因素有设防烈度、场地类别、设计地震分组和阻尼比。

为了便于计算，我国《抗震规范》采用地震影响系数 α 与体系自振周期 T 之间的关系作为设计反应谱。地震影响系数 α 即相对于重力加速度 g 的单质点绝对最大加速度，如图 9.6 所示。

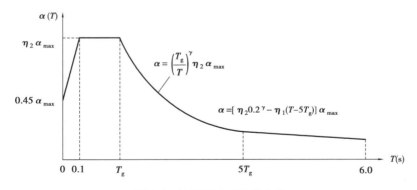

图 9.6 地震影响系数谱曲线

图中：T——体系自振周期，s；

$\quad$ T_g——特征周期，按表 9.1 确定；

$\quad$ α——地震影响系数；

$\quad$ α_{max}——地震影响系数最大值；按表 9.2 确定；

$\quad$ ζ——结构体系的阻尼比；

γ——地震影响系数谱曲线下降段的衰减指数,按式(9.23)确定;

$$\gamma = 0.9 + \frac{0.05 - \zeta}{0.3 + 6\zeta} \tag{9.23}$$

η_1——地震影响系数谱直线下降段斜率调整系数,按式(9.24)确定,小于 0 时取 0;

$$\eta_1 = 0.02 + \frac{(0.05 - \zeta)}{4 + 32\zeta} \tag{9.24}$$

η_2——阻尼调整系数,按式(9.25)确定,且当小于 0.55 时,应取 0.55。

$$\eta_2 = 1 + \frac{0.05 - \zeta}{0.08 + 1.6\zeta} \tag{9.25}$$

表 9.1　特征周期值 $T_g(s)$

设计地震分组	场地类别				
	I_0	I_1	II	III	IV
第一组	0.20	0.25	0.35	0.45	0.65
第二组	0.25	0.30	0.40	0.55	0.75
第三组	0.30	0.35	0.45	0.65	0.90

表 9.2　水平地震影响系数最大值 α_{max}

地震影响	设防烈度			
	6 度	7 度	8 度	9 度
多遇地震	0.04	0.08(0.12)	0.16(0.24)	0.32
设防地震	0.12	0.23(0.34)	0.45(0.68)	0.90
罕遇地震	0.28	0.50(0.72)	0.90(1.20)	1.40

注:括号中数值分别用于设计基本地震加速度取 0.15g 和 0.30g 的地区。

由地震设计反应谱可方便地计算单自由度弹性体系的地震作用如下:

$$F = mS_a(T) = G \cdot \alpha(T) \tag{9.26}$$

式中　G——集中于质点处的重力荷载代表值。

结构的重力荷载分恒载(自重)和活载(可变荷载)两种。活载的变异性较大,我国《建筑结构荷载规范》(GB 50009—2012)规定的活载标准值是按 50 年最大活载的平均值加 0.5 ~ 1.5 倍的均方差确定,地震发生时,活载不一定达到标准值的水平,一般小于标准值,因此计算重力荷载代表值时可对活载进行折减。《抗震规范》规定:

$$G_E = G_k + \sum \psi_i Q_{ki} \tag{9.27}$$

式中　G_E——重力荷载代表值;

　　　G_k——结构恒载标准值;

　　　Q_{ki}——有关活载(可变荷载)标准值;

　　　ψ_i——有关活载组合值系数,按表 9.3 采用。

表 9.3 组合值系数 ψ_i

可变荷载种类		组合值系数
雪荷载		0.5
屋顶积灰荷载		0.5
屋面活荷载		不计入
按实际情况考虑的楼面活荷载		1.0
按等效均布荷载考虑的楼面活荷载	藏书库、档案库	0.8
	其他民用建筑	0.5
吊车悬吊物重力	硬钩吊车	0.3
	软钩吊车	不计入

9.3 多自由度体系地震作用

在实际的建筑结构抗震设计中,除了少数结构(如单层厂房、水塔等)可以简化为单自由度体系外,大量的建筑结构为多自由度体系,在单向水平地震作用下,其地震反应分析方法采用振型分解反应谱法、底部剪力法、动力时程分析方法以及非线性静力分析等方法。

▶ 9.3.1 振型分解反应谱法

振型分解反应谱法基本概念是:假定结构为多自由度线弹性体系,利用振型分解和振型的正交性原理,将 n 个自由度弹性体系分解为 n 个等效单自由度弹性体系,利用设计反应谱得到每个振型下等效单自由度弹性体系的效应(弯矩、剪力、轴力和变形等),再按一定的法则将每个振型的作用效应组合成总的地震效应进而进行截面抗震验算。

1)多自由度弹性体系的运动方程

多自由度弹性体系在水平地震作用下的变形如图9.7所示,根据达朗贝尔原理,作用在 i 质点的惯性力、阻尼力和弹性恢复力应保持平衡,于是有:

$$m_i[\ddot{x}_i(t) + \ddot{x}_g(t)] + \sum_{k=1}^{n} C_{ik}\dot{x}_k(t) + \sum_{k=1}^{n} K_{ik}x_k(t) = 0$$

(9.28)

式中　K_{ik}——质点 k 处产生单位位移,而其他质点保持不变,在质点 i 处产生的弹性恢复力;

　　　C_{ik}——质点 k 处产生单位速度,而其他质点保持不变,在质点 i 处产生的阻尼力;

　　　$\ddot{x}_i(t)$、$\dot{x}(t)$、$x(t)$——质点 i 在 t 时刻相对于基础的

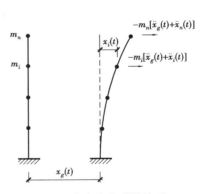

图 9.7　多自由度弹性体系
变形示意图

加速度、速度和位移；

m_i——集中在质点 i 上的集中质量；

$\ddot{x}_g(t)$——t 时刻的地面运动加速度值。

对于一个 n 质点的弹性体系，可以写出 n 个类似于式(9.28)的方程，将组成一个由 n 个方程组成的微分方程组，其矩阵形式为：

$$[M]\{\ddot{x}(t)\} + [C]\{\dot{x}(t)\} + [K]\{x(t)\} = -[M]\{I\}\ddot{x}_g(t) \tag{9.29}$$

式中　$\{\ddot{x}(t)\}$、$\{\dot{x}(t)\}$、$\{x(t)\}$——体系各质点在 t 时刻相对于基础的加速度、速度、位移列
向量。

$[M]$——体系质量矩阵；

$$[M] = \begin{bmatrix} m_1 & & & 0 \\ & m_2 & & \\ & & \ddots & \\ 0 & & & m_n \end{bmatrix} \tag{9.30}$$

$[K]$——体系刚度矩阵；

$$[M] = \begin{bmatrix} K_{11} & \cdots & K_{1i} & \cdots & K_{1n} \\ \vdots & \ddots & \vdots & & \vdots \\ K_{i1} & \cdots & K_{ii} & \cdots & K_{in} \\ \vdots & & \vdots & \ddots & \vdots \\ K_{n1} & \cdots & K_{ni} & \cdots & K_{nn} \end{bmatrix} \tag{9.31}$$

$[C]$——阻尼矩阵，一般采用瑞雷阻尼，即采取质量矩阵与刚度矩阵的线性组合；

$$[C] = \alpha[M] + \beta[K] \tag{9.32}$$

式中，α、β 为两个比例常数，按下式计算：

$$\alpha = \frac{2\omega_1\omega_2(\zeta_1\omega_2 - \zeta_2\omega_1)}{\omega_2^2 - \omega_1^2}, \beta = \frac{2(\zeta_2\omega_2 - \zeta_1\omega_1)}{\omega_2^2 - \omega_1^2} \tag{9.33}$$

式中　ω_1、ω_2——多自由度弹性体系第一、二振型的自振圆频率；

　　　ζ_1、ζ_2——体系第一、二振型的阻尼比。

2) 多自由度弹性体系的自由振动

用振型分解反应谱法计算多自由度弹性体系的水平地震作用时，首先需要知道各个振型及其对应的自振周期，这需要求解体系的自由振动方程而得到。将式(9.29)中的阻尼项及右端地震动输入项略去，即得到无阻尼多自由度弹性体系的自由振动方程：

$$[M]\{\ddot{x}(t)\} + [K]\{x(t)\} = 0 \tag{9.34}$$

根据该方程的特点，设该方程的解为：

$$\{x(t)\} = \{X\}\sin(\omega t + \varphi) \tag{9.35}$$

于是有：

$$\{\ddot{x}(t)\} = -\omega^2\{X\}\sin(\omega t + \varphi) = -\omega^2\{x(t)\} \tag{9.36}$$

式中 $\{X\}$ ——体系的振动幅值向量,即体系的振型;

φ ——初始相位角。

将式(9.35)和式(9.36)代入式(9.34),得:

$$([K]-\omega^2[M])\{X\}=0 \qquad (9.37)$$

式中,$\{X\}$为体系的振动幅值向量,其元素不可能全部为零,否则体系就不振动。因此要得到 $\{X\}$ 的非零解,即体系发生振动的解,则必有:

$$|[K]-\omega^2[M]|=0 \qquad (9.38)$$

式(9.38)也称为多自由度弹性体系的动力特征值方程(或体系的频率方程)。方程展开后是一个以 ω^2 为未知量的一元 n 次方程,可以求出这个方程的 n 个根(特征值),即可得到体系的 n 个自振频率,将得到的自振频率依次回代到方程(9.37)即可求出体系的振型。

3)振型的正交性

多自由度弹性体系作自由振动时,各振型对应的频率各不相同,任意两个不同的振型之间存在正交性。利用振型的正交性原理可以大大简化多自由度弹性体系运动微分方程组的求解。

(1)振型关于质量矩阵的正交性

其矩阵表达式为:

$$\{X\}_j^T[M]\{X\}_k=0(j\neq k) \qquad (9.39)$$

振型关于质量矩阵的正交性的物理意义是:某一振型在振动过程中引起的惯性力不在其他振型上做功,这说明某一振型的动能不会转移到振型上去,也就是体系按某一振型自由振动不会激起其他振型的振动。

(2)振型关于刚度矩阵的正交性

其矩阵表达式为:

$$\{X\}_j^T[K]\{X\}_k=0(j\neq k) \qquad (9.40)$$

振型关于刚度矩阵的正交性的物理意义是:体系按某一振型振动引起的弹性恢复力不在其他振型上做功,也就是体系按某一振型振动时,它的位能(势能)不会转移到其他振型上去。

(3)振型关于阻尼矩阵的正交性

由于阻尼矩阵一般采用质量矩阵与刚度矩阵的线性组合,运用振型关于质量矩阵和刚度矩阵的正交性原理,振型关于阻尼矩阵也是正交的,即:

$$\{X\}_j^T[C]\{X\}_k=0(j\neq k) \qquad (9.41)$$

4)振型分解

由结构动力学知道,一个具有 n 个自由度的弹性体系具有 n 个独立的振型,将每个振型汇集在一起就形成振型矩阵为:

$$[A]=[\{X\}_1,\cdots,\{X\}_i,\cdots\{X\}_n]=\begin{bmatrix} x_{11} & \cdots & x_{j1} & \cdots & x_{n1} \\ \vdots & & \vdots & & \vdots \\ x_{i1} & \cdots & x_{ji} & \cdots & x_{ni} \\ \vdots & & \vdots & & \vdots \\ x_{n1} & \cdots & x_{jn} & \cdots & x_{nn} \end{bmatrix} \qquad (9.42)$$

式中 x_{ji} ——对应于 j 振型的质点 i 的相对位移值。

由振型的正交性原理可知,振型$\{X\}_1, \cdots, \{X\}_i, \cdots \{X\}_n$相互独立,根据线性代数理论,$n$维向量$\{x(t)\}$总可以表示为$n$个独立向量的线性组合,则体系地震位移反应向量$\{x(t)\}$可表示为:

$$x_i(t) = \sum_{j=1}^{n} x_{ji} q_j(t) \tag{9.43}$$

式中 $q_j(t)$——j振型的广义(正则)坐标,它是以振型作为坐标系的位移值,也是时间的函数。

于是整个体系的位移、速度和加速度的列向量可分别表示为:

$$\{x(t)\} = \begin{Bmatrix} x_1(t) \\ \vdots \\ x_i(t) \\ \vdots \\ x_n(t) \end{Bmatrix} = [\{X\}_1, \cdots \{X\}_i, \cdots \{X\}_n] \begin{Bmatrix} q_1(t) \\ \vdots \\ q_i(t) \\ \vdots \\ q_n(t) \end{Bmatrix} = [A]\{q\} \tag{9.44}$$

$$\{\dot{X}(t)\} = [A]\{\dot{q}\}, \quad \{\ddot{X}(t)\} = [A]\{\ddot{q}\} \tag{9.45}$$

将式(9.44)和式(9.45)代入式(9.29),并对方程式两端左乘以$[A]^T$得广义坐标下运动方程为:

$$[A]^T[M][A]\{\ddot{q}\} + [A]^T[C][A]\{\dot{q}\} + [A]^T[K][A]\{q\} = -[A]^T[M][I]\ddot{x}_g(t) \tag{9.46}$$

运用振型关于质量矩阵、刚度矩阵和阻尼矩阵的正交性原理,对上式进行化简,展开后可得到n个独立的二阶微分方程,对于第j振型可写为:

$$\{X\}_j^T[M]\{X\}_j\ddot{q}_j(t) + \{X\}_j^T[C]\{X\}_j\dot{q}_j(t) + \{X\}_j^T[K]\{X\}_j q_j(t)$$
$$= -\{X\}_j^T[M]\{I\}\ddot{x}_g(t) \tag{9.47}$$

这里引入广义质量、广义刚度和广义阻尼为:

$$M_j^* = \{X\}_j^T[M]\{X\}_j \tag{9.48a}$$

$$K_j^* = \{X\}_j^T[K]\{X\}_j = \omega_j^2 M_j^* \tag{9.48b}$$

$$C_j^* = \{X\}_j^T[C]\{X\}_j = 2\zeta\omega_j M_j^* \tag{9.48c}$$

于是式(9.47)可写为:

$$M_j^* \ddot{q}_j(t) + C_j^* \dot{q}_j(t) + K_j^* q_j(t) = -\{X\}_j^T[M]\{I\}\ddot{x}_g(t) \tag{9.49}$$

同时用j振型广义质量除等式两端,得:

$$\ddot{q}_j(t) + 2\zeta\omega_j\dot{q}_j(t) + \omega_j^2 q_j(t) = -\gamma_j\ddot{x}_g(t) \qquad (j = 1, 2, \cdots, n) \tag{9.50}$$

式中 γ_j——j振型的振型参与系数,按下式计算:

$$\gamma_j = \frac{\{X\}_j^T[M]\{I\}}{\{X\}_j^T[M]\{X\}_j} = \frac{\sum_{i=1}^{n} m_i x_{ji}}{\sum_{i=1}^{n} m_i x_{ji}^2} \tag{9.51}$$

由此可见,式(9.50)完全相当于一个单自由度弹性体系的运动方程,求解式(9.50)得

$$q_j(t) = -\gamma_j \cdot \frac{1}{\omega_j} \int_0^t \ddot{x}_g(\tau) e^{-\zeta_j \omega_j} \sin \omega_j(t-\tau) d\tau = \gamma_j \Delta_j(t) \qquad (9.52)$$

式中　$\Delta_j(t)$——单自由度体系(ω_j, ζ_j)的位移,即杜哈梅积分,按下式计算:

$$\Delta_j(t) = -\frac{1}{\omega_j} \int_0^t \ddot{x}_g(\tau) e^{-\zeta_j \omega_j} \sin \omega_j(t-\tau) d\tau \qquad (9.53)$$

于是根据式(9.43)有:

$$x_i(t) = \sum_{j=1}^n X_{ji} q_j(t) = \sum_{j=1}^n \gamma_j \Delta_j(t) x_{ji} \qquad (9.54a)$$

$$\ddot{x}_i(t) = \sum_{j=1}^n x_{ji} \ddot{q}_j(t) = \sum_{j=1}^n \gamma_j \ddot{\Delta}_j(t) x_{ji} \qquad (9.54b)$$

5)多自由度弹性体系的地震作用及效应组合

对应于j振型i质点的水平地震作用F_{ji}最大值为:

$$F_{ji} = m_i \gamma_j x_{ji} S_a(\zeta_j, \omega_j) = G_i \gamma_j x_{ji} \alpha_j \qquad (9.55)$$

式中　G_i——质点i的重力荷载代表值;

$\quad\quad x_{ji}$——j振型i质点的水平相对位移,即振型位移;

$\quad\quad \gamma_j$——j振型的振型参与系数,按式(9.51)计算;

$\quad\quad \alpha_j$——对应于第j振型自振周期T_j的地震影响系数,按图9.6采用。

式(9.55)即为我国抗震设计规范给出的振型分解反应谱法的水平地震作用标准值的计算公式。

由振型j各质点水平地震作用,按静力分析方法计算,可得体系振型j最大地震反应。记体系振型j水平地震作用下结构最大地震反应(即振型地震作用效应,如构件内力、楼层位移等)为S_j,而该体系总的最大地震反应为S,则可通过各振型反应S_j估计S,此称为振型组合。

由于各振型作用效应的最大值并不出现在同一时刻,因此直接由各振型最大反应叠加估计体系最大反应,结果显然偏大,过于保守。通过随机振动理论分析,得出采用平方和开方的方法(SRSS法)估计平面结构体系最大反应可获得较好的结果,即

$$S = \sqrt{\sum_{j=1}^k S_j^2} \qquad (9.56)$$

式中　k——振型反应的组合数。一般情况下,可取结构的前2~3阶振型(即$k=2\sim3$),但不多于结构的自由度数(即$k \leqslant n$);当结构基本周期大于1.5秒或建筑高宽比大于5时,应适当增加振型的组合数。

▶　**9.3.2　底部剪力法**

用振型分解反应谱法计算多自由度结构体系的地震反应时,需要计算体系的前几阶振型和自振频率,当建筑层数较多时,用手算就显得较烦琐。理论分析研究表明:当建筑物高度不超过40 m、以剪切变形为主且质量和刚度沿高度分布比较均匀、结构振动以第一振型为主且第一振型接近直线(图9.8)时,该类结构的地震反应采用底部剪力法。

抗震规范规定,计算底部剪力的公式表示为:

$$F_{Ek} = \alpha_1 G_{eq} \qquad (9.57)$$

式中　G_{eq}——结构等效总重力荷载代表值,单自由度弹性体系取总
重力总荷载代表值,多自由度弹性体系取总重力总荷
载代表值的 85%。

而各质点的水平地震作用:

$$F_i = \frac{G_i H_i}{\sum\limits_{k=1}^{n} G_k H_k} F_{Ek} \qquad (9.58)$$

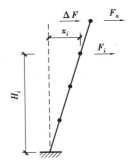

图 9.8　简化的第一振型

通过大量的计算分析发现,当结构层数较多时,用底部剪力法式
(9.58)计算的在结构上部质点的地震作用往往小于振型分解反应谱
法的计算结果。原因在于底部剪力法仅考虑了第一振型的影响,当结构基本周期较长时,结构的高阶振型地震作用影响将不能忽略,而且高阶振型反应对结构上部地震作用的影响较大。为此,我国抗震规范采用在结构顶部附加集中水平地震作用的方法来考虑高阶振型的影响。

表 9.4　顶部附加地震作用系数

T_g / s	$T_1 > 1.4 T_g$	$T_1 \le 1.4 T_g$
$T_g \le 0.35$	$0.08 T_1 + 0.07$	
$0.35 < T_g \le 0.55$	$0.08 T_1 + 0.01$	0.0
$T_g \ge 0.55$	$0.08 T_1 - 0.02$	

抗震规范规定,当结构基本周期 $T_1 > 1.4 T_g$ 时,需在结构顶部附加如下集中水平地震作用:

$$\Delta F_n = \delta_n F_{Ek} \qquad (9.59)$$

式中,δ_n 为结构顶部附加地震作用系数,对于多层钢筋混凝土房屋和钢结构房屋按表 9.4 采用,对于多层内框架砖房取 $\delta_n = 0.2$,其他房屋可不考虑。

于是各质点的地震作用计算公式改为:

$$F_i = \frac{G_i H_i}{\sum\limits_{k=1}^{n} G_k H_k} (1 - \delta_n) F_{Ek} \qquad (9.60)$$

当建筑物有局部突出屋面的小建筑(如屋顶间、女儿墙、烟囱等)时,由于该部分结构的质量和刚度突然变小,将产生鞭梢效应,即局部突出小建筑的地震反应有加剧的现象。因此,《抗震规范》规定:局部突出屋面处的地震作用效应按计算结果放大 3 倍,但增大的 2 倍不往结构下部传递。

另外,顶部附加地震作用应置于主体结构的顶部,而不应置于局部突出部分屋面处。

9.4　竖向地震作用

震害调查表明,在烈度较高的震中区,竖向地震对结构的破坏也会有较大影响。烟囱等

高耸结构和高层建筑的上部在竖向地震的作用下,因上下振动,会出现受拉破坏;对于大跨度结构,竖向地震引起的结构上下振动惯性力,相当于增加了结构的上下荷载作用;对于高层建筑,其竖向地震在结构上部产生的荷载可达其重量的40%以上。因此《抗震规范》规定:设防烈度为8度和9度区的大跨度结构、长悬臂结构、烟囱及类似高耸结构和设防烈度为9度区的高层建筑,应考虑竖向地震作用。

▶ 9.4.1 高耸结构和高层建筑

根据对高层建筑和烟囱的理论分析,证明这类结构的竖向自振周期较短,其反应以第一振型为主,且第一振型接近于直线(倒三角形),因此可采用类似于水平地震作用的底部剪力法来计算高耸结构及高层建筑的竖向地震作用。即先确定结构底部总竖向地震作用,再计算作用在结构各质点上的竖向地震作用(图9.9),公式如下:

$$F_{Evk} = \alpha_{v1} G_{eq} \tag{9.61}$$

$$F_{vi} = \frac{G_i H_i}{\sum\limits_{j=1}^{n} G_j H_j} F_{Evk} \tag{9.62}$$

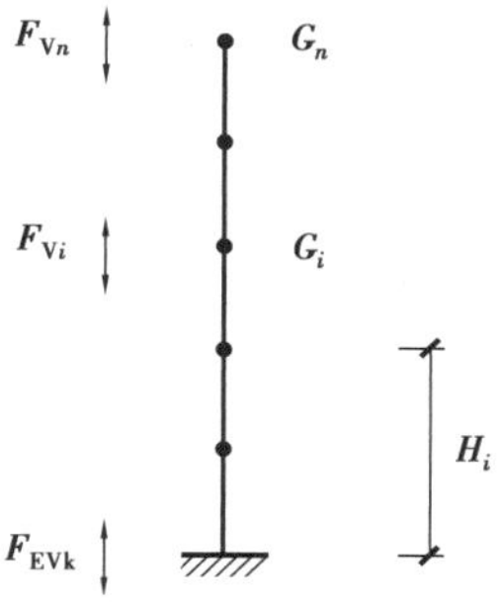

式中 F_{Evk}——结构总竖向地震作用标准值;

F_{vi}——质点 i 的竖向地震作用标准值;

α_{v1}——按结构竖向基本周期计算的竖向地震影响系数;

G_{eq}——结构等效总重力荷载。在计算高耸结构和高层建筑的竖向地震作用时,取总重力荷载代表值的75%。

图9.9 高耸结构与高层建筑竖向地震作用

分析表明,竖向地震反应谱与水平地震反应谱大致相同,因此竖向地震影响系数谱与水平地震影响系数谱形状类似。因高耸结构或高层建筑的竖向基本周期很短,一般处在地震影响系数最大值的周期范围内,同时注意到竖向地震动加速度峰值为水平地震动加速度峰值的1/2~2/3,因此可近似取竖向地震影响系数最大值为水平地震影响系数最大值的65%,则有

$$\alpha_{v1} = 0.65 \alpha_{max} \tag{9.63}$$

对于9度区的高层建筑,楼层的竖向地震作用效应可按构件的重力荷载代表值的比例分配,并根据地震经验宜乘以1.5的竖向地震动力效应增大系数。

▶ 9.4.2 大跨度结构、长悬臂结构

大量分析表明,对平板型网架、大跨度屋盖、长悬臂结构的大跨度结构的各主要构件,竖向地震作用内力与重力荷载的内力比值彼此相差一般不大,因而可以认为竖向地震作用的分布与重力荷载的分布相同,可按式(9.64)计算

$$F_v = \xi_v G \tag{9.64}$$

式中 F_v——竖向地震作用标准值;

G——重力荷载标准值;

ξ_v——竖向地震作用系数,对于平板型网架和跨度大于24 m的屋架按表9.5采用;对于长悬臂和其他大跨度结构,8度时取 $\xi_v = 0.1$,9度时取 $\xi_v = 0.2$。

表 9.5　竖向地震作用系数 ξ_v

结构类别	设防烈度	场地类别		
		I	II	III、IV
平板型网架、钢屋架	8	可不计算(0.10)	0.08(0.12)	0.10(0.15)
	9	0.15	0.15	0.20
钢筋混凝土屋架	8	0.10(0.15)	0.13(0.19)	0.13(0.19)
	9	0.20	0.25	0.25

注:括号中数值用于设计基本地震加速度为 0.30g 的地区。

思考题

9.1　什么是地震作用?

9.2　什么是地震动的反应谱? 什么是设计反应谱?

9.3　重力荷载代表值如何计算?

9.4　简述确定地震作用的底部剪力法和振型分解反应谱法的基本原理和步骤。

9.5　哪些结构需要考虑竖向地震作用? 怎样确定结构的竖向地震作用?

10
其他作用

【内容提要】

本章主要介绍结构构件在温度作用、变形作用、爆炸作用、冻胀作用及冲击力、制动力、离心力、浮力作用和预加力等其他作用下产生的变形和内力的原理、类型以及相应的计算方法。

【学习目标】

(1)了解:其他作用引起结构变形和内力的原理和类型。

(2)熟悉掌握:其他作用引起结构变形和内力的计算方法。

10.1 温度作用

▶ 10.1.1 温度作用的原理

温度作用是指与温度变化有关的引起结构产生变形和附加内力的因素。当结构所处环境温度发生变化且结构或构件的热变形受到边界条件约束或相邻部分的制约,不能自由胀缩时,会在结构或构件内形成一定的应力和变形。温度作用不仅取决于结构所处环境的温度变化,还与结构或构件受到的约束条件有关。

在土木工程领域会遇到大量温度作用的问题,根据工程约束条件,温度作用大致可分为两类:

一类是结构受到其他物体的阻碍或支承条件的制约,不能自由变形。例如,现浇钢筋混凝土框架结构的基础梁嵌固在两柱基之间,基础梁的伸缩变形受到柱基的约束,没有任何变形余地。排架结构支承于地基,当上部横梁因温度变化伸长时,横梁的变形使柱产生侧移,在柱中引起内力;柱子对横梁施加约束,在横梁中产生压力。

另一类是构件内部各单元体之间相互制约,使结构不能自由变形。例如简支屋面梁,在日照作用下屋面温度升高,而室内温度相对较低,简支梁沿梁高受到不均匀温差作用,产生翘曲变形,在梁中引起应力。大体积混凝土梁结硬时,水化热使得中心温度较高,两侧温度偏低,内外温差不均衡在截面引起附加应力,产生裂缝。

▶ 10.1.2 温度应力的计算

在计算温度作用效应时,应根据不同的结构形式和约束条件考虑温度变化对结构内力和变形的影响。

静定结构在温度变化时能够自由变形,结构无约束内力产生。由于温度变化引起的材料膨胀和收缩可以自由变形,故在结构上不引起内力,其变形可由虚功原理计算,例如矩形等规则形状的结构按下式计算:

$$\Delta_{pt} = \sum \alpha t_0 \omega_{N_p} + \sum \alpha \Delta_t \omega_{M_p}/h \tag{10.1}$$

式中 Δ_{pt}——结构中任一点 P 沿任意方向 $p\text{-}p$ 的变形;

α——材料的线膨胀系数,$(1/℃)$,即温度每升高或降低 1 ℃,单位长度构件的伸长或缩短量,几种主要材料的线膨胀系数见表 10.1;

t_0——杆件轴线处的温度变化;

Δ_t——杆件上、下侧温差的绝对值;

h——杆件截面高度;

ω_{N_p}——杆件的 N_p 图的面积,N_p 图为虚拟状态下轴力大小沿杆件的分布图;

ω_{M_p}——杆件的 M_p 图的面积,M_p 图为虚拟状态下弯矩大小沿杆件的分布图。

表 10.1 常用材料线膨胀系数

结构种类	钢结构	混凝土结构	混凝土砌块	砖砌块
线膨胀系数(1/℃)	1.2×10^5	1.0×10^5	0.9×10^5	0.7×10^5

超静定结构存在多余约束,温度改变引起的结构温度变形受到限制,从而在结构内产生内力。温度作用效应的计算,可根据变形协调条件,按结构力学或弹性力学的方法确定。

①两端嵌固于支座的约束梁(图 10.1),受均匀温差 T 作用,若求此梁温度应力,可将其一端解除约束,成为静定的悬臂梁,悬臂梁在温差 T 的作用下产生的自由伸长量 ΔL 及相对变形可由下式求得:

$$\Delta L = \alpha T L \tag{10.2}$$

$$\varepsilon = \frac{\Delta L}{L} = \alpha T \tag{10.3}$$

式中 T——温差,℃;

L——梁跨度,m。

如果悬臂梁右端受到嵌固不能自由伸长,梁内便产生约束力,约束力 N 的大小等于将自由变形梁压回原位所施加的力(拉为正,压为负),即

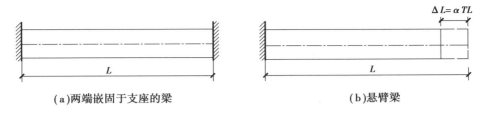

(a)两端嵌固于支座的梁　　　　　(b)悬臂梁

图 10.1　两端嵌固的梁与自由变形梁示意图

$$N = -\frac{EA}{L}\Delta L = -\alpha TEA \tag{10.4}$$

截面应力为:

$$\sigma = -\frac{N}{A} = \alpha TE \tag{10.5}$$

式中　E——材料弹性模量,N/mm^2;

　　　A——材料截面面积,m^2;

　　　σ——杆件约束应力,N/mm^2。

　　杆件约束应力只与温差、线膨胀系数和弹性模量有关,其数值等于温差引起的应变与弹性模量的乘积。

　　②受到均匀温差 T 作用的排架横梁如图 10.2 所示。横梁受温度影响伸长 $\Delta L = \alpha TL$(若忽略横梁的弹性变形),即柱顶产生的水平位移。K 为柱顶产生单位位移时所施加的力(柱的抗侧刚度),由结构力学可知:

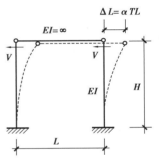

$$K = \frac{3EI}{H^3} \tag{10.6}$$

　　柱顶所受到的水平剪力为:

图 10.2　排架横梁
受温度应力示意图

$$V = \Delta L \cdot K = \alpha TL \cdot \frac{3EI}{H^3} \tag{10.7}$$

式中　I——柱截面惯性矩,m^3;

　　　H——柱高,m;

　　　L——横梁长,m。

　　由此可见,温度变化在柱中引起的约束内力与横梁的长度成正比。当结构物长度很长时,必然在结构中产生较大的温度应力。为了降低温度应力,需要缩短结构物的长度,这就是过长的结构每隔一定距离必须设置伸缩缝的原因。

　　桥梁结构处于自然环境中,将受到温度作用的影响。例如,常年气温变化导致桥梁结构沿纵向产生均匀位移,这种位移不产生结构内力,只有当结构的位移受到约束时才会引起温度内力,这是温度作用的一种形式,称为均匀温度作用。太阳照射使结构沿高度方向形成非线性的温度梯度,导致结构产生内力,称为梯度温度作用。沿桥梁横向也存在梯度温度,但考虑公路桥梁都带有较长的悬臂,两侧腹板受太阳直接辐射较少,梁底终日不受日照,设计时认为只有梁顶全天日照,不再计及横桥向温度梯度的作用。

　　当桥梁结构要考虑温度作用时,应根据当地具体情况、结构物使用的材料和施工条件等因素计算由温度作用引起结构的附加效应。

计算桥梁结构因均匀温度作用引起外加变形或约束变形时,应从受到约束时的结构温度开始,考虑最高和最低温度的作用效应。如缺乏实际调查资料,公路混凝土结构和钢结构的最高和最低有效温度标准值可按表 10.2 取用。

表 10.2 公路桥梁结构的有效温度标准值

气温分区	钢桥面板钢桥		混凝土桥面板钢桥		混凝土、石桥	
	最高	最低	最高	最低	最高	最低
严寒地区	46	−43	39	−32	34	−23
寒冷地区	46	−21	39	−15	34	−10
温热地区	46	−9(−3)	39	−6(−1)	34	−3(0)

注:①表中括弧内数值适用于昆明、南宁、广州、福州地区。
②气候分区按下列规定:严寒地区,最冷月平均温度低于−10 ℃;寒冷地区,最冷月平均温度低于 0~10 ℃;温热地区,最冷月平均温度高于 0 ℃。气候分区中温热地区包括温和地区,夏热冬冷地区、夏热冬暖地区。

10.2 变形作用

变形作用是指由于外界因素的影响(如结构支座移动或不均匀沉降等),使结构物被迫发生变形。如果结构体系为静定结构,则允许构件产生符合其约束条件的位移,此时不会产生内力;若结构体系为超静定结构,则多余约束会束缚结构的自由变形,从而产生附加内力。因而,从广义上说,这种变形作用也是荷载。

在工程实际中大量的工程结构是超静定结构体系,在这种情况下,变形作用引起的内力问题必须引起我们足够的重视。例如,支座的下沉或转动引起的结构内力;地基不均匀沉降导致上部结构产生附加内力,严重时会使房屋开裂;构件的制造误差使得强制装配时产生内力等。

地基变形是一种常见的变形作用。在软土、填土、冲沟、古河道、暗渠以及各种不均匀地基上建造结构物,或者地基虽然比较均匀,但是荷载差别过大,结构物刚度悬殊时,都会由于沉降差异而引起结构内力。地基不均匀沉降引起的影响有:砌体结构房屋,地基不均匀沉降在砌体中引起附加拉力或剪力,当附加内力超过砌体本身强度便会产生裂缝;单层厂房,因地面大面积堆载造成基础下沉,使柱身在附加弯矩作用下开裂;刚架桥,当某一端支柱基础下沉,刚架梁柱相应产生附加弯矩,横梁节点处产生裂缝;连续梁桥,墩台沉降不均匀引起梁内附加力,如两端桥台下沉较大,则中间桥墩上梁身所受负弯矩增大,顶部会产生自上而下的裂缝。

对混凝土结构而言,还有两种特殊的变形作用,即徐变和收缩(对应于钢结构还有蠕变)。混凝土在长期外力作用下产生随时间而增长的变形称为徐变。通常情况下,混凝土往往与钢筋组成钢筋混凝土构件而共同承受荷载,当构件承受不变荷载的长期作用后,混凝土将产生徐变。由于钢筋与混凝土的黏结作用,两者将协调变形,于是混凝土的徐变将迫使钢筋的应变增加,钢筋的应力也随之增大。可见,由于混凝土徐变的存在,钢筋混凝土构件的内力将发生重分布,当外荷载不变时,混凝土应力减小而钢筋应力增加。另外,混凝土在空气中结硬时其体积会缩小,这种现象称为混凝土的收缩,收缩是混凝土在不受力情况下因体积变化而产生的变形。若混凝土不能自由收缩,则混凝土内产生的拉应力将导致混凝土裂缝的产生。在钢筋混凝土构件中,由于钢筋和混凝土的黏结作用,钢筋将被缩短而受压;混凝土的收缩变形受到钢筋的阻碍而不能自由发生,使得混凝土承受拉力。当混凝土收缩较大而构件截面配筋又较多时,这种变形作用往往使得混凝土构件产生收缩裂缝。

由上述分析可知,所谓变形作用,其实质就是结构物由于种种原因引起的变形受到多余约束的阻碍,从而导致结构产生内力。对于变形作用引起的结构内力和位移计算,只需遵循结构或材料力学的基本原理求解,也即根据静力平衡条件和变形协调条件求解即可。

10.3　爆炸作用

▶ 10.3.1　爆炸作用的概念以及类型

爆炸作用是一种比较复杂的荷载。一般来说,如果在足够小的容积内以极短的时间内突然释放出能量,以致产生一个从爆源向有限空间传播出去的一定幅度的压力波,即在该环境内发生了爆炸。这种能量可以是原来就以各种形式储存于该系统中,可以是核能、化学能、电能或压缩能等。

爆炸发生在空气中,会在瞬间压缩周围的空气,这种足够快和足够强的压缩形成空气冲击压力波,称为爆炸。这里所指的爆炸具有广泛的范围,诸如核爆炸,以及普通炸药爆炸和生活中的油罐、煤气、天然气罐爆炸等。非核爆炸产生的空气冲击波的作用时间非常短促,一般仅几个毫秒,在传播过程中强度减小得很快,也比较容易削弱,其对结构物的作用比起核爆炸冲击波要小得多。因此,在设计可能遭遇到类似爆炸作用的结构物时,必须考虑爆炸的空气冲击波荷载。

根据爆炸发生的机理和作用的性质,可分为物理爆炸(锅炉爆炸)、化学爆炸(炸药爆炸和燃气爆炸)和核爆炸(核裂变—原子弹和核聚变—氢弹)等多种类型。核爆炸发生时,压力波在几毫秒内即可达到峰值,且压力峰值相当高,正压作用后还有一段负压段,如图10.3(a)所示。化学爆炸和燃气爆炸压力升高相对依次较慢[图10.3(b)、(c)],峰值压力亦较核爆炸低较多,但化学爆炸正压作用时间短,从几毫秒到几十毫秒,负压段更短,而燃气爆炸是一个缓慢衰减的过程,正压作用时间较长,负压段很小,甚至测不出负压段。

由于爆炸是在极短的时间内压力达到峰值,使周围气体迅猛地被挤压和推进,从而产生过高的运动速度,形成波的高速推进,这种使气体压缩而产生的压力称为冲击波。它会在瞬间压缩周围空气而产生超压,超压是指爆炸压力超过正常大气压,核爆、化爆和燃爆都产生不同幅度的超压。冲击波的前锋犹如一道运动着的高压气体墙面,被称为波阵面,超压向发生超压空间内的各表面施加挤压力,作用效应相当于静压。冲击波所到之处,除产生超压外,还带动波阵面,而后空气质点高速运动引起动压,动压与物体形状和受力面方位有关,类似于风压。燃气爆炸的效应以超压为主,动压很小,可以忽略。

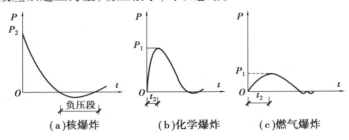

图 10.3　压力-时间曲线

▶ 10.3.2　爆炸对结构的影响及荷载计算

爆炸对结构产生破坏作用,其破坏程度与爆炸的性质和爆炸物质的数量有关。爆炸物质数量越大,积聚和释放的能量越多,破坏作用也越剧烈。爆炸发生的环境或位置不同,其破坏作用也不同,在封闭的房间、密闭的管道内发生的爆炸,其破坏作用比在结构外部发生的爆炸要严重得多。

(1)密闭结构中的爆炸作用

当爆炸发生在一个密闭结构中时,在直接遭受冲击波的围护结构上受到骤然增大的反射冲击波,并产生高压区,这时的反射冲击波峰值如下:

$$K_f = \frac{\Delta P_f}{\Delta P} = 2 + \frac{6\Delta P}{\Delta P + 7} \tag{10.8}$$

式中　ΔP_f——最大的反射冲击波,kPa;

ΔP——入射波波阵面上的最大冲击波,kPa;

K_f——反射系数,取值为 2~8。

如果燃气爆炸发生在生产车间、居民厨房等室内环境中,一旦发生爆炸,常常是窗玻璃被压碎,屋盖被气浪掀起,导致室内压力下降,反而起到了泄压保护的作用。

Dragosavic 在体积为 20 m³ 的实验房屋内测得了包含泄爆影响的压力时间曲线,经过整理绘出了室内理想化的理论燃气爆炸的升压曲线模型(图 10.4)。图中 A 点是泄爆点,压力从 O 开始上升到 A 点出现泄爆(窗玻璃压碎),泄爆后压力稍有上升随即下降,下降过程中有时出现短暂的负超压,经过一段时间,由于波阵面后的湍流及波的反射而出现高频振荡。图中 P_v 为泄爆压力,P_1 为第一次压力峰值,P_2 为第二次压力峰值,P_w 为高振荡峰值。该试验是在

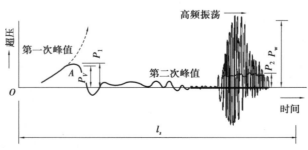

图 10.4　Dragosavic 理论燃气爆炸升压曲线模型

空旷房屋中进行的,如果室内有家具或其他器物等障碍物,则振荡会大大减弱。

对易爆建筑物在设计时需要有一个压力峰值的估算,作为确定窗户面积、屋盖轻重等的依据,使得易爆场所一旦发生燃爆时能及时泄爆减压。Dragosavic 给出了最大爆炸压力计算公式:

$$\Delta P = 3 + 0.5 P_v + 0.04 \varphi^2 \tag{10.9}$$

式中　ΔP——最大爆炸压力,kPa;

　　　φ——泄压系数,房间体积与泄压面积之比;

　　　P_v——泄压时的压力,kPa。

（2）爆炸冲击波绕过结构物产生动压作用

由于结构形状不同,围护结构面相对气流流动方向的位置也不同。可用试验确定的表面阻力系数 C_d（对矩形结构取 1.0）表示,这样动压作用引起的围护结构面压力等于 $C_d \cdot q(t)$,因此围护结构迎波面压力从 ΔP_f 衰减到 $\Delta P(t) + C_d \cdot q(t)$,其单位面积平均压力 $\Delta P_1(t)$（kPa）为:

$$\Delta P_1(t) = \Delta P(t) + C_d \cdot q(t) \tag{10.10}$$

式中　$q(t)$——冲击波产生的动压,kPa。

注意,围护结构的顶盖、迎波面及背波面上的每一点,压力自始至终为冲击波超压与动压作用之和。不同之处在于由于涡流等原因,产生作用力的方向不同,压力时 C_d 取正,吸力时 C_d 取负,且作用时间不同。

在冲击波超压和动压共同作用下,结构受到巨大的挤压作用,加之前后压力差的作用,使得整个结构受到超大水平推力,导致结构平移和倾斜。而对于烟囱、桅杆、塔楼及桁架等细长形结构,由于它们的横向尺寸很小,结构物容易遭到抛掷和弯折。

（3）地面爆炸冲击波对地下结构物的作用

地面爆炸冲击波对地下结构物的作用与对上部结构的作用有差异明显。主要影响因素有:①地面上空气冲击波压力参数引起岩土压缩波向下传播并衰减;②压缩波在自由场中传播时参数变化;③压缩波作用于结构物的反射压力取决于波与结构物的相互作用。

综合考虑以上各种因素,可采用简化的综合反射系数法的半经验实用计算方法计算地面爆炸冲击波对地下结构物的作用。根据地面冲击波超压计算的结构物各自的动载峰值、结构的自振频率以及动载的升压时间查阅有关图表得到荷载系数,换算成作用在结构物上的等效静载,其中压缩波峰值压力 P_h 为:

$$P_h = \Delta P_d e^{-\alpha h} \tag{10.11}$$

结构顶盖动载峰值 P_d 为:

$$P_d = K'_f \cdot P_h \tag{10.12}$$

结构侧围护动载峰值 P_c 为:

$$P_c = \xi \cdot P_h \tag{10.13}$$

底板动载峰值 P_b 为:

$$P_b = \eta \cdot P_h \tag{10.14}$$

式中　ΔP_d——地面上空气冲击波超压,kPa;

　　　h——地下结构物距地表深度,m;

α——衰减系数,对非饱和土,主要由颗粒骨架承受外加荷载,因此传播时衰减相对较大,而对饱和土,主要靠水分来传递外加荷载,因此传播时衰减很小,一般为0.03~0.1(适合于核爆炸,比一般燃气爆炸或化学爆炸衰减的速率要大得多);

P_h——顶盖深度处自由场压缩波压力峰值,kPa;

K'_f——综合反射系数,与结构埋深、外包尺寸及形状等复杂因素有关,一般对饱和土中的结构取 1.8;

ξ——压缩波作用下的侧压系数,按表 10.3 取值;

η——底压系数,对饱和土和非饱和土中结构分别取 0.8~1.0 和 0.5~0.75。

表 10.3 侧压系数 ξ

岩土介质类别		侧压系数
碎石土		0.15~0.25
砂土	地下水位以上	0.25~0.35
	地下水位以下	0.70~0.90
粉土		0.33~0.43
黏土	坚硬、硬塑	0.20~0.40
	可塑	0.40~0.70
	软、流塑	0.70~1.0

10.4 冻胀作用

▶ 10.4.1 冻胀作用的概念以及类型

含有水分的土体温度降低到其冻结温度时,土中孔隙水冻结成冰,并将松散的土颗粒胶结在一起形成冻土。冻土根据其存在的时间长短可分为多年冻土、季节性冻土和瞬时性冻土三类。其中,季节性冻土是冬季冻结、夏季融化,每年冻融交替一次的土层。季节性冻土地基在冻结和融化过程中,往往产生冻胀和融陷,过大的冻融变形将造成结构物的损伤和破坏。

地基土的冻胀与当地气候条件有关,还与土的类别和含水量有关,土的冻融主要是土中黏结水从未冻结区向冻结区转移形成的,对于不含和少含黏结水的土层,冻结过程中没有水分转移,土的冻胀仅是土中原有水分冻结时产生的体积膨胀,可被土的骨架冷缩抵消,实际上不呈现冻胀。碎石类土、中粗砂在天然情况下含黏土和粉土颗粒很少,其冻胀效应微弱,冻胀效应在黏性土和粉土地基中表现较强。

土体冻结体积增大,土体膨胀变形受到约束时,则产生冻胀力,约束越强,冻胀变形越大,冻胀力也就越大。当冻胀力达到一定界限时则不再增加,这时的冻胀力就是最大冻胀力。建造在冻胀土上的结构物,相当于对地基的冻胀变形施加约束,使得地基土不能自由膨胀产生冻胀力,地基的冻胀力作用在结构基础上,引起结构发生变形而产生内力。

► **10.4.2　冻胀性类别及冻胀力分类**

地基土的冻胀性可根据平均冻胀率来分类,平均冻胀率为地面最大冻胀量与土的冻结深度之比。根据冻胀率的不同,地基土可分为不冻胀、弱冻胀、冻胀、强冻胀和特强冻胀5类。《建筑地基基础设计规范》(GB 50007)给出了地基土的冻胀性分类,见表10.4。

表 10.4　地基土的冻胀性分类

土的名称	冻前天然含水量 $\omega/\%$	冻结期间地下水位距冻结面的最小距离 h_w/m	平均冻胀率 $\eta/\%$	冻胀等级	冻胀类别
碎(卵)石、砾、粗砂、中砂(粒径小于0.075 mm的颗粒含量大于15%),细砂(粒径小于0.075 mm的颗粒含量大于10%)	$\omega\leqslant12$	>1.0	≤1	I	不冻胀
		≤1.0	$1<\eta\leqslant3.5$	II	弱冻胀
	$12<\omega\leqslant18$	>1.0			
		≤1.0	$3.5<\eta\leqslant6$	III	冻胀
	$\omega>18$	>0.5			
		≤0.5	$6<\eta\leqslant12$	IV	强冻胀
粉砂	$\omega\leqslant14$	>1.0	$\eta\leqslant1$	I	不冻胀
		≤1.0	$1<\eta\leqslant3.5$	II	弱冻胀
	$14<\omega\leqslant19$	>1.0			
		≤1.0	$3.5<\eta\leqslant6$	III	冻胀
	$19<\omega\leqslant23$	>1.0			
		≤1.0	$6<\eta\leqslant12$	IV	强冻胀
	$\omega>23$	不考虑	$\eta>12$	V	特强冻胀
粉土	$\omega\leqslant19$	>1.5	$\eta\leqslant1$	I	不冻胀
		≤1.5	$1<\eta\leqslant3.5$	II	弱冻胀
	$19<\omega\leqslant22$	>1.5			
		≤1.5	$3.5<\eta\leqslant6$	III	冻胀
	$22<\omega\leqslant26$	>1.5			
		≤1.5	$6<\eta\leqslant12$	IV	强冻胀
	$26<\omega\leqslant30$	>1.5			
		≤1.5	$\eta>12$	V	特强冻胀
	$\omega>30$	不考虑			

续表

土的名称	冻前天然含水量 $\omega/\%$	冻结期间地下水位距冻结面的最小距离 h_w/m	平均冻胀率 $\eta/\%$	冻胀等级	冻胀类别
黏性土	$\omega \leq \omega_p + 2$	>2.0	$\eta \leq 1$	I	不冻胀
		≤2.0	$1 < \eta \leq 3.5$	II	弱冻胀
	$\omega_p + 2 < \omega \leq \omega_p + 5$	>2.0			
		≤2.0	$3.5 < \eta \leq 6$	III	冻胀
	$\omega_p + 5 < \omega \leq \omega_p + 9$	>2.0			
		≤2.0	$6 < \eta \leq 12$	IV	强冻胀
	$\omega_p + 9 < \omega \leq \omega_p + 15$	>2.0			
		≤2.0	$\eta > 12$	V	特强冻胀
	$\omega > \omega_p + 15$	不考虑			

根据土的冻胀力对结构物的不同作用方式,还可将冻胀力分为切向冻胀力、法向冻胀力和水平冻胀力。

①切向冻胀力平行于结构基础侧面,通过基础与冻土之间的黏结强度,使基础随着土体的冻胀变形产生上拔力,图 10.5 所示基础侧面作用的侧向力 T 即为切向冻胀力。

②法向冻胀力垂直于结构基础底面,当基础埋深超过冻结深度时,土体由于冻结膨胀而产生将基础向上抬起的法向冻胀力 N(图 10.5),如果基础上荷载 P 和自重 G 不足以平衡切向和法向冻胀力时,基础就要被向上顶起。

③水平冻胀力垂直作用于基础或结构侧面,当水平冻胀力对称作用于基础两侧,侧向力相互平衡时,对结构无不利影响;当水平冻胀力作用于图 10.6 所示挡土结构侧壁时,会产生水平方向推力,类似于挡土墙后土压力的作用,但其压力近似呈倒三角形分布,作用于墙背填土面上。

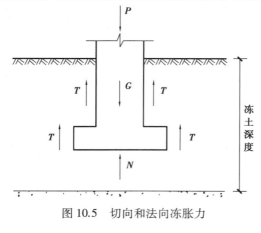

图 10.5　切向和法向冻胀力

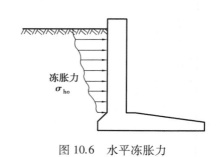

图 10.6　水平冻胀力

▶ ### 10.4.3 冻胀力计算

（1）切向冻胀力

切向冻胀力作用于基础侧表面，因此基础侧表面的粗糙程度会影响其大小。切向冻胀力一般按照单位切向冻胀力取值。单位切向冻胀力有两种取值方法：一种是平均单位切向冻胀力，以单位面积上的平均切向冻胀力取值；另一种是相对平均单位切向冻胀力，以单位周长上的平均切向冻胀力取值。目前，我国和大多数国家都采用第一种取值方法，即采用平均单位切向冻胀力计算：

$$T = \sum_{i=1}^{n} \tau_{di} A_{ti} \tag{10.15}$$

式中　T——总的切向冻胀力，kN；

　　　τ_{di}——第 i 层土中单位切向冻胀力，kPa，可按表 10.5 选取；

　　　A_{ti}——与第 i 层土冻结在一起的基侧表面积，m²；

　　　n——设计冻深内的土层数。

表 10.5　单位切向冻胀力　　　　　　　　　单位：kPa

土类	冻胀性分类			
	弱冻胀	冻胀	强冻胀	特强冻胀
黏性土，粉土	30～60	60～80	80～120	120～150
砂土，砾（碎）石（黏、粉粒含量>15%）	<10	20～30	40～80	90～200

（2）法向冻胀力

影响法向冻胀力的因素比较复杂，如冻土的各种特性、冻结程度、土质条件、冻土层底下未冻土的压缩性、作用于冻土层上的外部压力、结构物抗变形能力等，且随影响因素的变化而变化，因此法向冻胀力应以实测数据为准。根据冻胀力与冻胀率成正比的关系，有如下经验公式：

$$\sigma_{hf} = \eta E \tag{10.16}$$

式中　σ_{hf}——法向冻胀力，kPa；

　　　η——冻胀率，可按《建筑地基基础设计规范》（GB 50007）表 G.0.1 取值；

　　　E——冻土压缩模量，kPa。

（3）水平冻胀力

水平冻胀力根据它的形成条件和作用特点可分为对称和非对称两种，对称性水平冻胀力施加于基础或结构物两侧时，对称作用相互平衡，不产生不利影响；非对称水平冻胀力作用于基础一侧或挡土墙上时，相当于施加单向水平推力，其数值常大于主动土压力数倍甚至数十倍。影响水平冻胀力的因素有土的冻胀性、墙体对冻胀的约束程度、冻土的含水量等。水平冻胀力的计算至今还没有确定的计算公式，大多是基于现场或室内测试给出的经验值，几种典型土的水平冻胀力列于表 10.6 中。

表 10.6　典型土水平冻胀力　　　　　　　　　单位:kPa

土的类别	亚黏土	亚砂土	砾石土	粗砂
平均值	304	129	134	58
最大值	430	371	281	78

10.5　冲击力、制动力、离心力

▶ 10.5.1　汽车冲击力

车辆以一定速度在桥梁上行驶时,由于桥面的不平整以及车轮的不圆度和发动机的抖动等原因,会引起桥梁结构的振动,这种动力效应通常称为冲击作用。在这种情况下,运行中的车辆荷载对桥梁结构所引起的应力和变形大于同样大小的静荷载所引起的应力和变形。

钢桥、钢筋混凝土及预应力混凝土桥、圬工拱桥等上部构造和钢支座、板式橡胶支座、盆式橡胶支座及钢筋混凝土柱式墩台,应计算汽车的冲击作用。

汽车荷载的冲击力可用汽车荷载乘以冲击系数 μ 来计算。冲击系数是根据在已建成的实桥上所做的振动试验的结果经分析整理得到,设计中可按不同结构种类和跨度大小选用相应的冲击系数。式(10.17)和式(10.18)中分别列出了公路、铁路桥梁结构的部分冲击系数值。

对于公路桥梁,汽车荷载冲击系数可按下式计算

当 $f<1.5$ Hz 时　　　　　　　　$\mu=0.05$

当 1.5 Hz $\leqslant f<14$ Hz 时　　　$\mu=0.1767\ln f-0.0157$　　　　　(10.17)

当 $f\geqslant14$ Hz 时　　　　　　　$\mu=0.45$

式中　f——结构基频,Hz。

汽车荷载的局部加载及 T 梁、箱梁悬臂板上的冲击系数采用 1.3。

对于铁路钢筋混凝土、混凝土、石砌的桥跨结构及涵洞、钢架桥,当其顶上填土厚度 $h\geqslant1$ m(从轨底算起)时不计冲击力;当 $h<1$ m 时,按下式计算:

$$1+\mu=1+\alpha\left(\frac{6}{30+L}\right),\alpha=4\times(1-h)\leqslant2 \qquad (10.18)$$

式中　L——桥跨长度或(局部)构件的影响线加载长度。

鉴于结构物上的填料能起缓冲和扩散冲击荷载的作用,对拱桥、涵洞以及重力式墩台,当填料厚度(包括路面厚度)等于或大于 500 mm 时,《公路桥涵设计通用规范》(JTG D60)规定可以不计冲击的作用。

▶ 10.5.2　汽车制动力

汽车制动力是为克服汽车在桥上刹车时的惯性力而在车轮与路面之间产生的滑动摩擦

力。由于在桥上一列车同时刹车的概率极小,制动力的取值只为摩擦系数乘以桥上车列的车辆重力的一部分。对于铁路桥梁,《铁路桥涵设计基本规范》(TB 10002)规定列车制动力或牵引力按作用在桥跨范围的竖向静活载的10%计算。对于公路桥梁,只考虑制动力。《公路通规》规定:对于一个设计车道,制动力标准值按规定的车道荷载在加载长度上计算的总重力的10%计算,但公路-Ⅰ级汽车荷载的制动力标准值不得小于165 kN;公路-Ⅱ级汽车荷载的制动力标准值不得小于90 kN。同向行驶双车道、三车道和四车道的汽车荷载制动力标准值分别为一个设计车道制动力标准值的2倍、2.34倍和2.68倍。

制动力(或牵引力)的方向为顺行车方向(或逆行车方向),其着力点在车辆的重心位置,一般为桥面以上1.2 m处或铁路桥梁轨顶以上2 m处。在计算墩台时,可移至支座中心处(铰或滚轴中心)或滑动、橡胶、摆动支座的底板面上。在计算刚架桥、拱桥时,可移至桥面上,但不计由此而产生的力矩和竖向力。

▶ **10.5.3 吊车制动力**

在工业厂房中常有桥式吊车(图6.11),吊车在运行中的刹车也会产生制动力。因此在设计有吊车厂房结构时,需考虑吊车的纵向和横向水平制动力。

吊车纵向水平制动力是由吊车桥架沿厂房纵向运行时制动引起的惯性力产生的,其大小受制动轮与轨道间的摩擦力的限制,当制动惯性力大于制动轮与轨道间的摩擦力时,吊车轮将在轨道上滑动。经实测,吊车轮与钢轨间的摩擦系数一般小于0.1,所以吊车纵向水平荷载可按一边轨道上所有刹车轮的最大轮压之和的10%采用。制动力的作用点位于刹车轮与轨道的接触点,方向与行车方向一致。

吊车横向水平制动力是吊车小车及起吊物沿桥架在厂房横向运行时制动所引起的惯性力。该惯性力与吊钩种类和起吊物重量有关,一般硬钩吊车比软钩吊车制动加速度大。另外,起吊物越重,一般运行速度越慢,制动产生的加速度则较小,故《建筑结构荷载规范》(GB 50009—2012)规定,吊车横向水平荷载按式(10.19)计算:

$$T_x = \alpha_H (G + W) \tag{10.19}$$

式中 G——小车重量;

W——吊车额定起重量;

α_H——制动系数,对于硬钩吊车取0.2;对于软钩吊车,当额定起重量不大于10 t时,取0.12,当额定起重量为15~50 t时,取0.1,当额定起重量为75 t时,取0.08。

▶ **10.5.4 离心力**

位于曲线上的桥梁,当弯道桥的曲线半径小于或等于250 m时,应计算汽车荷载引起的离心力。离心力等于车辆荷载的标准值P(不计冲击力)乘以离心力系数C,即:

$$H = CP \tag{10.20}$$

其中离心力系数C为:

$$C = \frac{v^2}{127R} \tag{10.21}$$

式中 v——计算车速,km/h;

R——弯道半径,m。

计算多车道桥梁的汽车离心力时,车辆荷载标准值应按规定折减。离心力的着力点在车辆的重心处,一般取桥面以上 1.2 m 处。有时为了计算方便也可移至桥面上,而不计由此引起的力矩。

10.6　浮力作用

地下水会对底面置于地下水位以下的基础或结构物,在其底面上作用自下而上的静水压力,即浮力作用。此时,固体颗粒和水浮力共同承受由基础或结构物底面传递的压力。浮力作用为作用于建筑物基底面由下而上的水压力,等于建筑物排开同体积水的重力。地表水或地下水通过土体孔隙的自由水沟通并传递水压力。当贮液池底面位于地下水位以下时,若贮液池空载,浮力作用可使整个贮液池或贮液池底板局部上移,导致底板和顶盖开裂,所以需对贮液池进行整体抗浮和局部抗浮验算。

计算浮力作用时,基础襟边上的土重力应采用浮重度,且不计襟边上水柱的重力。浮重度 γ' 可以按式(10.22)计算:

$$\gamma' = \frac{1}{1+e}(\gamma_c - 1) \tag{10.22}$$

式中　e——土的孔隙比;

　　　γ_c——土的固体颗粒重度。

根据地基的透水程度,浮力作用可按照结构物丧失的重量等于它所排开水的质量这一原则考虑:

①结构物位于透水性较差的地基或节理裂隙不发育的岩石地基上时,可按 50% 计算浮力作用。

②结构物位于透水性饱和的地基上时,结构物处于完全浮力状态,按 100% 计算浮力作用。

③如不能确定地基是否透水,应将透水和不透水两种情况分别与其他荷载组合,取最不利组合;对于黏性土地基,浮力作用与土的物理特性相关,需按实际情况确定。

④地下水不仅对结构物产生浮力,对位于地下水位以下的岩石、土体也存在浮力作用,在确定地基承载力设计值时,地下水位以下一律取有效重度。

⑤地下水位随降雨量、地形以及江河补给条件变化,当地下水位在基底标高上下范围内涨落时,浮力作用的变化可能引起基础产生不均匀沉降。设计时,应考虑地下水位季节性涨落的影响。

10.7　预加力

以特定方式在结构构件上预先施加的、能产生与构件所承受的外荷载效应相反的应力状态的力称为预加力。对于混凝土构件,受载受拉区预加压力能延缓构件的开裂,从而提高构件截面的刚度和正常使用阶段的承载能力,以降低截面高度,减少构件自重,增加构件的跨越能力。习惯上将建立了与外荷载效应相反的应力状态的构件称为预应力构件。

预加力的施加方式多种多样,主要取决于结构设计和施工的特点,以下介绍几种主要方式。

(1)外部预加力和内部预加力

当结构构件中的预加力来自结构之外时,所加的预加力称为外部预加力,如对混凝土拱桥拱顶用千斤顶施加水平预压力、在连续梁的支点处用千斤顶施加反力,使结构内力呈有利分布等。当混凝土结构构件中的预加力是通过张拉和锚固设置在结构构件中的高强度钢筋,使构件中产生与外荷载效应相反的应力状态时,所加的预加力称为内部预加力。前者常用于结构内力调整,后者则为钢筋混凝构件施加预加力的常规方式。

(2)先张法预加力和后张法预加力

先张拉高强度钢筋,后浇筑包裹钢筋的混凝土,待混凝土达到设计强度、钢筋和混凝土之间具有可靠的黏结力后,放松钢筋,钢筋的弹性恢复力通过两者之间的黏结作用传给混凝土的力为先张法预加力。先浇筑混凝土,混凝土中预留放置预应力筋的孔道,待混凝土达到设计强度后张拉钢筋,并通过锚固措施将钢筋受力后的弹性变形锁住并传给混凝土上的力为后张法预加力。

由于先张法预加力和管道灌浆的后张法预加力是通过钢筋与混凝土之间的黏结力传给混凝土的,故也称有黏结预加力,而管道不灌浆的后张法预加力是通过构件两端的锚具对混凝土施加预应力的,故也称无黏结预加力。

预应力混凝土构件预加力的大小取决于构件在正常使用阶段的截面材料的控制应力、截面的极限承载能力和抗裂性等因素,根据上述条件确定预应力钢筋面积 A_y 后,预加力 $N_y = A_y\sigma_k$,其中,σ_k 为张拉控制应力。由于混凝土和预应力钢筋的物理力学特征和所采用的预应力钢筋的锚具的特性,在构件的预应力张拉阶段和正常使用阶段将发生与张拉工艺相对应的预应力损失,所以预加力是随时间变化而减小的。

对于先张法预应力混凝土构件,会发生的预应力损失有:温差损失 σ_{s3}、弹性压缩损失 σ_{s4}、钢筋松弛损失 σ_{s5}、混凝土收缩徐变损失 σ_{s6}。对于后张法预应力混凝土构件,会发生的预应力损失有:摩阻损失 σ_{s1}、锚具损失 σ_{s2}、预应力钢筋分批张拉损失 σ_{s4}、钢筋松弛损失 σ_{s5}、混凝土收缩徐变损失 σ_{s6}。总预应力损失约占张拉控制应力 σ_k 的1/3。如跨径138 m的重庆某大桥,后张法预应力钢筋的张拉控制应力 σ_k 为1 280 MPa,其各项预应力损失(单位为MPa)见表10.7。

表 10.7　重庆某大桥预应力钢筋应力损失

损失项目	σ_{s1}	σ_{s2}	σ_{s4}	σ_{s5}	σ_{s6}	总和
损失量/MPa	88	44.3	46.1	52.2	166.1	396.7

后张法预加力的工艺流程如图10.7所示。在浇筑的混凝土中,按预应力钢筋的设计位置预留管道或明槽,如图10.7(a)所示;待混凝土养护结硬到一定强度后,将预应力钢筋穿入孔

道,并利用构件作为加力台座,使用千斤顶对预应力钢筋进行张拉,如图 10.7(b);在张拉钢筋的同时,构件混凝土受压,钢筋张拉完毕后,用锚具将钢筋锚固在构件的两端,如图 10.7(c);然后在管道内压浆,使构件混凝土与钢筋黏结成整体以防止钢筋锈蚀,并增加构件的刚度,如图 10.7(d)所示。后张法主要是靠锚具传递和保持预加应力的。

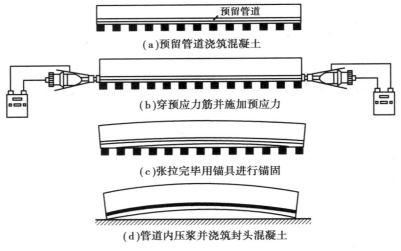

(a)预留管道浇筑混凝土

(b)穿预应力筋并施加预应力

(c)张拉完毕用锚具进行锚固

(d)管道内压浆并浇筑封头混凝土

图 10.7 后张法预加力工艺流程

后张法多用于大跨度桥梁,它不需要专门的张拉台座,一般易于在施工场地预制或在桥位上就地浇筑。预应力钢筋可按照设计要求,根据构件的内力变化而布置成合理的曲线形式。但后张法的施工工艺比较复杂,锚固钢筋用的锚具耗钢量大。

(3)预弯梁预加力

预弯梁预加力是通过钢梁与混凝土之间的黏结构造将钢梁的弹性恢复力施加于混凝土上,弹性恢复力通过屈服强度很高的钢梁预先弯曲产生弹性变形而获得。

思考题

10.1 简述温度应力的定义及分类。

10.2 简述变形作用的定义及常见形式。

10.3 简述爆炸作用的定义和分类。

10.4 简述冻胀作用的概念和冻胀土的分类。地基土的冻胀与哪些因素有关?

10.5 简述平均冻胀率的概念。根据平均冻胀率,地基土的冻胀性分类有哪些?

10.6 根据作用方向不同,冻胀力分成几类?

10.7 简述汽车冲击力的概念。

10.8 什么是汽车的离心力? 离心力与哪些因素有关?

10.9 简述预加力的概念和常用分类。

附　录

附录 A　概率基础

▶　附录 A.1　概率的基本公理

A.1.1　基本公理

一定条件下可能发生也可能不发生的现象称为随机事件(简称事件),描述一随机事件发生的可能性大小的具体量值称为该事件的发生概率。

令 E 表示事件,S 表示必然事件,则概率的基本公理可表示为:

公理 I :　　　　　　　　　　　$0 \leqslant P(E) \leqslant 1$　　　　　　　　　　　　(A.1)

公理 II :　　　　　　　　　　　$P(S) = 1$　　　　　　　　　　　　　　(A.2)

公理 III :若事件 $E_1, \cdots, E_n$ 两两互不相容,则有:

$$P(\bigcup_{i}^{n} E_i) = \sum^{n} P(E_i)$$　　　　　　　　(A.3)

式中　$P(\cdot)$——事件发生概率;

　　　U——事件之和。

两事件互不相容是指两事件不可能同时发生,但其中之一不一定必然发生。若 $E_i(i = 1, \cdots, n)$ 不是互不相容,则有:

$$P(\bigcup_{i=1}^{n} E_i) = \sum_{i=1}^{n} P(E_i) - \sum_{1 \le i < j \le n} P(E_i E_j) + \sum_{1 \le i < j \le k \le n} P(E_i E_j E_k) \cdots + (-1)^{n-1} P(E_1 E_2 \cdots E_n)$$

$$(A.4)$$

式中　$P(E_i E_j)$——事件 E_i，E_j 同时发生的概率。

若事件 E 与其逆事件 $\overline{E}$（E 不发生的事件）存在，根据式（A.3），有

$$P(E \cup \overline{E}) = P(E) + P(\overline{E}) \tag{A.5}$$

因 $E \cup \overline{E} = S$，根据式（A.2），有 $P(E \cup \overline{E}) = P(S) = 1$，故根据式（A.5）可得：

$$P(\overline{E}) = 1 - P(E) \tag{A.6}$$

A.1.2　条件概率与乘法法则

1）条件概率

令 E_1、E_2 表示相互关联的两事件（事件 E_1、E_2 中任一发生与否将影响另一事件的发生概率），则在事件 E_2（或 E_1）已发生的条件下，事件 E_1（或 E_2）发生的概率称为事件 E_1（或 E_2）的条件概率，即

$$P\left(\frac{E_1}{E_2}\right) = \frac{P(E_1 \cap E_2)}{P(E_2)} = \frac{P(E_1 E_2)}{P(E_2)} \tag{A.7}$$

式中　∩——事件之积。

2）乘法法则

（1）相关联事件乘法法则

根据式（A.7），可得相互关联的两事件的概率乘法公式：

$$P(E_1 E_2) = P\left(\frac{E_1}{E_2}\right) P(E_2) = P\left(\frac{E_2}{E_1}\right) P(E_1) \tag{A.8}$$

对相互关联的 n 个事件 $E_i (i = 1, \cdots, n)$，其概率乘法公式可表示为

$$P(E_1 E_2 \cdots E_n) = P(E_1) P\left(\frac{E_2}{E_1}\right) P\left(\frac{E_3}{E_1 E_2}\right) \cdots P\left(\frac{E_n}{E_1 E_2 \cdots E_{n-1}}\right) \tag{A.9}$$

（2）统计独立事件乘法法则

若事件 E_1、E_2 中任一发生与否不影响另一事件的发生概率，则称 E_1、E_2 统计独立。n 个事件 $E_i (i = 1, \cdots, n)$ 相互统计独立，则有

$$P(E_1 E_2 \cdots E_n) = P(E_1) P(E_2) \cdots P(E_n) \tag{A.10}$$

▶　附录 A.2　随机变量的概率分布与数字特征

A.2.1　随机变量的概率分布函数与概率密度函数

1）概率分布函数（CDF）

描述随机事件的变量称作随机变量。令 X 表示连续型随机变量，则其概率分布函数（图A.1）可表示为：

$$F(x) = P(X \le x) \tag{A.11}$$

式中　x——任意实数。

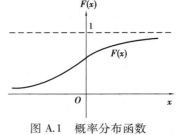

图 A.1　概率分布函数

显然,分布函数 $F(x)$ 描述了事件 $X \leq x$ 的概率。$F(x)$ 具有下述基本性质:

①$F(-\infty) = 0$;

②$F(+\infty) = 1$;

③$F(x) \geq 0$,且是 x 的增函数;

④$F(x)$ 是 x 的连续函数。

根据概率论基本公理,容易证明上述性质。

2) 概率密度函数(PDF)

若 $F(x)$ 可表示为:

$$F(x) = \int_{-\infty}^{x} f(t)\,\mathrm{d}t \tag{A.12}$$

则称 $f(x)$ 为连续型随机变量 X 的概率密度函数(图 A.2)。

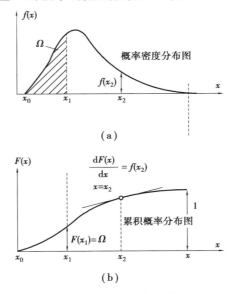

图 A.2 概率密度函数

$f(x)$ 具有下述基本性质:

①$f(x) \geq 0$ 曲线位于 x 轴上方;

②$\int_{-\infty}^{+\infty} f(x)\,\mathrm{d}x = 1$,曲线与 x 轴所围面积为 1;

③$P\{x_1 \leq x \leq x_2\} = F(x_2) - F(x_1) = \int_{x_1}^{x_2} f(x)\,\mathrm{d}x$;

④$f(x) = \mathrm{d}F(x)/\mathrm{d}x$。

由性质③知,$F(x)$ 曲线纵坐标上一个点 $F(x_1)$ 对应着曲线 $f(x)$ 在 $(-\infty, x_1)$ 区间的面积 Ω。

A.2.2 随机变量及其函数的数字特征

1) 随机变量 X 的数值特征

在结构可靠度分析中经常使用的随机变量 X 的数字特征有:数学期望、方差、均方差、变异系数、偏态系数、峰态系数。对连续型随机变量 X，其数学期望、方差、标准差及变异系数、偏态系数、峰态系数可表示为：

$$\mu_X = E(X) = \int_{-\infty}^{+\infty} x f(x) \, dx \tag{A.13}$$

$$D_X = E(X - \mu_X)^2 = \int_{-\infty}^{+\infty} (x - \mu_X)^2 f(x) \, dx \tag{A.14}$$

$$\sigma_X = \sqrt{D_X} \tag{A.15}$$

$$\delta_X = \frac{\sigma_X}{\mu_X} \tag{A.16}$$

$$\theta_X = \frac{E(X - \mu_X)^3}{\sigma_X^3} = \frac{1}{\sigma_X^3} \int_{-\infty}^{+\infty} (x - \mu_X)^3 f(x) \, dx \tag{A.17}$$

$$E_X = \frac{E(X - \mu_X)^4}{\sigma_X^4} - 3 = \frac{1}{\sigma_X^4} \int_{-\infty}^{+\infty} (x - \mu_X)^4 f(x) \, dx - 3 \tag{A.18}$$

均值 μ_X 表明随机变量 x 的分布中心位置，方差 D_X、标准差 σ_X、变异系数 δ_X 均描述了随机变量 X 相对于其分布中心的离散程度。偏态系数 θ_X 描述随机变量 X 的概率密度函数的对称程度（图 A.3），若 $\theta_X = 0$，则 X 的概率密度函数对称于 μ_X，即其概率密度函数无偏，若 $\theta_X > 0$，则为正偏，若 $\theta_X < 0$，则为负。

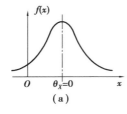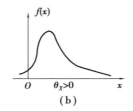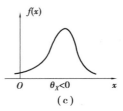

图 A.3 偏态系数 θ_X

偏峰态函数描述随机变量 X 的概率密度函数上凸的状态（图 A.4）：若 $E_X = 0$，则为正态。若 $E_X > 0$，则分布密度曲线上凸较尖峭，若 $E_X < 0$，则曲线较平坦。

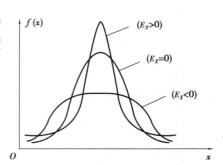

图 A.4 偏峰态函数

2）随机变量的协方差与相关系数

对于随机变量 X_i，X_j，其协方差可定义为：

$$\begin{aligned}
\text{Cov}(X_i, X_j) &= E[(X_i - \mu_X)(X_j - \mu_X)] \\
&= E(X_i X_j) - \mu_{X_i} \mu_{X_j}
\end{aligned} \tag{A.19}$$

协方差具有下述基本性质：

①$\text{Cov}(X_i, X_j) = \text{Cov}(X_j, X_i)$；

②$\text{Cov}(aX_i, bX_j) = ab\text{Cov}(X_i, X_j)$，$a, b$ 为常量；

③$\text{Cov}(X_i + X_j, X_k) = \text{Cov}(X_i, X_k) + \text{Cov}(X_j, X_k)$。

对随机变量 X_i、X_j，其相关系数可定义为：

$$\rho_{X_i, X_j} = \frac{\text{Cov}(X_i, X_j)}{\sigma_{X_i} \sigma_{X_j}} \tag{A.20}$$

可以证明,ρ_{X_i,X_j}的取值范围为$[-1,1]$,$\rho_{X_i,X_j}=0$表征随机变量X_i与X_j不相关。若随机变量X_i与X_j服从正态分布,则$\rho_{Xi,Xj}=0$表征随机变量X_i与X_j为相互独立。相关系数$\rho_{Xi,Xj}$表征随机变量X_i与X_j存在线性关联的程度。

3)随机变量线性函数的均值与方差

设一线性函数为:

$$Y = a_0 + \sum_{i=1}^{n} a_i X_i \tag{A.21}$$

式中　X_i——随机变量;

　　　a_0,a_i——常量。

显然,Y为随机变量,Y的均值方差可表示为:

$$\mu_Y = a_0 + \sum_{i=1}^{n} a_i \mu_X \tag{A.22}$$

$$D_Y = \sum_{i=1}^{n} a_i^2 D_{X_i} + \sum_{i,j=1,i\neq j}^{n} a_i a_j \text{Cov}(X_i,X_j) \tag{A.23}$$

若$X_i(i=1,\cdots,n)$彼此不相关,则式(A.23)可表达为:

$$D_Y = \sum_{i=1}^{n} a_i^2 D_{X_i} \tag{A.24}$$

4)随机变量的非线性函数的均值与方差——线性化法则

设$Y=\varphi(X_1,\cdots,X_n)$,式中$X_i$为随机变量。

将Y在点$(\mu_{x_1},\cdots,\mu_{x_n})$邻域内展为 Taylor 级数,保留残余项,得:

$$Y \approx \varphi(\mu_{X_1},\cdots,\mu_{X_n}) + \sum_{i=1}^{n} \left.\frac{\partial\varphi}{\partial X_i}\right|_{\mu_x}(X_i - \mu_{X_i}) \tag{A.25}$$

利用式(A.22)、式(A.23)可得:

$$\mu_Y = \varphi(\mu_{X_1},\cdots,\mu_{X_n}) \tag{A.26}$$

$$D_Y = \sum_{i=1}^{n} \left(\frac{\partial\varphi}{\partial X_i}\right)_{\mu_x} D_{X_i} + \sum_{i,j=1,}^{n}\sum_{i\neq j}^{n} \left(\frac{\partial\varphi}{\partial X_i}\right)_{\mu_x}\left(\frac{\partial\varphi}{\partial X_j}\right)_{\mu_x} \text{Cov}(X_i,X_j) \tag{A.27}$$

若$X_i(i=1,\cdots,n)$彼此不相关,则由式(A.24)有:

$$D_Y = \sum_{i=1}^{n} \left(\frac{\partial\varphi}{\partial X_i}\right)_{\mu_x}^2 D_{X_i} \tag{A.28}$$

5)随机变量线性函数的相关系数

设

$$\begin{cases} Y_1 = a_1 X_1 + b_1 \\ Y_2 = a_2 X_2 + b_2 \end{cases} \tag{A.29}$$

式中　X_1,X_2——随机变量;

　　　a_1,a_2,b,b_2——常量。

根据式(A.19)、式(A.20),容易证明:

$$\rho_{Y_1Y_2} = \frac{a_1 a_2}{|a_1 a_2|}\rho_{x_1x_2} = \begin{cases} \rho x_1 x_2, & a_1 a_2 > 0 \\ -\rho x_1 x_2, & a_1 a_2 < 0 \end{cases} \tag{A.30}$$

显然,随机变量经线性变换后,其相关系数的绝对值不变。

设

$$\begin{cases} Y_1 = a_1 X_1 + a_2 X_2 + \cdots + a_n X_n + c_1 \\ Y_2 = b_1 X_1 + b_2 X_2 + \cdots + b_n X_n + c_2 \end{cases} \tag{A.31}$$

式中　X_i——独立标准随机变量;

　　　c_1, c_2——常量;

　　　$\boldsymbol{a}, \boldsymbol{b}$——单位矢量,$\boldsymbol{a} = (a_1, \cdots, a_n)$,$\boldsymbol{b} = (b_1, \cdots, b_n)$。

根据式(A.19)、式(A.20),可证明:

$$\rho_{Y_1 Y_2} = \sum_{i=1}^{n} a_i b_i \tag{A.32}$$

若令 θ 表示单位矢量 $\boldsymbol{a}, \boldsymbol{b}$ 间的夹角,则根据矢量数量积运算法则有:

$$\cos \theta = \sum_{i=1}^{n} a_i b_i \tag{A.33}$$

比较式(A.32)与式(A.33),有:

$$\rho_{Y_1 Y_2} = \cos \theta \tag{A.34}$$

A.2.3　随机变量的特征函数

设 X 为具有分布密度 $f(x)$ 的连续型随机变量,则其特征函数 $g(\lambda)$ 可表示为:

$$g(\lambda) = E[\mathrm{e}^{i\lambda x}] = \int_{-\infty}^{+\infty} \mathrm{e}^{i\lambda x} f(x) \mathrm{d}x \tag{A.35}$$

$g(\lambda)$ 具有如下基本性质:

①若 $Y = aX + b$,则有:

$$g_Y(\lambda) = \mathrm{e}^{i\lambda b} g_X(a\lambda) \tag{A.36}$$

式中　X, Y——随机变量;

　　　a, b——常量。

②$Y = \sum_{i=1}^{n} a_i X_i + b$,则有:

$$g_Y(\lambda) = \mathrm{e}^{i\lambda b} \prod_{i=1}^{n} g_{X_i}(a_i \lambda) \tag{A.37}$$

式中　$X_i(i = 1, \cdots, n)$——相互独立的随机变量。

根据式(A.35),$g(\lambda)$ 是 $f(x)$ 的 Fourier 变换,故由逆变换定理得:

$$f(x) = \frac{1}{2\pi} \int_{-\infty}^{+\infty} \mathrm{e}^{i\lambda x} G(\lambda) \mathrm{d}\lambda \tag{A.38}$$

若随机变量 X 的 k 阶矩阵存在,则有:

$$E(X^k) = \frac{1}{i^k} \left. \frac{\mathrm{d}^k g(\lambda)}{\mathrm{d}\lambda^k} \right|_{\lambda=0} \tag{A.39}$$

▶　附录 A.3　结构可靠度分析中常用的概率分布

A.3.1　正态分布

正态分布可简单表示为 $N(\mu,\sigma)$，其概率密度函数及几何图形（图 A.5）为：

$$f(x)=\frac{1}{\sqrt{2\pi}\,\sigma}\exp\left[-\frac{1}{2}\left(\frac{x-\mu}{\sigma}\right)^2\right],\ -\infty<x<+\infty \tag{A.40}$$

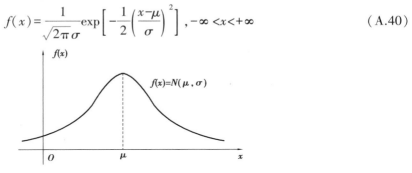

图 A.5　正态分布概率密度

式中　μ,σ——正态分布随机变量的均值与均方差。

若 $\mu=0,\sigma=1$，则 $N(\mu,\sigma)$ 为标准正态分布，用 $N(0,1)$ 表示。标准正态分布的概率密度函数及几何图形（图 A.6）可表为：

$$\varphi(x)=\left(\frac{1}{\sqrt{2\pi}}\right)e^{-\frac{x^2}{2}},\ -\infty<x<+\infty \tag{A.41}$$

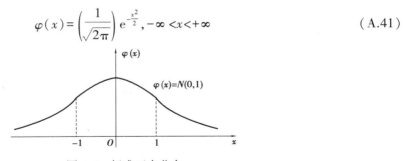

图 A.6　标准正态分布

标准正态分布随机变量的概率分布函数可表示为：

$$\Phi(x)=\frac{1}{\sqrt{2\pi}}\int_{-\infty}^{x}e^{-\frac{t^2}{2}}\mathrm{d}t \tag{A.42}$$

若已知 x 的具体取值，则可由正态概率表确定 $\Phi(x)$。从物理意义而言，若所研究的随机变量由许多相互不相干的随机因素的总和影响所构成，且每一个因素对总体的影响均很小，则可近似认为这个随机变量服从正态分布。

A.3.2　对数正态分布

若随机变量 X 的自然对数 $\ln X$ 服从正态分布，则随机变量 X 服从对数正态分布。可记为 $\ln X \sim N(\mu_{\ln X},\sigma_{\ln X})$，其概率密度函数及几何图形（图 A.7）为：

$$\begin{cases} f(x) = \dfrac{1}{\sqrt{2\pi}\xi x}\exp\left[-\dfrac{1}{2}\left(\dfrac{\ln x-\lambda}{\xi}\right)^2\right], 0<x<\infty \\[2mm] \lambda = \mu_{\ln X} = \ln\dfrac{\mu_X}{\sqrt{1+\dfrac{\sigma_X^2}{\mu_X^2}}} \\[2mm] \xi = \sigma_{\ln X} = \sqrt{\ln\left(1+\dfrac{\sigma_X^2}{\mu_X^2}\right)} \end{cases}$$

(A.43)

图 A.7 中 x_m 为对数正态变量的中间值,其定义为:

$$P(X\leqslant x_m)=0.5$$

(A.44)

可以证明 $\lambda=\ln x_m$,而其对数正态变量的概率分布函数为:

$$F(x)=\varPhi\left(\frac{\ln x-\lambda}{\xi}\right)=\varPhi\left[\frac{\ln\left(\dfrac{x}{x_m}\right)}{\xi}\right]$$

(A.45)

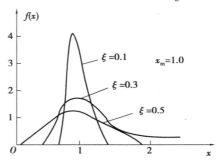

图 A.7 对数正态分布概率密度

就物理意义而言,若所研究的随机变量是由若干互不相干的随机因素的乘积所构成,而每一因素对总体影响均十分微小且随机变量仅取正值时,可近似认为此随机变量服从对数正态分布。

A.3.3 极值 Ⅰ 型正态分布

极值 Ⅰ 型分布的概率密度函数及几何图形(图 A.8)可表示为:

$$\begin{cases} f(x)=a\exp[-a(x-k)-e^{\alpha(x-k)}], -\infty<x<\infty \\[2mm] a=\dfrac{1.282\,5}{\sigma_X} \\[2mm] k=\mu_X-\dfrac{0.577\,2}{a} \end{cases}$$

(A.46)

式中 μ_X,σ_X——极大值随机变量 X 的均值和均方差。

其概率分布函数为:

$$F(x)=\exp[-\exp(-\alpha(x-k))], -\infty<x<\infty$$

(A.47)

设有 n 个相互独立且均服从同一指数型分布(如正态分布、威布尔分布等)的随机变量 $X_i(i=1,\cdots,n)$,显然,其极大值 X 应为随机变量。可以证明,当 $n\to\infty$ 时,X 的分布趋于极值

Ⅰ型分布。在结构可靠度分析中,极值Ⅰ型分布常用来描述可变荷载在某一时域的最大值分布。

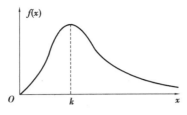

图 A.8　极值Ⅰ型分布概率密度

A.3.4　均匀分布

在有限区间$[a,b]$内取值的均匀分布随机变量X,其概率密度函数及几何图形(图 A.9)可表示为:

$$f(x)=\begin{cases}\dfrac{1}{b-a},a\leqslant x\leqslant b\\0,x\notin[a,b]\end{cases}\qquad(\text{A.48})$$

其概率分布函数(图 A.9)为:

$$F(x)=\begin{cases}0,x<a\\\dfrac{x-a}{b-a},a\leqslant x\leqslant b\\1,x>b\end{cases}\qquad(\text{A.49})$$

其均值、方差为:

$$\begin{cases}\mu_X=\dfrac{a+b}{2}\\D_X=\dfrac{(b-a)^2}{12}\end{cases}\qquad(\text{A.50})$$

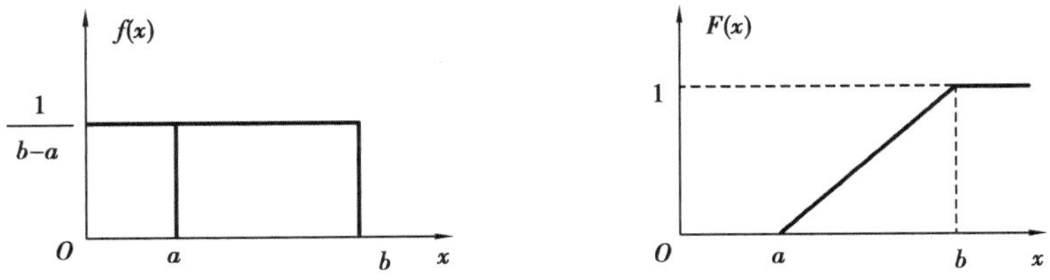

图 A.9　均匀分布

附录 B 常用材料和构件的自重

附表 B 常用材料和构件的自重表

项次	名称		自重	备注
1	木材 /(kN·m⁻³)	杉木	4.0	随含水率而不同
		冷杉、云杉、红松、华山松、桦子松、铁杉、拟赤杨、红椿、杨木、枫杨	4.0~5.0	随含水率而不同
		马尾松、云南松、油松、赤松、广东松、桤木、枫香、柳木、檫木、秦岭落叶松、新疆落叶松	5.0~6.0	随含水率而不同
		东北落叶松、陆均松、榆木、桦木、水曲柳、苦楝、木荷、臭椿	6.0~7.0	随含水率而不同
2	胶合板材 /(kN·m⁻²)	胶合三夹板(杨木)	0.019	—
		隔声板(按 10 mm 厚度计)	0.030	常用厚度为 13 mm,20 mm
		木屑板(按 10 mm 厚度计)	0.120	常用厚度为 6 mm,10 mm
3	金属矿产 /(kN·m⁻³)	钢	78.5	—
		紫铜、赤铜	89.0	—
		铝	27.0	—
		铝合金	28.0	—
		亚锌矿	40.5	—
		铅	114.0	—
		石膏	13.0~14.5	粗块堆放 $\varphi=30°$
				细块堆放 $\varphi=40°$
		石膏粉	9.0	—
4	土、砂、砂砾、岩石 /(kN·m⁻³)	腐殖土	15.0~16.0	干,$\varphi=40°$;湿,$\varphi=35°$;很湿,$\varphi=25°$
		黏土	13.5	干,松,空隙比为 1.0
		黏土	16.0	干,$\varphi=40°$,压实
		黏土	18.0	湿,$\varphi=35°$,压实
		砂土	12.2	干,松
		砂土	18.0	湿,$\varphi=35°$,压实

续表

项次	名称		自重	备注
4	土、砂、砂砾、岩石/(kN·m⁻³)	砂土	14.0	干,细砂
		砂土	17.0	干,粗砂
		卵石	16.0~18.0	干
		砂岩	23.6	—
		页岩	28.0	—
		泥灰石	14.0	$\varphi = 40°$
		花岗岩、大理石	28.0	—
		花岗岩	15.4	片石堆置
		石灰石	26.4	—
		石灰石	15.2	片石堆置
5	砖及砌块/(kN·m⁻³)	普通砖	18.0	240 mm×115 mm×53 mm(684 块/m³)
		普通砖	19.0	机器制
		耐火砖	19.0~22.0	230 mm×110 mm×65 mm(609 块/m³)
		水泥空心砖	9.8	290 mm×290 mm×140 mm(85 块/m³)
		蒸压粉煤灰砖	14.0~16.0	干重度
		粉煤灰轻渣空心砌块	7.0~8.0	390 mm×190 mm×190 mm,390 mm×240 mm×190 mm
		蒸压粉煤灰加气混凝土砌块	5.5	—
		混凝土空心小砌块	11.8	390 mm×190 mm×190 mm
		碎砖	12.0	堆置
		水泥花砖	19.8	200 mm×200 mm×24 mm(1 042 块/m³)
		瓷面砖	17.8	150 mm×150 mm×8 mm(5 556 块/m³)
		陶瓷马赛克	0.12 kN/m²	厚 5 mm
6	石灰、水泥、灰浆及混凝土/(kN·m⁻³)	生石灰块	11.0	堆置,$\varphi = 30°$
		石灰砂浆、混合砂浆	17.0	—
		水泥	16.0	袋装压实,$\varphi = 40°$
		矿渣水泥	14.5	—
		水泥砂浆	20.0	—
		碎砖混凝土	18.5	—
		素混凝土	22.0~24.0	振捣或不振捣

续表

项次	名称		自重	备注
6	石灰、水泥、灰浆及混凝土 /(kN·m⁻³)	焦渣混凝土	10.0~14.0	填充用
		无砂大孔性混凝土	16.0~19.0	—
		泡沫混凝土	4.0~6.0	—
		加气混凝土	5.5~7.5	单块
		石灰粉煤灰加气混凝土	6.0~6.5	—
		钢筋混凝土	24.0~25.0	—
		碎砖钢筋混凝土	20.0	—
		钢丝网水泥	25.0	用于承重结构
7	杂项 /(kN·m⁻³)	普通玻璃	25.6	
		钢丝玻璃	26.0	
		矿渣棉	1.2~1.5	松散,导热系数 0.031~0.044[W/(m·K)]
		矿渣棉制品(板、砖、管)	3.5~4.0	导热系数0.047~0.07[W/(m·K)]
		沥青矿渣棉	1.2~1.6	导热系数0.041~0.052[W/(m·K)]
		水	10.00	温度4℃密度最大时
		冰	8.96	—
		书籍	5.00	书架藏置
		建筑碎料(建筑垃圾)	15.00	—
8	砌体 /(kN·m⁻³)	浆砌细方石	26.4	花岗石,方整石块
		浆砌毛方石	24.8	花岗石,上下面大致平整
		浆砌毛方石	24.0	石灰石
		浆砌毛方石	20.8	砂岩
		干砌毛石	20.8	花岗石,上下面大致平整
		浆砌普通砖	18.0	—
		浆砌机砖	19.0	—
9	隔墙与墙面 /(kN·m⁻²)	双面抹灰板条隔墙	0.9	每面抹灰厚16~24 mm,龙骨在内
		单面抹灰板条隔墙	0.5	灰厚16~24 mm,龙骨在内
		C形轻钢龙骨隔墙	0.27	两层12 mm纸面石膏板,无保温层
			0.32	两层12 mm纸面石膏板,中填岩棉保温板50 mm

项次	名称		自重	备注
9	隔墙与墙面 /（kN·m⁻²）	C形轻钢龙骨隔墙	0.38	三层 12 mm 纸面石膏板，无保温层
			0.43	三层 12 mm 纸面石膏板，中填岩棉保温板 50 mm
			0.49	四层 12 mm 纸面石膏板，无保温层
			0.54	四层 12 mm 纸面石膏板，中填岩棉保温板 50 mm
		贴瓷砖墙面	0.50	包括水泥砂浆打底，共厚 25 mm
		水泥粉刷墙面	0.36	20 mm 厚，水泥粗砂
10	屋架、门窗 /（kN·m⁻²）	木屋架	$0.07+0.007l$	按屋面水平投影面积计算，跨度 l 以 m 计算
		钢屋架	$0.12+0.011$	无天窗，包括支撑，按屋面水平投影面积计算，跨度 l 以 m 计算
		木框玻璃窗	0.20～0.30	—
		钢框玻璃窗	0.40～0.45	—
		木门	0.10～0.20	—
		钢铁门	0.40～0.45	—
11	屋顶 /（kN·m⁻²）	黏土平瓦屋面	0.55	按实际面积计算，下同
		水泥平瓦屋面	0.50～0.55	—
		小青瓦屋面	0.90～1.10	—
		镀锌薄钢板	0.05	24 号
		瓦楞铁	0.05	26 号
		彩色钢板波形瓦	0.12～0.13	0.6 mm 厚彩色钢板
		拱形彩色钢板屋面	0.30	包括保温及灯具重 0.15 kN/m²
		有机玻璃屋面	0.06	厚 1.0 mm
		玻璃屋顶	0.30	9.5 mm 夹丝玻璃，框架自重在内
		玻璃砖顶	0.65	框架自重在内
		油毡防水层（包括改性沥青防水卷材）	0.05	一层毛毡刷油两遍
			0.25～0.30	四层做法，一毡二油上铺小石子
			0.30～0.35	六层做法，二毡三油上铺小石子
		屋顶天窗	0.35～0.40	9.5 mm 夹丝玻璃，框架自重在内

续表

项次	名称		自重	备注
12	顶棚 /(kN·m⁻²)	钢丝网抹灰吊顶	0.45	—
		麻刀灰板条顶棚	0.45	吊木在内,平均灰厚 20 mm
		V 形轻钢龙骨吊顶	0.12	一层 9 mm 纸面石膏板,无保温层
			0.17	二层 9 mm 纸面石膏板,有厚 50 mm 的岩棉板保温层
		V 形轻钢龙骨及铝合金龙骨吊顶	0.10~0.12	一层矿棉吸声板厚 15 mm,无保温层
13	地面	小瓷砖地面	0.55	包括水泥粗砂打底
		水泥花砖地面	0.60	砖厚 25 mm,包括水泥粗砂打底
		水磨石地面	0.65	10 mm 面层,20 mm 水泥砂浆打底
		油地毡	0.02~0.03	油地纸,地板表面用
		木块地面	0.70	加防腐油膏铺砌厚 76 mm
14	建筑用压型钢板 /(kN·m⁻²)	单波型 V-300(S-30)	0.120	波高 173 mm,板厚 0.8 mm
		双波型 W-500	0.110	波高 130 mm,板厚 0.8 mm
15	建筑墙板 /(kN·m⁻²)	彩色钢板金属幕墙板	0.11	两层,彩色钢板厚 0.6 mm,聚苯乙烯芯材厚 25 mm
		彩色钢板夹聚苯乙烯保温板	0.12~0.15	两层,彩色钢板厚 0.6 mm,聚苯乙烯芯材板厚 50~250 mm
		彩色钢板岩棉夹心板	0.24	板厚 100 mm,两层彩色钢板,Z 型龙骨岩棉芯材
			0.25	板厚 120 mm,两层彩色钢板,Z 型龙骨岩棉芯材
		GRC 增强水泥聚苯复合保温板	1.13	—
		GRC 空心隔墙板	0.30	长 2 400~2 800 mm,宽 600 mm,厚 60 mm
		轻质 GRC 空心隔墙板	0.17	3 000 mm×600 mm×60 mm
		轻质大型墙板(太空板系列)	0.70~0.90	6 000 mm×1 500 mm×120 mm,高强水泥发泡芯材

附录 C　全国各城市的雪压、风压和基本气温

附表 C　全国各城市的雪压、风压和基本气温

省市区名	城市名	海拔高度/m	风压/(kN·m⁻²)			雪压/(kN·m⁻²)			基本气温/℃		雪荷载准永久值系数分区
			$R=10$	$R=50$	$R=100$	$R=10$	$R=50$	$R=100$	最低	最高	
北京	北京市	54.0	0.30	0.45	0.50	0.25	0.40	0.45	−13	36	Ⅱ
天津	天津市	3.3	0.30	0.50	0.60	0.25	0.40	0.45	−12	35	Ⅱ
上海	上海市	2.8	0.40	0.55	0.60	0.10	0.20	0.25	−4	36	Ⅲ
重庆	重庆市	259.1	0.25	0.40	0.45	—	—	—	1	37	
河北	石家庄市	80.5	0.25	0.35	0.40	0.20	0.30	0.35	−11	36	Ⅱ
山西	太原市	778.3	0.30	0.40	0.45	0.25	0.35	0.40	−16	34	Ⅱ
内蒙古	呼和浩特市	1 063.0	0.35	0.55	0.60	0.25	0.40	0.45	−23	33	Ⅱ
辽宁	沈阳市	42.8	0.40	0.55	0.60	0.30	0.50	0.55	−24	33	Ⅰ
吉林	长春市	236.8	0.45	0.65	0.75	0.30	0.45	0.50	−26	32	Ⅰ
黑龙江	哈尔滨市	142.3	0.35	0.55	0.70	0.30	0.45	0.50	−31	32	Ⅰ
山东	济南市	51.6	0.30	0.45	0.50	0.20	0.30	0.35	−9	36	Ⅱ
江苏	南京市	8.9	0.25	0.40	0.45	0.40	0.65	0.75	−6	37	Ⅱ
浙江	杭州市	41.7	0.30	0.45	0.50	0.30	0.45	0.50	−4	38	Ⅲ
安徽	合肥市	27.9	0.25	0.35	0.40	0.40	0.60	0.70	−6	37	Ⅱ
江西	南昌市	46.7	0.30	0.45	0.55	0.30	0.45	0.50	−3	38	Ⅲ
福建	福州市	83.8	0.40	0.70	0.85	—	—	—	3	37	—
陕西	西安市	397.5	0.25	0.35	0.40	0.20	0.25	0.30	−9	37	Ⅱ
甘肃	兰州市	1 517.2	0.20	0.30	0.35	0.10	0.15	0.20	−15	34	Ⅱ
宁夏	银川	1 111.4	0.40	0.65	0.75	0.15	0.20	0.25	−19	34	Ⅱ
青海	西宁市	2 261.2	0.25	0.35	0.40	0.15	0.20	0.25	−19	29	Ⅱ
新疆	乌鲁木齐市	917.9	0.40	0.60	0.70	0.65	0.90	1.00	−23	34	Ⅰ
河南	郑州市	110.4	0.30	0.45	0.50	0.25	0.40	0.45	−8	36	Ⅱ
湖北	武汉市	23.3	0.25	0.35	0.40	0.30	0.50	0.60	−5	37	Ⅱ
湖南	长沙市	44.9	0.25	0.35	0.40	0.30	0.45	0.50	−3	38	Ⅲ
广东	广州市	6.6	0.30	0.50	0.60	—	—	—	6	36	—

续表

省市区名	城市名	海拔高度/m	风压/(kN·m⁻²)			雪压/(kN·m⁻²)			基本气温/℃		雪荷载准永久值系数分区
			$R=10$	$R=50$	$R=100$	$R=10$	$R=50$	$R=100$	最低	最高	
广西	南宁市	73.1	0.25	0.35	0.40	—	—	—	6	36	—
海南	海口市	14.1	0.45	0.75	0.90	—	—	—	10	37	—
四川	成都市	506.1	0.20	0.30	0.35	0.10	0.10	0.15	−1	34	Ⅲ
贵州	贵阳市	1 074.3	0.20	0.30	0.35	0.10	0.20	0.25	−3	32	Ⅲ
云南	昆明市	1 891.4	0.20	0.30	0.35	0.20	0.30	0.35	−1	28	Ⅲ
西藏	拉萨市	3 658.0	0.20	0.30	0.35	0.10	0.15	0.20	−13	27	Ⅲ
台湾	台北	8.0	0.40	0.70	0.85	—	—	—	—	—	—
香港	香港	50.0	0.80	0.90	0.95	—	—	—	—	—	—
澳门	澳门	57.0	0.75	0.85	0.90	—	—	—	—	—	—

注:表中"—"表示该城市没有统计数据。

附录 D　屋面积雪分布系数

附表 D　屋面积雪分布系数表

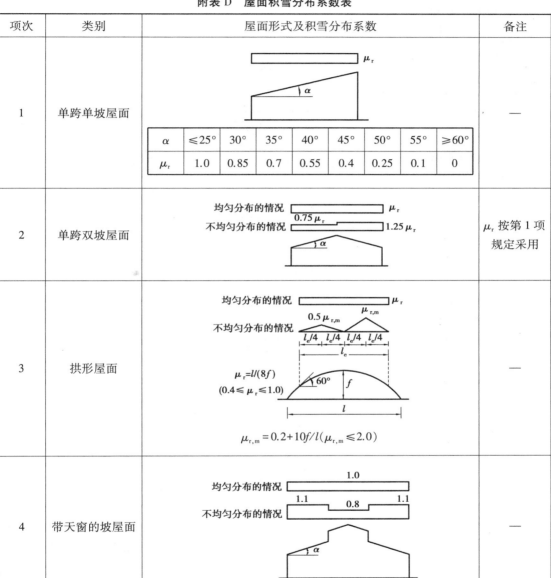

项次	类别	屋面形式及积雪分布系数	备注
1	单跨单坡屋面		—
2	单跨双坡屋面		μ_r 按第 1 项规定采用
3	拱形屋面		—
4	带天窗的坡屋面		—

项次 1（单跨单坡屋面）系数表：

α	≤25°	30°	35°	40°	45°	50°	55°	≥60°
μ_r	1.0	0.85	0.7	0.55	0.4	0.25	0.1	0

项次 3（拱形屋面）公式：

$$\mu_r = l/(8f)$$
$$(0.4 \leq \mu_r \leq 1.0)$$
$$\mu_{r,m} = 0.2 + 10f/l \quad (\mu_{r,m} \leq 2.0)$$

续表

项次	类别	屋面形式及积雪分布系数	备注
5	带天窗有挡风板的坡屋面	均匀分布的情况 1.0 不均匀分布的情况 1.0 1.4 0.8 1.4 1.0	一
6	多跨单坡屋面（锯齿形屋面）	均匀分布的情况 1.0 不均匀分布的情况1 0.6 1.4 0.6 1.4 0.6 1.4 $l/2$ $l/2$ 不均匀分布的情况2 2.0 μ_r 2.0 μ_r 2.0 $l/2$ $l/2$ α l l	μ_r 按第1项规定采用
7	双跨双坡或拱形屋面	均匀分布的情况 1.0 不均匀分布的情况1 μ_r 1.4 μ_r 不均匀分布的情况2 μ_r 2.0 μ_r α f l l	μ_r 按第1项或第3项规定采用
8	高低屋面	情况1: $\mu_{r,m}$ 1.0 1.0 a ; $\mu_{r,m}$ 1.0 a 情况2: 1.0 2.0 1.0 a ; 1.0 2.0 a h b_1 b_2 ; h b_1 $b_2<a$ $a=2h\,(4\text{ m}<a<8\text{ m})$ $\mu_{r,m}=(b_1+b_2)/2h\,(2.0\leqslant\mu_{r,m}\leqslant4.0)$	一

续表

项次	类别	屋面形式及积雪分布系数	备注
9	有女儿墙或其他突起物的屋面	 $a = 2h$ $\mu_{r,m} = 1.5\ h/s_0$ （$1.0 \leqslant \mu_{r,m} \leqslant 2.0$）	1.μ_r 按第 1 项 规 定 采用； 2.s_0 为基本雪压
10	大跨屋面 （$L > 100$ m）		1.还应同时考虑第 2、3 项的积雪分布形式； 2.μ_r 按第 1 项或第 3 项规定采用

注:①第 2 项单跨双坡屋面仅当 $20° \leqslant \alpha \leqslant 30°$时,可采用不均匀分布情况。

②第 4、5 项只适用于坡度 $\alpha \leqslant 25°$的一般工业厂房屋面。

③第 7 项双跨双坡或拱形屋面,当 $\alpha \leqslant 25°$或 $f/l \leqslant 0.1$ 时,只采用均匀分布情况。

④多跨屋面的积雪分布系数,可参照第 7 项的规定采用。

附录E 风荷载体型系数

附表E　风荷载体型系数

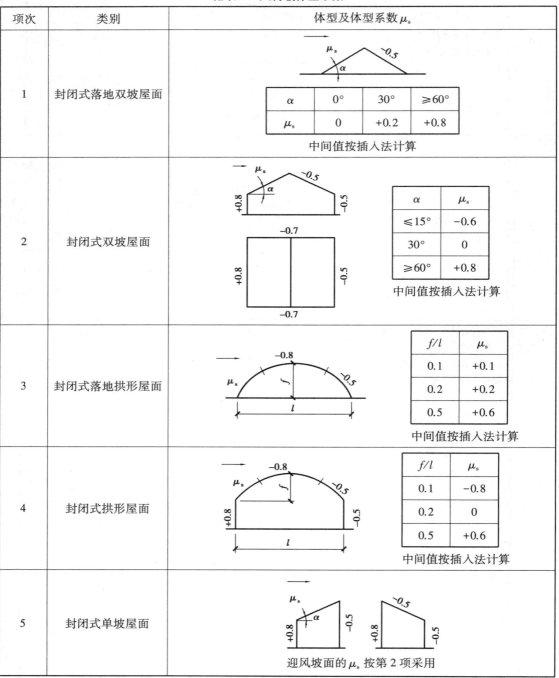

项次	类别	体型及体型系数 μ_s
1	封闭式落地双坡屋面	
2	封闭式双坡屋面	
3	封闭式落地拱形屋面	
4	封闭式拱形屋面	
5	封闭式单坡屋面	

项次1：

α	0°	30°	≥60°
μ_s	0	+0.2	+0.8

中间值按插入法计算

项次2：

α	μ_s
≤15°	−0.6
30°	0
≥60°	+0.8

中间值按插入法计算

项次3：

f/l	μ_s
0.1	+0.1
0.2	+0.2
0.5	+0.6

中间值按插入法计算

项次4：

f/l	μ_s
0.1	−0.8
0.2	0
0.5	+0.6

中间值按插入法计算

项次5：迎风坡面的 μ_s 按第2项采用

项次	类别	体型及体型系数 μ_s
6	封闭式落地双坡屋面	 迎风坡面的 μ_s 按第 2 项采用
7	封闭式带天窗 双坡屋面	 带天窗的拱形屋面可按本图采用
8	封闭式双跨双坡屋面	 迎风坡面的 μ_s 按第 2 项采用
9	封闭式不等高不等跨 的双跨双坡屋面	 迎风坡面的 μ_s 按第 2 项采用
10	封闭式不等高不等跨 的三跨双坡屋面	 迎风坡面的 μ_s 按第 2 项采用 中跨上部迎风墙面的 μ_{s1} 按下式采用： $$\mu_{s1}=0.6(1-2h_1/h)$$ 但当 $h_1>h$ 时，取 $\mu_{s1}=-0.6$

续表

项次	类别	体型及体型系数 μ_s		
11	封闭式带天窗带坡的双坡屋面			
12	封闭式带雨篷的双坡屋面	 迎风坡面的 μ_s 按第 2 项采用		
13	靠山封闭式双坡屋面	(a) 本图适用于 $H_m/H \geqslant 2$ 及 $S/H = 0.2 \sim 0.4$ 的情况 体型系数 μ_s		

体型系数 μ_s

β	α	A	B	C	D	E
30°	15°	+0.9	−0.4	0	+0.2	−0.2
	30°	+0.9	+0.2	−0.2	−0.2	−0.3
	60°	+1.0	+0.7	−0.4	−0.2	−0.5
60°	15°	+1.0	+0.3	+0.4	+0.5	+0.4
	30°	+1.0	+0.4	+0.3	+0.4	+0.2
	60°	+1.0	+0.8	−0.3	0	−0.5
90°	15°	+1.0	+0.5	+0.7	+0.8	+0.6
	30°	+1.0	+0.6	+0.8	+0.9	+0.7
	60°	+1.0	+0.9	−0.1	+0.2	−0.4

(b)

体型系数 μ_s

山坡角 β	$ABCD$	E	$A'B'C'D'$	F
0°	−0.8	+0.9	−0.2	−0.2
30°	−0.8	+0.9	−0.2	−0.2
60°	−0.9	+0.9	−0.2	−0.2

项次	类别	体型及体型系数 μ_s
14	各种截面的杆件	$\mu_s=+1.3$
15	桁架	（a） 单榀桁架的体型系数 $\mu_{st}=\varphi_{\mu s}$ μ_s 为桁架构件的体型系数，对型钢杆件按第 31 项采用，对圆管杆件，按第 36 项（b）采用。 $\varphi=A_n/A$ 为桁架的挡风系数； A_n 为桁架杆件和节点挡风的净投影面积； $A=hl$ 为桁架的轮廓面积。 （b） n 榀平行桁架的整体体型系数 $$\mu_{stw}=\mu_{st}\frac{1-\eta^n}{1-\eta}$$ μ_{st} 为单榀桁架的体型系数，η 按下表采用。

φ \ b/h	$\leqslant 1$	2	4	6
$\leqslant 0.1$	1.0	1.0	1.0	1.0
0.2	0.85	0.90	0.93	0.97
0.3	0.66	0.75	0.80	0.85
0.4	0.50	0.60	0.67	0.73
0.5	0.33	0.45	0.53	0.62
$\geqslant 0.6$	0.15	0.30	0.40	0.50

续表

项次	类别	体型及体型系数 μ_s
16	塔架	（a）角钢塔架整体计算时的体型系数 μ_s 见下表 （b）管子及圆钢塔架整体计算时的体型系数 μ_s 当 $\mu_s w_0 d^2 \leqslant 0.002$ 时，μ_s 按角钢塔架的 μ_s 值乘以 0.8 采用； 当 $\mu_s w_0 d^2 \geqslant 0.015$ 时，μ_s 按角钢塔架的 μ_s 值乘以 0.6 采用； 中间值按插入法计算。

（a）角钢塔架整体计算时的体型系数 μ_s

φ	方形			三角形
	风向①	风向②		风向③④⑤
		单角钢	组合角钢	
≤0.1	2.6	2.9	3.1	2.4
0.2	2.4	2.7	2.9	2.2
0.3	2.2	2.4	2.7	2.0
0.4	2.0	2.2	2.4	1.8
≥0.5	1.8	1.9	2.0	1.6

附录 F　封闭式矩形平面房屋的局部体型系数

附录 F　封闭式矩形平面房屋的局部体型系数

<table>
<tr><th>项次</th><th>类别</th><th>体型及局部体型系数</th></tr>
<tr><td>1</td><td>封闭式矩形平面房屋的墙面</td><td>
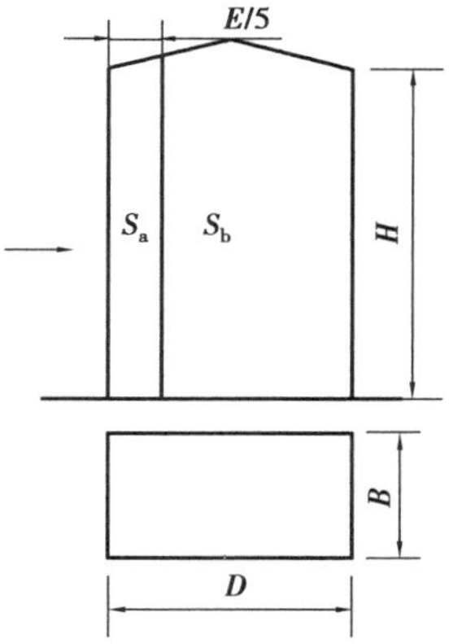

<table>
<tr><td colspan="2">迎风面</td><td>1.0</td></tr>
<tr><td rowspan="2">侧面</td><td>S_a</td><td>−1.4</td></tr>
<tr><td>S_b</td><td>−1.0</td></tr>
<tr><td colspan="2">背风面</td><td>−0.6</td></tr>
</table>
注：E 应取 $2H$ 和迎风宽度 B 中较小者。
</td></tr>
<tr><td>2</td><td>封闭式矩形平面房屋的双坡屋面</td><td>
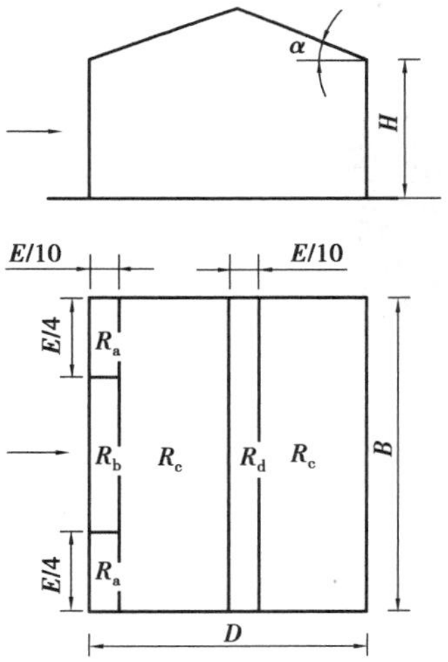

<table>
<tr><td colspan="2">α(°)</td><td>≤5</td><td>15</td><td>30</td><td>≥45</td></tr>
<tr><td rowspan="2">R_a</td><td>H/D≤0.5</td><td>−1.8
+0</td><td>−1.4
+0.2</td><td rowspan="2">−1.5
+0.7</td><td rowspan="2">−0
+0.7</td></tr>
<tr><td>H/D≥1.0</td><td>−2.5
+0</td><td>−2.0
+0.2</td></tr>
<tr><td colspan="2">R_b</td><td>−1.8
+0</td><td>−1.5
+0.2</td><td>−1.5
0.7</td><td>−0
+0.7</td></tr>
<tr><td colspan="2">R_c</td><td>−1.2
+0</td><td>−0.6
+0.2</td><td>−0.3
+0.4</td><td>−0
+0.6</td></tr>
<tr><td colspan="2">R_d</td><td>−0.6
+0.2</td><td>−1.5
+0</td><td>−0.5
+0</td><td>−0.3
+0</td></tr>
<tr><td colspan="2">R_e</td><td>−0.6
+0</td><td>−0.4
+0</td><td>−0.4
+0</td><td>−0.2
+0</td></tr>
</table>
注：1. E 应取 $2H$ 和迎风宽度 B 中较小者；
2. 中间值可按线性插值法计算（应对相同符号项插值）；
3. 同时给出两个值的区域应分别考虑正负风压的作用。
</td></tr>
</table>

续表

项次	类别	提醒及局部提醒系数
3	封闭式矩形平面房屋的单坡屋面	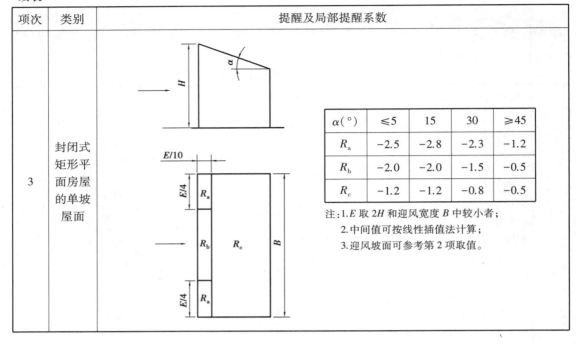 | α(°)	≤5	15	30	≥45 | | R_a | −2.5 | −2.8 | −2.3 | −1.2 | | R_b | −2.0 | −2.0 | −1.5 | −0.5 | | R_c | −1.2 | −1.2 | −0.8 | −0.5 | 注:1.E取2H和迎风宽度B中较小者; 2.中间值可按线性插值法计算; 3.迎风坡面可参考第2项取值。

附录 G　结构振型系数的近似值

附录 H 横风向及扭转风振的等效风荷载

附录 I 综合练习

　　某综合大厦,地上9层,地下2层,建在西安市城区,设计使用年限为50年。大厦部分平面图及立面图如下,试分析该建筑在结构设计时需要考虑的荷载及结构设计表达式。

　　(1)此建筑可能遭受的荷载有哪些？如何分类？按现行设计规范,在结构设计时需要考虑的荷载有哪些？

　　(2)根据建筑使用功能及建筑做法(楼、屋面及墙面做法根据房屋建筑学知识选用详细做法),确定图中地下一层、二层、五层的楼(屋)面重力荷载标准值(包括恒载和活载)。

　　(3)确定该建筑物四层平屋面和顶层角部坡屋面的屋面荷载(恒荷载、活荷载、雪荷载)。

　　(4)若该建筑采用框架-剪力墙结构,其外围护墙及填充墙的荷载如何计算？试计算第5层B轴线外围护墙的荷载。

　　(5)该建筑物是否需要考虑横风向风振？确定建筑物两个方向顺风向风荷载标准值(沿高度分布)。

　　(6)请写出该建筑结构设计时用到的承载能力极限状态设计表达式。

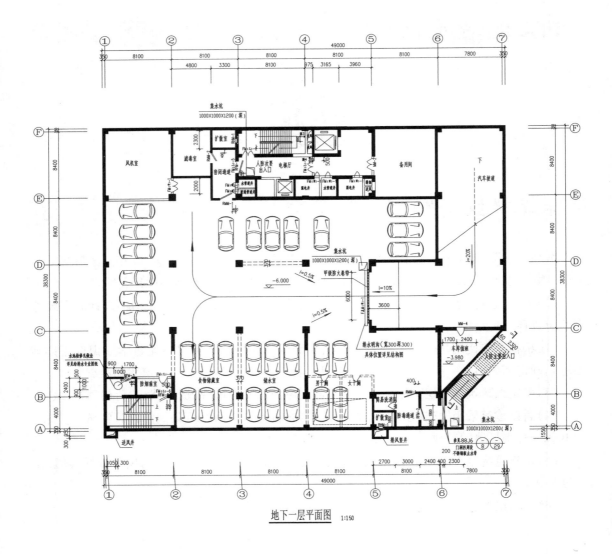

地下一层平面图 1:150

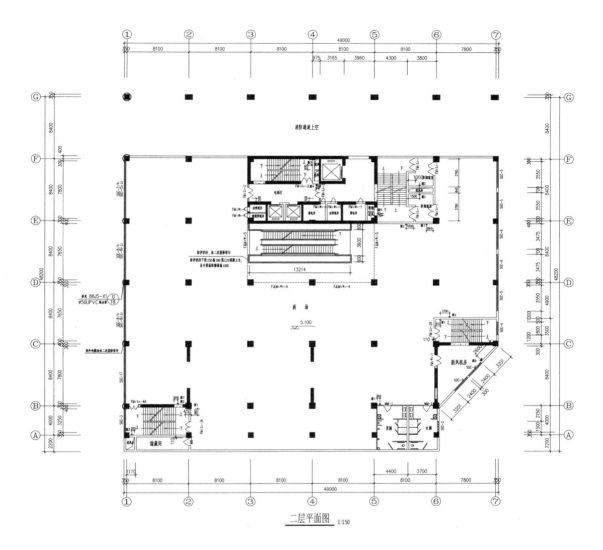

二层平面图 1:150

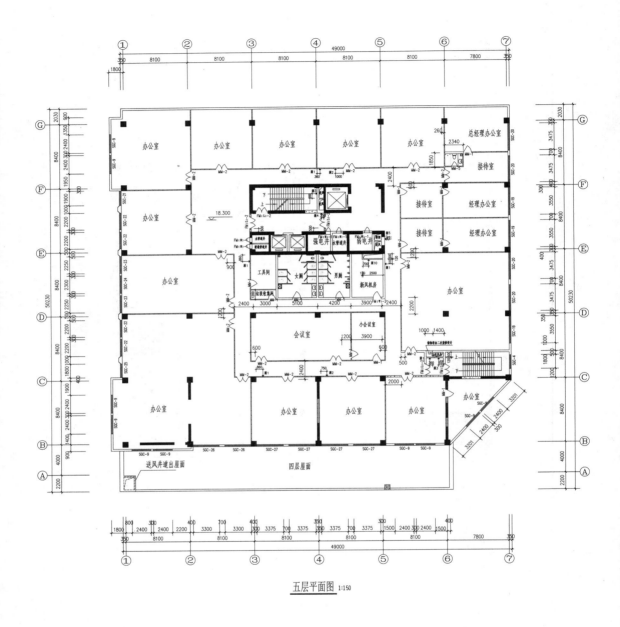

五层平面图 1:150

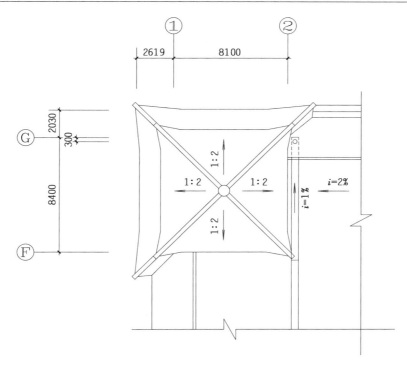

屋顶角部坡屋面平面图

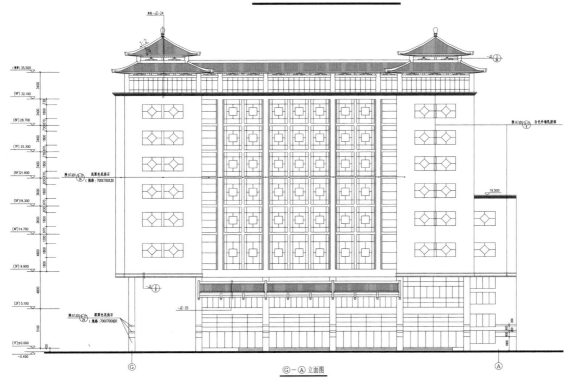

⑥-Ⓐ 立面图

参考文献

[1] 中国建筑科学研究院有限公司,等. 建筑结构可靠性设计统一标准:GB 50068—2018[S]. 北京:中国建筑工业出版社,2018.

[2] 中国建筑科学研究院有限公司,等. 建筑结构荷载规范:GB 50009—2012[S]. 北京:中国建筑工业出版社,2012.

[3] 中交公路规划设计院有限公司,等. 公路桥涵设计通用规范:JTG D60—2015[S]. 北京:人民交通出版社,2015.

[4] 交通运输部公路局,中交第一公路勘察设计研究院有限公司. 公路工程技术标准:JTG B01—2014[S]. 北京:人民交通出版社,2014.

[5] 中国铁路设计集团有限公司. 铁路桥涵设计规范:TB 10002—2017[S]. 北京:中国铁道工业出版社,2017.

[6] 中交公路规划设计院有限公司. 公路水泥混凝土路面设计规范:JTG D40—2011[S].北京:人民交通出版社,2011.

[7] 上海市政工程设计研究总院(集团)有限公司. 城镇道路路面设计规范:CJJ 169—2012[S]. 北京:中国建筑工业出版社,2012.

[8] 赵国藩,曹居易,张宽权. 工程结构可靠度[M]. 北京:科学出版社,2011.

[9] 柳炳康. 荷载与结构设计方法[M].3 版. 武汉:武汉理工大学出版社,2018.

[10] 李国强,黄宏伟,吴迅,等.工程结构荷载与可靠度设计原理[M].4 版. 北京:中国建筑工业出版社,2016.

[11] 白国良,刘明. 荷载与结构设计方法[M].2 版. 北京:高等教育出版社,2010.

[12] 许成祥,何培玲. 荷载与结构设计方法[M].2 版. 北京:北京大学出版社,2012.

[13] 中国建筑科学研究院有限公司. 建筑抗震设计规范:GB 50011—2010[S]. 2016 版.北京:中国建筑工业出版社,2010.

[14] 中国建筑科学研究院有限公司.建筑与市政工程抗震通用规范(GB 55002—2021).北京:中国建筑工业出版社,2021.

[15] 中国建筑科学研究院有限公司.工程结构通用规范(GB 55001—2021).北京:中国建筑工业出版社,2021.